Drahtlose Telegraphie und Telephonie

Ein Leitfaden für Ingenieure und Studierende

von

L. B. Turner

Member of Academy, Member of Institution of Electrical Engineers

Ins Deutsche übersetzt von

Dipl.-Ing. W. Glitsch

Assistent am Elektrotechnischen Institut der Technischen Hochschule Darmstadt

Mit 143 Textabbildungen

Berlin

Verlag von Julius Springer

1925

ISBN-13:978-3-642-89468-8 e-ISBN-13:978-3-642-91324-2
DOI: 10.1007/978-3-642-91324-2

Softcover reprint of the hardcover 1st edition 1925

Vorwort.

Die schnelle Entwicklung der drahtlosen Telegraphie während des letzten Jahrzehnts sowohl in wissenschaftlicher wie auch in handelsmäßiger und militärischer Hinsicht brachte das Erscheinen zahlreicher, in ihrer Güte sehr verschiedener Werke mit sich; und selbst bedeutende wissenschaftliche Zeitschriften — vor allem in Deutschland, England und Amerika — widmeten sich gänzlich der Theorie und Praxis der drahtlosen Nachrichtentechnik. Auch die „Institution of Electrical Engineers" bildete eine besondere Abteilung für das drahtlose Nachrichtenwesen, die ihre Arbeiten in dem „Journal" veröffentlicht. Diese mehr oder minder auf das Hochfrequenzgebiet zugeschnittene Literatur entspricht einerseits den Anforderungen des in diesem Gebiet tätigen Experimentators und andererseits denen des spezialisierten Radioingenieurs; sie reicht jedoch nicht aus für die große Zahl fachlich interessierter Personen, die eine Zwischenstellung einnehmen, wie z. B. der Elektroingenieur, der niemals sich mit diesem besonderen Zweig seines allgemeinen Fachstudiums beschäftigt hat.

In dem vorliegenden Buche wird nun ein Versuch gemacht, diese Lücke auszufüllen. Ich habe mich bemüht, besonders in den ersten Kapiteln einen Standpunkt einzunehmen, wie er für den Ingenieur in Frage kommt, der zwar vollständig mit den mathematischen und elektrischen Grundzügen vertraut ist, dem aber dieser hochgradig spezialisierte Zweig der Elektrotechnik Neuland ist. Dabei wurden besonders die einzelnen Verfahren und Grundeigenschaften behandelt, da sie bedeutungsvoller sind als Einzelheiten aus der Praxis, wenn auch natürlich möglichst viel hiervon eingeflochten wurde, soweit es dazu dienen konnte, den Leser mit den verschiedenen Arten von Apparaten bekannt zu machen und ihm die Größenevrhältnisse von den hier behandelten Vorgängen zu vermitteln. Ich habe mich durchweg möglichster Kürze befleißigt und habe alles wohl mehr kurz und sachlich denn erschöpfend erörtert; aber ich habe auch nicht gezögert, Neues mit aufzunehmen oder alte Fragen von einem neuen Standpunkt aus zu beleuchten, sobald mir dies zweckdienlich schien. Das Buch ist nur ein Auszug aus dem Sammelwerk über ein großes und immer größer werdendes Gebiet; aber es steht zu hoffen, daß ein sorgfältiges Durchlesen es dem verständigen Leser möglich machen wird, die hier aufgestellten Probleme zu würdigen, ja, daß er imstande sein wird, die in der technischen Presse über diese Probleme erscheinenden Erröterungen mit Erfolg zu studieren. Gerade in diesem Sinne, aber auch in keinem anderen, kann das Werk wohl volle Befriedigung gewähren.

Wenn aber das Buch diesen Hauptzweck erfüllt, so mag es wohl auch als Lehrbuch für die Studierenden an Universitäten und technischen Hochschulen sich gerade da brauchbar erweisen, wo ein Unterrichtswerk mit ähnlichem Zweck und gleichem Aufbau erwünscht zu sein scheint. Wohl kann das Gebiet der drahtlosen Nachrichtentechnik nur schwer in den Studienplan des Ingenieurs eingereiht werden; aber ebenso sicher steht zu erwarten, daß schon bald eine große Nachfrage nach geschulten Radioingenieuren einsetzen wird; und wo auch nur auf eine Spezialisierung in der Elektrotechnik hingearbeitet wird, da sollten derartige Unterrichtskurse für Anfänger und Fortgeschrittene eingerichtet werden. Neben solchen Kursen muß natürlich, wenn sie von Nutzen sein sollen, eine praktische Ausbildung im Laboratorium stattfinden. Die heutige, augenscheinlich auf die Anwendung der Elektronenröhre in jeder Verwendungsart hingerichtete Entwicklung lehnt sich glücklicherweise an die leicht durchzuführende Zahl wirksamer Laboratoriumsuntersuchungen an, die recht genau praktische Arbeitsbedingungen darstellen; schon allein die Möglichkeit, mit einer solchen Apparatur genaue Messungen vorzunehmen, ist von großem erzieherischen Wert bei solchen experimentellen Arbeiten. Außerdem eignen sich die Röhrenschaltungen der Hochfrequenztechnik hervorragend zu erfolgreichen Untersuchungen innerhalb eines kleinen Bereiches. Diese Schaltungen haben einen großen Teil des vorliegenden Buches in Anspruch genommen. Hoffentlich erweckt die Art und Weise, mit der sie hier behandelt sind, eine wahre Begeisterung für die Erfolge der letzten paar Jahre und die vielen Möglichkeiten, die hier noch vorliegen.

Den Studierenden, die sich noch eingehender mit dem Gebiet der Hochfrequenz beschäftigen wollen, seien die folgenden Werke empfohlen, die in ihren verschiedenen Richtungen sehr wohl zur Weiterbildung geeignet sind: „The Principles underlying Radio Communication (Radio Pamphlet No. 40)", herausgegeben vom Bureau of Standards in Washington zum Gebrauch bei der Ausbildung der Funktruppen; sie stellen ein elementares und nicht mathematisches, jedoch ganz ausgezeichnetes Buch dar, das vom Praktiker aufwärts von jedermann mit bestem Nutzen gelesen werden kann; das „Lehrbuch der drahtlosen Telegraphie“ von Professor J. Zenneck ist ein bewundernswert sorgfältiges und leicht verständliches Werk; ebenso ist das Handbuch „Wireless Telegraphy and Telephony“ von Dr. W. H. Eccles eine wahre Fundgrube, ein Nachschlagewerk genauester Gelehrtenarbeit. Die „Proceedings of the Institute of Radio Engineers“ (New York) und die „Radio Review“ (herausgegeben von Professor G. W. O. Howe) sind ausgezeichnete Zeitschriften, die den Leser mit den neuesten Arbeiten und Forschungen auf dem Laufenden halten. Besonders wertvoll ist in der letztgenannten Zeitschrift die monatliche Übersicht über Arbeiten und Patente aus dem Gebiet der drahtlosen Nachrichtentechnik.

Bei dieser Gelegenheit möchte ich meine Bewunderung für die hervorragenden Leistungen des Generals G. Ferrié, C. M. G., aussprechen, ebenso wie seinem so tüchtigen Stab bei der französischen „Télégraphie Militaire“ für die Entwicklung und Anwendung der Elektronenröhre mit hohem Vakuum und drei Elektroden; auch stehe ich persönlich, als bescheidener Mitarbeiter während des Krieges, bei diesen Herren in tiefer Schuld für ihre so klaren Arbeiten.

Zum Schluß möchte ich Herrn E. B. Moullin, M. A., meinen Dank dafür aussprechen, daß er die Güte hatte, die Korrektur dieses Buches zu lesen.

Engineering Laboratory Cambridge,
November 1920.

L. B. Turner.

Vorwort zur deutschen Ausgabe.

Es gereicht der Verlagsbuchhandlung Julius Springer zum Verdienst, daß sie durch eine deutsche Herausgabe das hervorragende Werk des englischen Autors einem größeren deutschen Leserkreis zugänglich macht. Gerade die Grundlagen der Hochfrequenz technik, insonderheit die der Elektronenröhre sind in dem Werk so einfach und dabei — man möchte sagen — elegant entwickelt, daß das Buch besonders den Studierenden als Lehrbuch nur empfohlen werden kann. Manche Anregung zu selbständiger Weiterarbeit wird der Leser aus dem Werk entnehmen. Der Unterzeichnete hat sich bemüht, möglichst wortgetreu die

Eigenheiten des englischen Autors wiederzugeben und dabei doch eine flüssige Übersetzung zu liefern. In den Formeln der ersten Kapitel wurden manche Bezeichnungen durch andere, dem deutschen Leserkreis geläufigere, Bezeichnungen ersetzt; jedoch wurden in den letzten Kapiteln meist durchweg die englischen Bezeichnungen beibehalten, um dem Leser ein Nachschlagen in der englischen Literatur zu erleichtern. Auch die vom Autor angeführte — in der Hauptsache englische — Literatur wurde in der deutschen Übersetzung mit aufgenommen; bietet doch gerade die englisch-amerikanische Literatur dem deutschen Leser viel Wissenswertes.

Darmstadt, im Juni 1925.

W. Glitsch.

Inhaltsverzeichnis.

Seite

I. Kapitel: Einleitung 1

II. Kapitel: Die elektromagnetische Ausstrahlung.
1. Ausstrahlung elektrischer Kreise 5
2 Elektromagnetische Wellen im Raum 8
3. Das Feld in weiter Entfernung der ausstrahlenden Antenne . 14

III. Kapitel: Schwingungskreise.
1. Reaktanzen und Widerstände 20
2. Die ungedämpfte, aufgedrückte EMK 21
3. Der Wellenmesser 24
4. Die gedämpfte, aufgedrückte EMK und gekoppelte Kreise . 26
5. Kopplungsarten von Kreisen 32
6. Die Antenne als Schwingungskreis 34
Anhang: Ein mechanisches Modell für gekoppelte Schwingungskreise 37

IV. Kapitel: Die Erzeugung hochfrequenter Wechselströme.
1. Funkensender 38
2. Verfahren zur Erzeugung kontinuierlicher (fortgesetzter) Schwingungen 52
3. Erzeugung hochfrequenter Ströme mit Wechselstrommaschinen 54
4. Lichtbogensender 62
5. Röhrensender 74

V. Kapitel: Der Empfang hochfrequenter Ströme.
1. Die wichtigsten Verfahren 75
2. Der Kristalldetektor 77
3. Röhrendetektoren 86
4. Empfang ungedämpfter Wellen 86
5. Empfangsschaltungen 88

VI. Kapitel: Die Elektronenröhre.
1. Ihre praktische Bedeutung 91
2. Die Elektronentheorie 92
3. Die Elektronenströme 95
4. Die Raumladung 97
5. Einfluß von Gas auf die Raumladung 100
6. Einführung einer dritten Elektrode 101

Seite
7. Steuerung des Anodenstroms durch das Gitter 104
8. Die typische, kleine Hochvakuum-Dreielektrodenröhre (Verstärkerröhre) 106
9. Kennlinien der Dreielektrodenröhre 109

VII. Kapitel: Die Dreielektrodenröhre als Verstärker.
1. Elementare Verstärkung durch eine einzige Röhre 112
2. Größe der erreichbaren Verstärkung 114
3. Kaskaden-Verstärker 115
4. Transformator-Schaltungen 118
5. Hochfrequenz-Verstärker 122

VIII. Kapitel: Die Röhre als Gleichrichter (Detektor).
1. Anoden-Gleichrichtung 128
2. Gleichrichtung durch Aufladung des Gitters 129
3. Die Beziehung zwischen dem gleichgerichteten Strom und der Zeichenstärke 133
4. Schwebungsempfang 134
5. Rechnerischer Vergleich der verschiedenen Detektor-Möglichkeiten 138

IX. Kapitel: Die Röhre als Schwingungserzeuger.
1. Eigenschwingung in einem vereinfachten Fall 141
2. Mathematische Untersuchung des Kreises 143
3. Anwendungsgebiete des Röhrensenders 145
4. Die Amplitude der erhaltenen Schwingung 147
5. Begrenzung des Schwingungsstromes infolge Unzulänglichkeit des Anodenpotentials 151
6. Praktische Einstellungen zur Erreichung größter Leistungsabgabe 153
7. Leistungsabgabe und Wirkungsgrad 154
8. Der Röhrentelegraphie-Sender 157

X. Kapitel: Verstärkung und Gleichrichtung mit Rückkopplung.
1. Verringerung der Dämpfung durch Rückkopplung 162
2. Der Röhrendetektor mit Rückkopplung 166
3. Das Schwingaudion 166
4. Kapazitive Rückkopplung 167
5. Widerstandsrückkopplung 169

XI. Kapitel: Drahtlose Telephonie.
1. Vergleich von drahtloser Telephonie und Telegraphie . . . 171
2. Steuerung des Senders durch das Mikrophon 174
3. Die Unterstützung der Mikrophonsteuerung durch die Röhre 178
4. Sprachsteuerung beim Röhrensender 184
5. Untersuchung der Anodendrossel-Steuerung 187
6. Drahtlose Duplex-Telephonie 189

XII. Kapitel: Verschiedenes. Seite
1. Sendeantennen 191
2. Empfangsantennen 195
3. Drahtlose Richtungsbestimmung 198
4. Luftstörungen 203
5. Der Hochfrequenz-Widerstand von Leitern 209
6. Die gegenwärtige Entwicklungsrichtung 212
Sach- und Namenverzeichnis 216

Verzeichnis der Abkürzungen.

In Übereinstimmung mit den Vorschlägen der Internationalen Elektrotechnischen Kommission wurden die folgenden Bezeichnungen für die verschiedenen Einheiten angewendet:

A	für	Ampere	F	für	Farad
V	„	Volt	H	„	Henry
Ω	„	Ohm	m	„	Meter
W	„	Watt			

Abkürzungen:

μ = micro-
m = milli-
k = kilo-
M = mega-

Es ist also:

1 μF	= 1 Microfarad	= 10^{-6} Farad = $9 \cdot 10^{5}$ cm
1 $\mu\mu$F	= 1 Micromicrofarad	= 10^{-12} Farad
1 mA	= 1 Milliampere	= 10^{-3} Ampere
1 kW	= 1 Kilowatt	= 10^{3} Watt
1 MΩ	= 1 Megohm	= 10^{6} Ohm

Überall in dem Buche bezeichnen große, lateinische Buchstaben die Größe. Unter Umständen, wie z. B. bei einem Kondensator oder einer Drosselspule, bezeichnet der lateinische Buchstabe sowohl den Gegenstand wie auch seine Größe; z. B. ist:

C_1 ein Kondensator mit der Kapazität C_1,
L_2 eine Spule mit der Selbstinduktion L_2.

Es bedeuten ferner (wo nicht ausdrücklich anders vermerkt):

i = Augenblickswert }
J = Effektivwert } des Stromes
$\overline{J}$ = Höchstwert }
ν = Periodenzahl
$\omega = 2\pi\nu$ = Kreisfrequenz
ε = Dielektrizitätskonstante und } im II. Kapitel.
e = Basis des natürlichen Logarithmensystems }

In den folgenden Kapiteln ist die Basis des natürlichen Logarithmensystems mit ε bezeichnet.

$\mathfrak{v}$ = Verstärkungsfaktor (im engl. Original steht statt $\mathfrak{v}$ der griechische Buchstabe ν). Der Verstärkungsfaktor ist dem in der deutschen Fachliteratur üblichen Durchgriff (D) umgekehrt proportional $\left(\mathfrak{v} = \frac{1}{D}\right)$

Erstes Kapitel.

Einleitung.

Die drahtlose Telegraphie umfaßt heute ein großes und sich außerordentlich schnell ausdehnendes Gebiet. Mathematiker, Physiker und Ingenieure haben zu ihrer Größe beigetragen, und schon hat sich dieses Gebiet auf der einen Seite zu einer hochentwickelten exakten Wissenschaft ausgebildet, während es auf der anderen Seite einen äußerst wertvollen und nützlichen Zweig der Technik darstellt. Das vorliegende Buch hat lediglich diese letztere Seite des Gebiets im Auge, nur an einigen Stellen sind mathematische oder physikalische Betrachtungen eingeschoben, aber hier nur mit dem ausgesprochenen Zweck, praktische Anwendungen klarzulegen. Als ein Gegenstand der Technik ist die drahtlose Telegraphie von verschiedenen Gesichtspunkten aus betrachtet von großer Bedeutung. Fortschritte wurden und werden in bemerkenswert schneller Aufeinanderfolge gemacht, dank der großen Anzahl derer, die auf diesem Gebiete tätig sind; wohl teils infolge des augenscheinlichen Zaubers, den dieses Gebiet ausübt, teils aber auch — und dies scheint mir wahrscheinlicher — infolge der in kommerzieller wie menschlicher Hinsicht vorhandenen Bedeutung einer telegraphischen Verbindung zwischen Land und Meer, ganz abgesehen von der zweifellos großen Bedeutung der drahtlosen Telegraphie für militärische Zwecke zu Wasser, Land oder in der Luft. Diese hohe und immer bedeutungsvoller werdende Stellung der drahtlosen Telegraphie bringt natürlich das Bedürfnis nach einem zahlreichen Stab von Konstrukteuren, Laboratoriumsingenieuren wie Arbeitern mit sich, so daß wohl gerade die Hochfrequenztechnik als ein Zweig der Elektrotechnik zahlreiche hochwertige und wohlausgebildete Arbeitskräfte beschäftigen dürfte.

Werfen wir zunächst nur einen Blick auf das Gebiet der drahtlosen Telegraphie in seiner Gesamtheit, so können wir wohl gleich gewisse Züge feststellen, in denen dieses Gebiet anderen Zweigen der Physik bzw. der Elektrotechnik ähnlich ist, oder aber auch sich von ihnen unterscheidet. Die Hauptbestandteile einer vollständigen drahtlosen Anlage sind: 1. eine Anzahl bzw. Zusammenstellung von Geräten (oft einfachster Bauart), mit deren Hilfe Wechselströme hoher Wechselzahl aus irgendeiner elektrischen Energiequelle entnommen werden können; 2. eine Antenne oder ein elektrischer Kreis von einer derartigen geometrischen Form, daß hochfrequente elektrische Ströme in ihm von einer deutlichen Energieausstrahlung in die Umgebung begleitet sind; und irgendwoanders auf oder über der Erde 3. eine andere Antenne, mit 4. einer anderen Zusammenstellung von Geräten, in denen Wechselströme durch den winzigen Betrag der von der Sendestation ausgestrahlten Energie hervorgerufen werden. Die elektromagnetische Strahlung, durch die von der Sendeantenne Energie auf die Empfangsantenne übertragen wird, ist all denen eine wohlbekannte Naturerscheinung, die mit ihren Augen oder ihrer Haut die Sonnenstrahlen empfinden. Wir nehmen an, daß uns infolge elektromagnetischer Ausstrahlung das Licht erreicht; und genau dieselbe Übertragungsvorstellung der Energie mit denselben mathematischen Untersuchungen reicht vollkommen aus zur Erklärung sowohl der Ausstrahlung sichtbaren Lichtes, bei dem die Frequenz etwa 5×10^{14} Perioden in der Sekunde beträgt, wie der Austrahlung elektrischer Wellen, bei denen die Frequenz gewöhnlich zwischen 5×10^{6} Perioden in der Sekunde und dem hundertsten Teil hiervon liegt.

Immerhin müssen diese Unterschiede doch beachtet werden. Erstens ist beim Licht die Frequenz so groß, und daher die Wellenlänge wie auch die Größe des ausstrahlenden Oszillators so klein, daß die Physiker bis jetzt nur wenig tun konnten, um die Arbeitsweise und Anordnung dieser Lichtsender zu erklären, sondern sie meist so hinnehmen, wie sie sie im Atom finden. Dagegen baut der Radioingenieur sein eigenes Strahlungssystem, seine Antenne, lang oder kurz, in der mannigfaltigsten Ausführung; denn dieses System ist gleichsam groß genug, um seiner Hand Platz zu gewähren. Zweitens sind wir bei elektrischen Wellen nicht so sehr beschränkt in der Fortpflanzung durch den freien Raum wie längs der Erdoberfläche. Selbst ein Flugzeug kann sich nicht weit genug von der Erde entfernen, als daß es nicht von ihr noch beeinflußt würde. Überdies kommt hier eine weitere Verwicklung in Gestalt einer anderen leitenden Oberfläche, der ionisierten Schicht über der Atmosphäre, hinzu, so daß in der drahtlosen Telegraphie die Strahlung nicht durch den freien Raum, ja sogar über eine ebene leitende Oberfläche erfolgt, die den freien Raum begrenzt, obwohl dies manchmal eine passende Annäherung an gewöhnliche Bedingungen ist. Es kommt dies vor zwischen einem ungleichen, ungleichartigen, sphärischen, festen und flüssigen Körper und der gleichmäßigen, weniger gut zu definierenden gasförmigen Schicht. Infolgedessen kann der genaue Strahlungsvorgang weder in der Nähe der Antenne noch weit davon weg in dem Zwischenraum von Antennen nur unvollkommen durchschaut werden und ist es schwer, darüber Gewißheit zu erlangen.

Die Vorgänge aber, die zwischen den Klemmen der Geräte, die mit der Antenne verbunden sind, auftreten, können mit größerer Schärfe und ausführlicher untersucht werden. Da gibt es solche, auf die die gewöhnliche Wechselstromtheorie zutrifft, mit dem einzigen Unterschied, daß es sich hier um Ströme mit viel höherer Frequenz handelt. Der Starkstromingenieur, der das Gebiet der Wechselstromtechnik einschließlich vorübergehend auftretender Vorgänge studiert hat, findet sich leicht zurecht in der Theorie „drahtloser" Kreise. Da aber die Admittanz eines Kondensators und der Wechselstromwiderstand einer Drossel der Frequenz proportional sind, so werden hier bei den viel höheren Frequenzen — wie sie in der drahtlosen Telegraphie vorkommen — selbst ganz kleine Kapazitäten und Induktivitäten bedeutungsvoll, die in Starkstromkreisen mit fünfzigperiodigem Wechselstrom, ja sogar in Telephoniekreisen sicher übersehen würden.

Man tut gut, sich eine Vorstellung von den vorkommenden Größenverhältnissen zu machen. In der drahtlosen Telegraphie kann sich, besonders natürlich beim Arbeiten mit kurzen Wellen, eine Kapazität von einem Zentimeter $\left(=\frac{1}{900000}\,MF\right)$ noch recht bemerkbar machen. Dies würde einer Kapazität in Luft zwischen zwei parallelen Platten von 1 cm² Oberfläche entsprechen, die voneinander nicht ganz 0,8 mm entfernt sind. Bei 3×10^6 Perioden in der Sekunde — was einer Wellenlänge von 100 m entsprechen würde — kann eine Selbstinduktion von 1 μH von ähnlicher Bedeutung werden; und das würde beispielsweise der Fall sein, wenn ein Draht in zwei oder drei Windungen eng um ein gewöhnliches Wasserglas gewickelt würde. Nun, der Starkstromingenieur braucht sich bei 50 Perioden nicht über eine Kapazität von einem Millionstel μF zu beunruhigen, denn immerhin hätte er eine Spannung von 3000 Millionen Volt nötig, um einen Wechselstrom von einem Ampère durch diese Kapazität zu schicken; auch braucht er nicht ein μH besonders zu würdigen, denn selbst 3000 A würden erst einen Spannungsabfall von nur 1 V an dieser Selbstinduktion hervorrufen. Dagegen muß aber der wahre Hochfrequenztechniker dauernd den Einfluß derartig kleiner Kapazitäten und Selbstinduktionen beachten.

Er wird z. B. vom Hochfrequenzstandpunkt aus Ansichten entwickeln, die die einzelnen Stellen eines Kreises als mehr oder minder gefährlich und einflußreich erkennen lassen. Zu den gefährlichen Stellen wird eine solche rechnen, an der hochfrequente Spannungen auftreten — hier kann nicht willkürlich verfahren werden; an einer ungefährlichen Stelle hingegen treten keine hochfrequenten Spannungen auf; und wenn irgendein Gerät, das mit der Erde in Verbindung steht oder berührt wird, wie z. B. ein Kopftelephon im Empfänger oder eine große Batterie, in den Kreis geschaltet werden muß, so sollte dies beachtet werden.

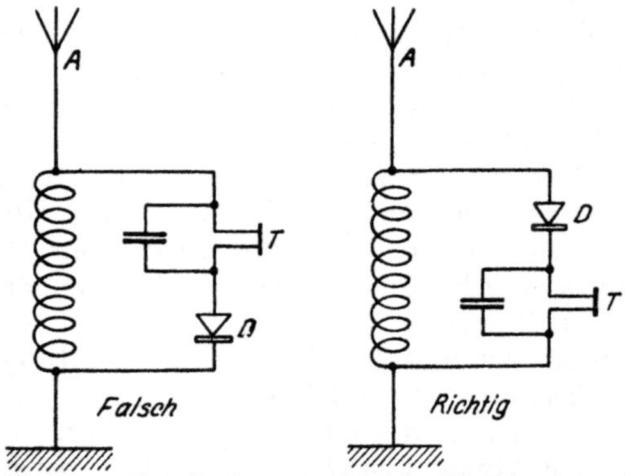

Abb. 1. Die Bedeutung kleiner Kapazitäten gegen Erde.

Abb. 1 zeigt dies für den einfachen Fall eines Empfangskreises, der die Antenne A, den Detektor D und das Telephon T enthält. In der richtigen Anordnung wird die Kapazität zwischen Telephon und Erde ohne Einfluß sein, dagegen wird sie bei falscher Anordnung den Detektor überbrücken und den Antennenkreis verstimmen.

Als Kraftübertragungssystem angesehen, nimmt die drahtlose Telegraphie eine Sonderstellung in bezug auf den außerordentlich kleinen Bruchteil der übertragenen und vom Empfänger aufgenommenen Energie ein; auf die enge Nebeneinanderstellung großer und winziger Leistungen in einer drahtlosen Anlage ist vielleicht z. T. der Reiz, sicherlich aber sind darauf teilweise die Schwierigkeiten zurückzuführen, denen man hier so oft begegnet. Bei der gewöhnlichen Starkstromübertragung kann an dem einen Ende Energie in größtem Maße zugeleitet werden, und am anderen Ende wird sie immer in einem entsprechenden Betrag ankommen. Bei der Seekabeltelegraphie wird nur wenig Energie ausgeschickt und sehr wenig wird empfangen; und bei der gewöhnlichen Telephonie auf Draht beträgt die ausgehende Energie nur einen Bruchteil von Watt. Hier wird bei einer von den gebräuchlichen Verbindungsstrecken mit einer Dämpfung $\beta l \approx 5$ nur ungefähr der zehntausendste Teil der ausgesandten

Energie an dem Ende empfangen. Aber dennoch übertrifft in den zwei letztgenannten Fällen die Empfangsenergie bei weitem den Betrag an Energie, wie er in der drahtlosen Telegraphie auf einer in vollem Betrieb befindlichen Nachrichtenverbindung aufgenommen wird.

Tabelle 1.

	Ausgesandte Leistung in Watt	Empfangsleistung in Watt	Verhältnis
Kraftübertragung . .	z. B. 10^6	10^6	1 : 1
Seekabeltelegraphie .	5	5×10^{-7}	1 : 10^7
Telephonie a. Draht .	10^{-2}	10^{-6}	1 : 10^4
Drahtlose Telegraphie	z. B. 10^5	10^{-8} bis 10^{-12} *)	1:10^{13} bis 1:10^{17} *)

Obwohl das Telephon ein Apparat mit höchst einfacher Wirkungsweise ist, so stellt es doch in Verbindung mit dem menschlichen Gehör ein bewundernswert empfindliches Beobachtungsgerät dar, und als solches wird es auch in der drahtlosen Telegraphie benutzt. In der Telephonie muß es die Sprache verständlich wiedergeben, und das verlangt eine bei weitem größere Energie als die beim drahtlosen Telegrammempfänger, wo nur ein hörbares Geräusch oder Summen nötig ist. So kommt es, daß in der drahtlosen Telegraphie das Verhältnis zwischen empfangener und ausgesandter Energie einen derartig niedrigen Betrag annimmt, wie er in der Telephonie auf Draht ganz unerreicht dasteht. Die Tabelle 1 zeigt in roh anschaulicher Weise die Größenverhältnisse zwischen ausgesandter und empfangener Energie bei den verschiedenen angeführten Systemen.

Zweites Kapitel.

Die elektromagnetische Ausstrahlung.

1. Ausstrahlung elektrischer Kreise.

Bei einer drahtlosen Station wird die Energie in Form von elektromagnetischen Wellen in den Raum durch die Sendeantenne ausgestrahlt; umgewandelt wird sie hierauf aus dem Raum durch die Empfangsantenne wieder aufgefangen. Die mathematische Behandlung elektromagnetischer Wellen würde über den Zweck dieses Buches hinausgehen; dagegen werden in diesen beiden

*) Bei modernen Röhren-Empfängern.

ersten Abschnitten die physikalischen Bedingungen klargelegt und hierbei einige Ergebnisse der mathematischen Behandlung dieser Bedingungen angeführt werden. Wahrscheinlich jedoch wird in den meisten Fällen der Leser den Angaben auch so Glauben schenken, ohne von ihnen eine persönliche Überzeugung oder Einsicht zu verlangen. Daher wird in diesem Abschnitt versucht, dem Leser an Hand nur wohlbekannter Tatsachen klarzumachen — gewissermaßen ihn eher zu überzeugen als es zu beweisen —, daß eine Ausstrahlung der Energie stattfinden muß und es auch tut, wo immer in einem Kreis der Strom sich ändert; und ferner soll gezeigt werden, warum diese Strahlungswirkung bei den Antennen der Hochfrequenztechnik groß ist, obwohl sie in unseren gewöhnlichen Kreisen vernachlässigbar klein ist. Wenn einmal das Verständnis dafür vorhanden ist, daß keine neuen Erscheinungen aufgegriffen werden, daß vielmehr das Neue, Unbekannte sich von dem Bekannten nur zahlenmäßig unterscheidet, ja, daß beides durch dieselben Naturgesetze erklärt werden kann, dann wird wohl immer das Reizvolle im Unbekannten seine Klärung finden.

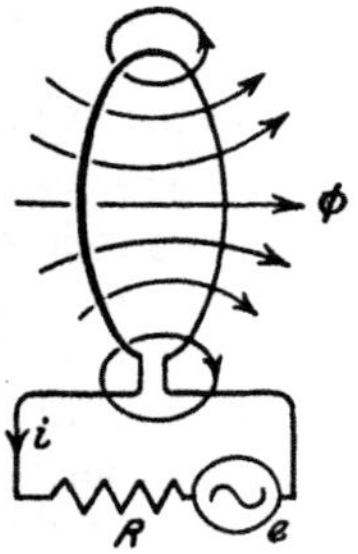

Abb. 2.

Betrachten wir in Abb. 2 einen Kreis mit dem Widerstande R, der einen Wechselstrom $i = \bar{J} \cdot \sin \omega t$ führt, und der in jedem Augenblick ein magnetisches Feld erzeugt, so daß die Kraftlinien den Kreis schneiden. Bekanntlich ist dann

$$\Phi = L \cdot i = L \cdot \bar{J} \cdot \sin \omega t,$$

worin L (bei Abwesenheit von Eisen) eine Konstante ist und bekannt als der Selbstinduktionskoeffizient des Kreises. Das trifft unbedingt zu, wenn sich der Strom unbestimmbar langsam ändert; und deshalb könnte dies bei raschen Stromänderungen nur dann der Fall sein, wenn eine Stromänderung sofort die entsprechende Änderung des magnetischen Feldes zur Folge haben würde. Das würde aber eine unendliche Geschwindigkeit in der Bewegung der magnetischen Kraftlinien in sich schließen — eine für das gewöhnliche menschliche Dasein genügend abstoßende Vorstellung, um sie mit oder ohne mathematische Schulung zu verwerfen. Es folgt also, daß, wenn i sich ändert, der Wert von Φ jederzeit von dem Wert Li in den vorhergehenden Augenblicken abweichen muß. Da wir den Fall eines sinusförmigen Wechselstromes angenommen haben, so mögen wir uns dieser Annahme einigermaßen nähern, wenn wir voraussetzen, daß der Fluß Φ ebenfalls sinusförmig verläuft und hinter dem Strom um irgendeinen

Phasenwinkel φ zurückbleibt. So können wir setzen

$$\Phi = L \cdot \bar{J} \cdot \sin(\omega t - \varphi),$$

wie es Abb. 3 veranschaulicht.

An Hand des Ohmschen und Faradayschen Gesetzes gilt dann für die aufgedrückte EMK

$$e = R \cdot i + \frac{d\Phi}{dt},$$
$$= R \cdot \bar{J} \cdot \sin \omega t + \omega \cdot L \cdot \bar{J} \cdot \cos(\omega t - \varphi),$$
$$= \cos \omega t\, (\omega L \cdot \cos \varphi)\, \bar{J} + \sin \omega t\, (R + \omega L \cdot \sin \varphi)\, \bar{J}$$

Der erste dieser Ausdrücke ist die induktive Komponente der EMK; der zweite stellt die gleichphasige oder die Widerstandskomponente dar. Die gesamte von der Wechselstrommaschine in den Kreis gelieferte Leistung ist augenscheinlich

$$\frac{\bar{J}^2}{2}(R + \omega L \cdot \sin \varphi)$$

Hiervon wird $\frac{\bar{J}^2}{2} \cdot R$ innerhalb des Kreises in Wärme umgesetzt; der Rest $\frac{\bar{J}^2}{2}(\omega L \cdot \sin \varphi)$ muß daher aus dem Kreis in den Raum hinaustreten. Also ist $\omega L \cdot \sin \varphi$ der „Strahlungswiderstand" des Kreises, d. h. die Größe, welche multipliziert mit dem Quadrate des Stromes die ausgestrahlte Energie angibt. Wir haben nun zu sehen, wie der Strahlungswiderstand groß gemacht werden kann.

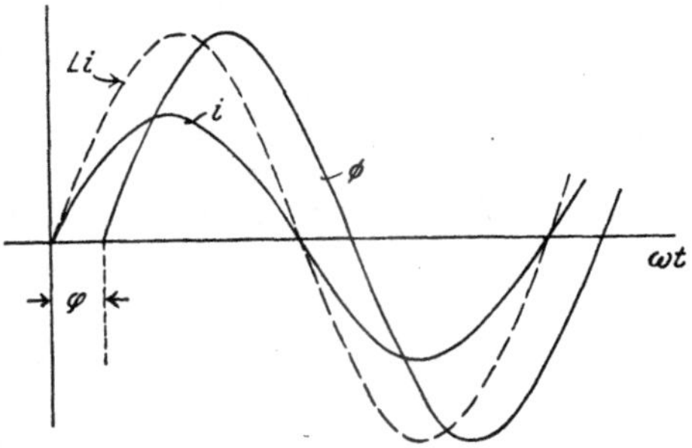

Abb. 3.

Bei gegebenem ω vergrößert sich der Ausdruck $\omega L \cdot \sin \varphi$ für den Strahlungswiderstand, wenn L oder φ vergrößert wird. L wird vergrößert durch Vergrößerung der Schleife oder durch Aufwendung von mehr Drahtwindungen; und bei gegebenem L wird φ vergrößert durch weite Ausdehnung des Feldes, d. h. dadurch, daß für eine gegebene Selbstinduktion L besser eine große Spule mit ein paar Windungen vorgesehen wird als eine gedrängte Spule mit vielen Windungen. Eine offene Antenne, wie sie ein senkrecht gespannter Draht darstellt, dessen eines Ende geerdet und dessen anderes Ende isoliert und in die Höhe gezogen ist, mag als ein Grenzfall dafür angesehen werden, daß sie bei gegebener Selbstinduktion die größte Ausbreitung des Feldes liefert. Wenn wir wiederum bedenken, daß φ die Phasenverschiebung des Feldes hinter dem Strom, der es hervorruft, darstellt, so sehen wir, daß bei einer Steigerung der Frequenz der Strahlungswiderstand sehr schnell anwachsen wird, da ja ω wie φ dann zunehmen.

Ähnliche Beobachtungen hinsichtlich des elektrostatischen Feldes an Stelle des magnetischen würden zu ähnlichen Schlüssen führen. Deshalb erkennen wir nun, daß die gewaltige Ausstrahlung einer Antenne ausnahmslos von der weit ausgedehnten Gestaltung ihrer magnetischen und elektrischen Felder herrührt, und ganz besonders von den so hohen Wechselzahlen des in ihr fließenden Stromes.

Es dürfte an dieser Stelle von Interesse sein, diese rohen Schlüsse wie auch die Bedingungen für eine günstige Strahlwirkung mit Formeln zu vergleichen, die sich an Hand genauer mathematischer Untersuchungen ergeben haben. M. Abraham hat berechnet, daß bei einer Frequenz von ν Perioden in der Sekunde der Strahlungswiderstand eines vertikalen Rahmens mit s eng aneinanderliegenden Windungen bei einer Windungsfläche von F cm²

$$7{,}8 \cdot 10^{-38}\, \nu^4\, F^2 \cdot s^2 \text{ Ohm}$$

beträgt.

Der entsprechende Ausdruck für den Strahlungswiderstand einer offenen Antenne, die aus einem geerdeten senkrechten Draht von l cm Länge besteht, lautet:

$$7{,}1 \cdot 10^{-19}\, \nu^2 \cdot l^2 \text{ Ohm.}$$

Eine Nachprüfung dieser beiden Ausdrücke bekräftigt unsere Folgerungen, daß der Strahlungswiderstand eines Kreises zunimmt, sobald das magnetische oder das elektrische Feld sich weiter ausbreitet, und sobald die Frequenz gesteigert wird.

Einige gebräuchliche Antennenanordnungen sind in Abb. 26 dargestellt. Die Abb. 4 ist eine Photographie einer großen T-Antenne, die von zwei 80 m hohen Masten getragen wird. Ein interessanter Gegensatz bietet sich in der in Abb. 5 erkenntlichen kleinen und geschlossenen Rahmenantenne. Das Strahlungsgebilde ist hier ein einfach bewickelter zusammenlegbarer Rahmen von 1 m Seitenlänge, der auf dem Griff eines Seitengewehrs in dem Erdboden befestigt ist — ein Teil von einer leicht tragbaren Heeresstation zum Gebrauch in der vorderen Linie.

2. Elektromagnetische Wellen im Raum.

Im allgemeinen ist wohl jedermann mit einigen Beispielen für die Energieübertragung in einem gleichmäßigen Medium durch Wellenbewegung vertraut: z. B. Wellen, die sich auf der Oberfläche eines Teiches ausbreiten, und die von einem in ihn ge-

Abb. 4. T-Antenne zu Colombo (S. 8).

Abb. 5. Zusammenlegbare Rahmenantenne für tragbaren Empfänger.

worfenen Stein herrühren; oder Schallwellen in der Luft; oder elektrische Wellen längs ausgedehnten Kraft- oder Fernsprechleitungen und längs Seekabeln, oder die Lichtwellen im Äther.

In diesen und allen anderen Fällen muß das betr. Medium — also z. B. für den Fall der Wellen auf dem Teich, die Luft und das Wasser, oder für das Beispiel vom Schall — die Luft — muß also das betr. Medium zwei Eigenschaften besitzen, mechanische Elastizität und Dichte (oder die entsprechenden mathematischen Analogien), so daß an jeder Stelle des Mediums Energie vorhanden ist, vermöge seiner elastischen Deformation oder seines augenblicklichen Zustandes. Daß das Medium, in dem elektrische und magnetische Felder vorkommen, diesen Bedingungen genügt, geht ohne weiteres aus der wohlbekannten elektrostatischen Ladungsenergie $\left(\frac{1}{2} C \bar{E}^2\right)$ eines Kondensators und der elektrokinetischen Energie $\frac{1}{2} L \bar{J}^2$ eines Stromes vervor.

Zwei Grundgesetze gibt es nun, auf denen das ganze Gebäude der elektromagnetischen Theorie ruht, und die in der einen oder andern Form jedem Elektroingenieur geläufig sind. Das eine ist das Ampèresche Gesetz, das die Beziehung zwischen dem magnetischen Feld und dem Strom, der es hervorruft, darstellt; das andere ist das Faradaysche Gesetz, das den Zusammenhang zwischen elektromotorischer Kraft und dem veränderlichen Feld, das diese EMK hervorruft, festlegt. Wenn z. B. in Abb. 6 ABC irgendeine geschlossene Bahn darstellt, die mit einem Kreis, der den Strom i führt, verkettet ist, so sagt das Ampéresche Gesetz: Wenn der Einheitspol einmal rund um die Bahn ABC bewegt worden ist, so ist die auf ihn ausgeübte Arbeit gleich $4\pi \cdot i$, oder es ist die magnetomotorische Kraft rund um ABC

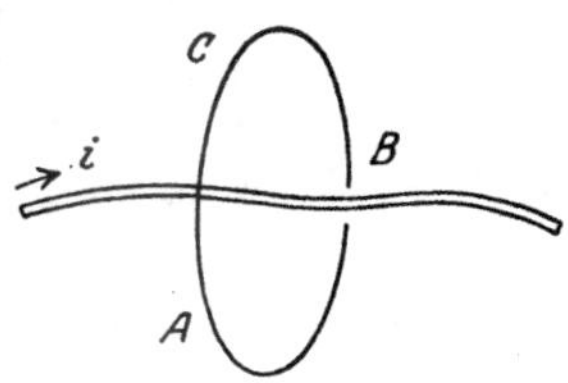

Abb. 6.
Ampèresches Gesetz.

$$\text{MMK} = 4\pi i \tag{1}$$

Und wenn wir statt des Stromes i einen magnetischen Fluß Φ haben, der die geschlossene Bahn ABC (Abb. 7) durchsetzt, so zeigt das Faradaysche Gesetz, daß die bei der einmaligen Einheitsladung rund um die Bahn ABC geleistete Arbeit gleich dem Verhältnis von Änderung des Flusses zu der Zeitdauer des Vorgangs (einförmig angenommen) ist, oder es ist die EMK rund um ABC

$$\text{EMK} = -\frac{d\Phi}{dt} \tag{2}$$

Die elektromagnetische Theorie der Strahlung baut sich auf diesen beiden Gesetzen auf, erweitert durch Clerk Maxwells

Vorstellung (1865), daß die magnetische Wirkung der Elektrizität, sofern Kraftlinien einer Verschiebung in einem Dielektrikum unterworfen sind, dieselbe ist, wie diejenige einer genau gleich schnellen Verschiebung der Elektrizität in einem Leiter; d. h. wird die dielektrische Beanspruchung geändert, so ist das dasselbe in magnetischer Wirkung, wie bei dem Strom in einem Leiter. So können in Abb. 6 der Leiter und der Strom i in ihm durch eine Wechselbeanspruchung ersetzt werden, die von einem elektrischen Feld herrührt, dessen Stärke F sich innerhalb der Grenzen $\bar{F}$ ändert; in diesem Fall durchsetzt anstatt des Leiterstromes i die Bahn $A\,B\,C$ der Verschiebungsstrom

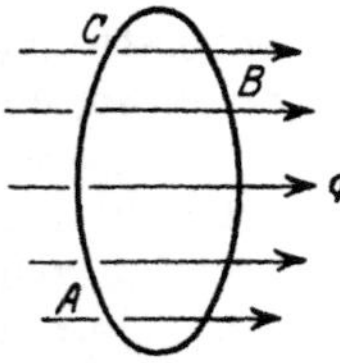

Abb. 7. Faradays Gesetz.

$$\frac{\varepsilon \cdot \bar{F}}{4\pi}[S]_{ABC}$$

worin ε die Dielektrizitätskonstante (spezifische induktive Kapazität) des Mediums, und $[S]_{ABC}$ die von $A\,B\,C$ eingeschlossene Fläche darstellt, die von dem Feld normalerweise durchsetzt wird.[1]) Die MMK in (1) ist natürlich das Linienintegral der magnetischen Kraft rund um $A\,B\,C$; wir können daher für sie schreiben

$$[\int H dr]_{ABC},$$

worin H die Feldstärke an jeder Stelle von $A\,B\,C$ ist und dr ein Längenelement des Kreises $A\,B\,C$ darstellt.

Gleichung (1) geht dann über in

$$[\int H dr]_{ABC} = \varepsilon \bar{F} [S]_{ABC}$$

$$\varepsilon \cdot \bar{F} = \left[\frac{\int H\,dr}{S}\right]_{ABC}. \tag{3}$$

[1]) Wenn das Feld nicht gleichmäßig über die Fläche ABC verteilt ist, müssen wir Flächenelemente nehmen und integrieren, in dem wir für $\bar{F} \cdot S$ den Ausdruck $\int \bar{F} dS$ einführen. Ähnlich verfahren wir mit den entsprechenden Ausdrücken im Faradayschen Gesetz. Der Leser mag den obigen Ausdruck für den bekannten Fall eines gewöhnlichen parallelen Plattenkondensators von der Kapazität C, der Ladungsmenge q und der Augenblicksspannung v kontrollieren.

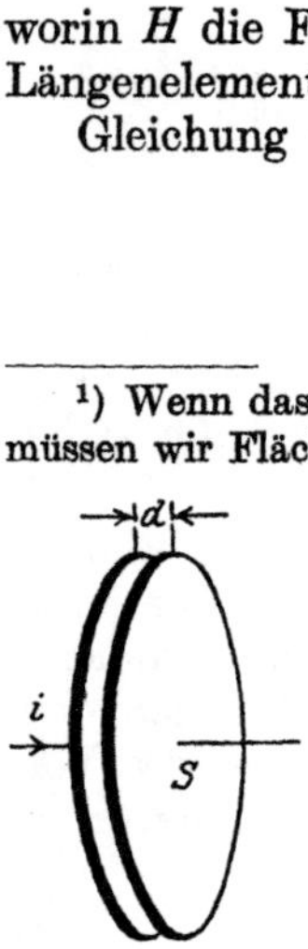

Abb. 8. Parallelplattenkondensator.

$$C = \frac{S}{4\pi d} \cdot \varepsilon,$$

$$q = v \cdot C = \frac{v}{d} \cdot \frac{\varepsilon \cdot S}{4\pi} = F \cdot \frac{\varepsilon S}{4\pi},$$

$$i = \bar{q} = \bar{F} \cdot \frac{\varepsilon S}{4\pi}.$$

Ähnlich wird Gleichung (2) umgeändert in

$$[F dr]_{ABC} = -\frac{d(\mu \cdot H \cdot S)}{dt} = -\mu S \cdot \overline{\dot{H}},$$

worin μ die magnetische Permeabilität des Mediums bedeutet. Die Gleichungen (1) und (2) stellen direkt das Ampèresche bzw. Faradaysche Gesetz dar, die wir jederzeit in unseren Stromkreisberechnungen anwenden können; in den Gleichungen (3) und (4) sind wir zu weiteren Anwendungsmöglichkeiten gelangt, wie sie für den elektromagnetischen Zustand eines Raumes gelten, der frei von allen Leitern ist.

Geben wir nun diese beiden elektromagnetischen Beziehungen

$$\varepsilon \overline{\dot{F}} = \frac{\int H dr}{S}$$

$$-\mu \overline{\dot{H}} = \frac{\int F dr}{S},$$

einem liebenswürdigen Mathematiker, so wird er, gleichsam durch bloßes Herumdrehen des Handgriffes seiner Rechenmühle, für uns das Resultat

$$\frac{d^2 F}{dt^2} = \frac{1}{\mu \cdot \varepsilon}\left(\frac{d^2 F}{dx^2} + \frac{d^2 F}{dy^2} + \frac{d^2 F}{dz^2}\right),$$

$$\frac{d^2 H}{dt^2} = \frac{1}{\mu \cdot \varepsilon}\left(\frac{d^2 H}{dx^2} + \frac{d^2 H}{dy^2} + \frac{d^2 H}{dz^2}\right)$$

herausmahlen, mit der Deutung, daß bei Änderung der elektrischen und magnetischen Felder F und H dieselben nicht plötzlich an irgendeinem entfernten Punkt in den Medien auftreten, sondern daß sie sich als eine Wellenbewegung mit der Geschwindigkeit $\sqrt{\frac{1}{\mu \varepsilon}}$ fortpflanzen. Kehren wir dann in unser Laboratorium zurück und messen wir μ und ε in Luft oder im Vakuum, so finden wir unter Anwendung desselben Maßsystems für beide Größen, daß

$$\sqrt{\frac{1}{\mu \varepsilon}} = 3 \cdot 10^{10} \text{ cm/sec}$$

ist. Augenscheinlich ist diese Geschwindigkeit ebenso groß wie die besten experimentell festgestellten Werte für die Geschwindigkeit des Lichts. Und das ist für uns ein Hauptgrund zu der Annahme, daß das Licht sich durch den Raum als eine elektromagnetische Wellenbewegung fortpflanzt, nur daß es sich in der Wechselzahl von den Wellen der drahtlosen Telegraphie unterscheidet.

3. Das Feld in weiter Entfernung von der ausstrahlenden Antenne.

Nach H. R. Hertz (1888), dem Vater der drahtlosen Telegraphie, bemüht man sich gewöhnlich, die Ausstrahlung eines Hertzschen Oszillators oder auch einer gewöhnlichen Antenne dadurch einigermaßen physikalisch zu erklären, daß man eine Reihe von Diagrammen aufzeichnet, die den Verlauf der elektrischen Kraftlinien für verschiedene aufeinanderfolgende Zeitpunkte einer Periode des Wechselstromes an der Antenne zeigen. Zunächst endigen die Kraftlinien in den beiden Hälften des Oszillators, oder auf der Antenne und der Erde, aber später wandeln sie sich in in sich geschlossene Gebilde um, die ganz unabhängig von der Antenne werden und von ihr sich mit Lichtgeschwindigkeit fortbewegen. Abb. 9 zeigt einen derartigen Verlauf.

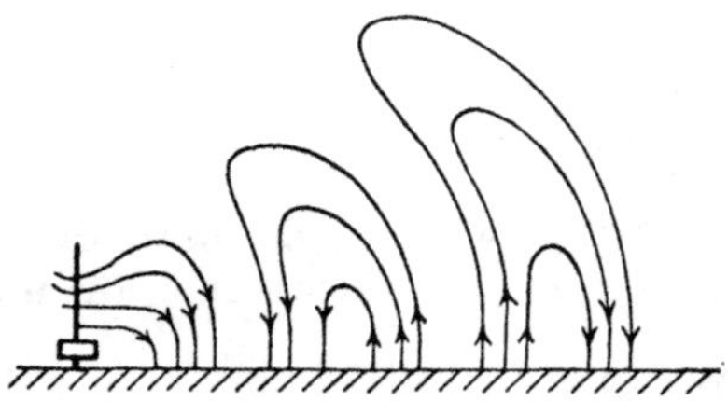

Abb. 9. Elektrische Kraftlinien.

Der Autor glaubt, in seiner Annahme nicht allein zu stehen, daß hier ein betrüblicher Mangel vorhanden ist, aus diesen Diagrammen tatsächlich eine genügend volle Erkenntnis zu schöpfen; er wird auch diese Darstellung hier nicht weiter verfolgen*). Da nun aber die Physik — wie es natürlich ist — auf mathematischen Bedingungen beruht, so können sehr viele sich keine volle Vorstellung machen, ohne sich an irgendein konkretes Bild oder ein Modell zu halten, das auf diesen Bedingungen aufgebaut ist. Eine recht nützliche Vorstellung von dem elektrischen Zustand im Raume in einiger Entfernung der ausstrahlenden Antenne ist die, wie sie von G. W. O. Howe in seiner prachtvollen Schrift an die British Association zu Birmingham im Jahre 1913 entwickelt wurde; sie führt den Titel: „Die Natur und Fortpflanzungsweise der in der drahtlosen Telegraphie verwendeten elektrischen Wellen“ (The nature of the electromagnetic waves employed in radio telegraphy, and the mode of their propagation).

Howe zeigt, daß, wenn die Erde ein vollkommener Leiter mit ebener Oberfläche und wenn weiter keine leitende Atmosphäre

---

*) In letzter Zeit (1922) wurde von den Herren Dr. Münch und Dr. Pfersdorf, Professoren am Realgymnasium zu Darmstadt, ein „Kraftlinienfilm“ unter erheblichem Arbeitsaufwand fertiggestellt, der die Fortpflanzung der elektrischen Kraftlinien in glänzender Weise veranschaulicht. Anmerk. d. Übersetzers.

vorhanden wäre, daß dann die Bedingungen nahe der Erdoberfläche auf weite Entfernung von der Antenne im gewöhnlichen Strahlungsfall meist genau dieselben sind wie die in einem Dielektrikum, das sich zwischen den zwei Leitern einer besonderen Strahlungslinie — wie sie Abb. 10 zeigt — befindet.

Hierin bedeutet *P* einen unendlichen, vollkommenen, plattenförmigen Leiter (der die Erdoberfläche darstellt) und *K* einen unendlichen, vollkommenen kegelförmigen Leiter, dessen Achse senkrecht zu *P* steht und dessen Spitze, an der die Antenne anzuschließen wäre, beinahe *P* berührt. *D* ist das Dielektrikum zwischen beiden Leitern. *A* ist die Wechselstromquelle, welche die beiden Leiter speist. Die Richtung der radialen Ströme in den Leitern ist für jeden Augenblick durch die Pfeile innerhalb Platte und Kegel angedeutet, die Richtung der elektrischen Kraftlinien

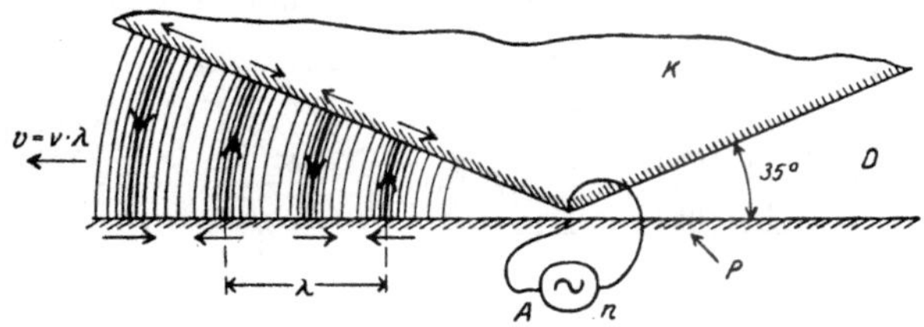

Abb. 10. Howes Modell.

demgemäß durch die Linien und Pfeile in dem Dielektrikum zwischen Platte und Kegel. Wer sich mit dem Studium der Sprechströme und Kabel beschäftigt hat, kennt recht wohl diese Verhältnisse. Sobald das Dielektrikum *D* ein Vakuum ist (oder annäherungsweise aus Luft besteht), strahlt das ganze System von der Kegelspitze in radialer Richtung mit einer Wellengeschwindigkeit von 3×10^{10} cm in der Sekunde.

An jeder Stelle in der Nähe der Platten-(Erd-)Oberfläche steht das elektrische Feld senkrecht dazu, wobei seine Stärke sich harmonisch mit der Zeit ändert; gleichzeitig aber wird dieses Feld von einem horizontalen, magnetischen Felde begleitet (in Abb. 10 nicht eingezeichnet), welches mit dem elektrischen Feld in Phase liegt. In jedem Augenblick und an jeder Stelle setzt sich die Energie auf das Einheitsvolumen des Dielektrikums zur Hälfte aus elektrischer (statischer) und zur andern Hälfte aus magnetischer (kinetischer) Energie zusammen. In jedem Punkt ist der Scheitelwert eines jeden Feldes umgekehrt proportional der Entfernung von der Kegelspitze (d. h. von der Antenne). Wenn der Wechselstrom in unserem Modell ebenso groß ist wie der Strom am unteren Ende einer gewöhnlichen, einfachen, senkrechten Antenne, die mit ihrer Eigenfrequenz schwingt, so wird in beiden Fällen ein und dieselbe Energie ausgestrahlt, unter der Voraussetzung, daß der Neigungswinkel zwischen dem Kegel und der Ebene 35⁰ beträgt.

Dieses Modell liefert uns eine vorzügliche, qualitative wie quantitative Vorstellung von den tatsächlichen Vorkommnissen in der Nähe der Erdoberfläche rund um die Antenne bei Entfernungen, die mehrere Wellenlängen übertreffen — so daß praktisch der nicht strahlende Einfluß der Antenne nicht mehr in Frage kommt —, die aber andererseits nicht zu groß sind, so daß die Einwirkung der Krümmung der Erdoberfläche vernachlässigt werden kann. Wir können beispielsweise aus dem Modell ersehen, wie eine Empfangsantenne beeinflußt wird, ob eine offene senkrechte Antenne nur durch das elektrische Wechselfeld, oder ob eine zweckmäßig

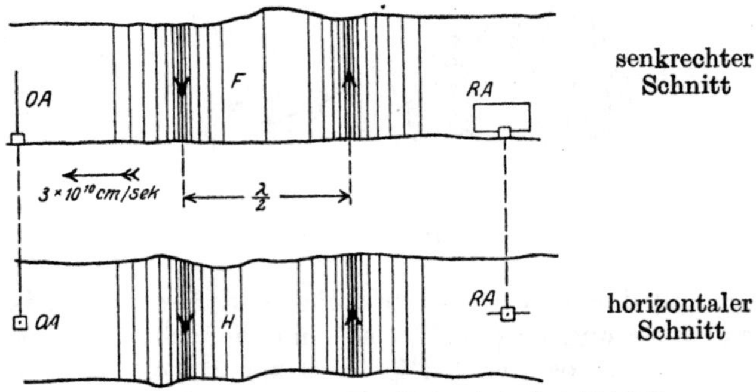

OA = Offene Antenne (senkrechter einfacher Draht).
RA = Rahmenantenne (senkrechtes Rechteck).

Abb. 11. Felder bei der Empfangsantenne.

eingestellte Rahmenantenne (Windungsebene in der Strahlrichtung) nur durch das magnetische Wechselfeld beeinflußt wird. In Abb. 11 zeigt das obere Bild, etwa über dem Bereich der halben Wellenlänge, den Verlauf der elektrischen Kraftlinien in der Nähe der Erdoberfläche, so wie auch in Abb. 10; das untere Bild zeigt den Verlauf der magnetischen Kraftlinien für denselben Augenblick. Dabei sind die Bereiche für die Höchstzahl an Kraftlinien durch dicke Striche mit Pfeilen angedeutet. Das ganze System rast über die Erdoberfläche in der Strahlungsrichtung (hier in der Papierebene) und ruft in den beiden eingezeichneten Antennen eine Wechsel-EMK hervor. Jede der beiden Antennenarten wird durch die zwei Felder beeinflußt; aber man kann unschwer die

Einwirkung des senkrechten elektrischen Feldes auf den senkrechten Draht OA, und den Einfluß des magnetischen Wechselfeldes, das den Rahmen RA durchsetzt, erkennen.

Das Modell in Abb. 10 zeigt auch eine Verringerung der Amplituden, die der Entfernung von der Sendeantenne proportional ist. Infolge der Erdkrümmung nimmt bei großen Entfernungen die Intensität gewöhnlich in noch viel stärkerem Maße ab, als daß sie hier noch der Entfernung indirekt proportional wäre; und obwohl dieser Erscheinung, wie man glaubt, durch die Anwesenheit einer leitenden Schicht über der Atmosphäre, der „Heaviside-Schicht", eine Grenze gezogen ist, da diese die Energie auf unserem Planeten zurückzuhalten sucht, so haben doch die Versuche von L. W. Austin und anderen gezeigt, daß bei Tageslicht die Intensität nicht einem Ausdruck $\frac{1}{x}$ proportional ist, sondern gleich einem Verkleinerungsfaktor

$$\frac{1}{x} \cdot e^{-\frac{0{,}0015}{\sqrt{\lambda}} \cdot x},$$

worin x den Abstand von der Sendeantenne und λ die Wellenlänge, beides in km gemessen, bedeuten ($e = 2{,}71828$, Basis des natürlichen Logarithmensystems). Der Exponentialausdruck ist nur dann von Bedeutung, wenn x einen Betrag — sagen wir — von $70\sqrt{\lambda}$ überschreitet; wenn also bei einem $\lambda = 1000$ m x über 70 km hinausgeht. Die nach dem obigen halb empirischen Ausdruck ermittelte Verringerung der Intensität ist — bei großen Werten von x — wesentlich geringer als der Näherungswert, wie er u. a. von A. Sommerfeld für eine leitende Erde ohne Atmosphäre berechnet wurde; und es ist wahrscheinlich, daß wir die Schuld für die Differenz der leitenden Schicht über der Atmosphäre beimessen müssen.

Unter Verwendung des obigen empirischen Ausdrucks für die Verringerung der Intensität wurden Formeln aufgestellt, die den Strom in einer abgestimmten Empfangsantenne in Abhängigkeit von dem Strom der Sendeantenne und der übrigen hierbei vorhandenen Größen darstellen[1]). So gilt z. B. für ein paar offene Antennen, die aus einem Draht bestehen, dessen unteres Ende

[1]) Entsprechende Formeln sind auf geschlossene Rahmenantennen auf einer oder beiden Stationen anwendbar. In einem recht bedeutungsvollen und anschaulichen Aufsatz von J. H. Dellinger, „Grundzüge des drahtlosen Sendens und Empfangens mit der Antenne und dem Rahmen" („Principles of radio transmission and reception with antenna and coil aerials"), Scientific Paper of the Bureau of Standarts, Nr. 354, gedruckt Dez. 1919) sind diese Formeln abgeleitet.

mit der Erde, und dessen Spitze mit einem Leitersystem verbunden ist, das einer Kondensatorplatte in einer Höhe h über der Erde entsprechen würde (Abb. 12), es ist

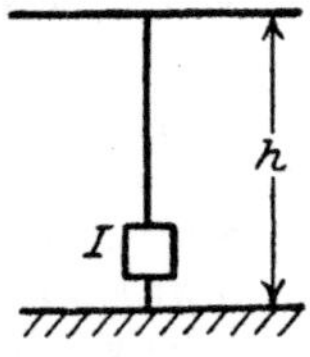

Abb. 12.

$$J_E = J_S \cdot \frac{190 \cdot h_s \cdot h_E}{R \cdot \lambda} \cdot \frac{e^{-\frac{0{,}0015}{\sqrt{\lambda}} \cdot x}}{x},$$

worin die Indices E bzw. S sich auf die Empfangs- bzw. Sendeantenne beziehen; R bedeutet den Widerstand der Empfangsantenne in Ohm; λ, x und h sind in km einzusetzen.

Tabelle 2 zeigt, wie gemäß dieser Formel der Empfangsstrom J_E sich mit der Entfernung für einen ganz bestimmten Fall ändert:

Es sei $h_S = h_E = 100\ \text{m} = 0{,}1\ \text{km}$,
$\lambda = 4000\ \text{m} = 4\ \text{km}$,
$J_S = 100\ \text{A}$,
$R = 10\ \Omega$,

daraus folgt

$$J_E = 4{,}8 \frac{e^{-0{,}00075 \cdot x}}{x}\ \text{Amp.}$$

Bei einem gewöhnlichen Empfangsapparat der Vorkriegszeit würde der Grenzbereich ungefähr 6000 km umfassen.

Tabelle 2.

x_{km}	$\frac{4{,}8}{x} \cdot 10^6$	J_E μA.
10	480000	480000
100	48000	45000
300	16000	12800
1000	4800	2300
3000	1600	170
4000	1200	60
5000	960	22
6000	800	9
7000	690	3,4
8000	600	1,5
9000	530	0,6
10000	480	0,26

In dieser Tabelle sollte beachtet werden, daß bei den hohen Werten von x jede Zunahme um 1000 km den Empfangsstrom annähernd immer um das $2^1/_2$fache verkleinert; oder mit anderen Worten: sobald die Reichweite vergrößert wird, muß der Sendestrom J_S für jede Erweiterung der Reichweite um 1000 km um das $2^1/_2$fache vergrößert werden, wenn der Empfangsstrom J_E noch einen arbeitsfähigen Betrag beibehalten soll. Dann beträgt natürlich die entsprechende Vergrößerung der Sendeenergie das $2{,}5^2 = 6{,}2$fache. Um uns z. B. eine bestimmte Vorstellung machen zu können, wollen wir annehmen, der Widerstand der Sendeantenne betrage $2\ \Omega$, ferner mögen für eine Reichweite von 6000 km

100 A Sendestrom ausreichend sein. Dann beträgt bei 6000 km die Sendeenergie $J_S^2 \cdot R = 100^2 \cdot 2 = 20$ kW. Für 7000 km würden wir demgemäß $20 \cdot 6{,}2 = 124$ kW benötigen. Und für 8000 km sogar 770 kW (eine derartig große Sendeleistung wie diese ist wohl noch nie in eine Antenne geliefert worden). Der Grund für diese Beziehung zwischen Vergrößerung und Reichweite und der notwendigen Zunahme der Sendeenergie geht ohne weiteres aus der auf S. 18 angeführten Formel hervor. Anders geschrieben lautet dieselbe

für Reichweite x:

$$(J_S)_x = k \cdot J_E \cdot x \cdot e^{\frac{0{,}0015}{\sqrt{\lambda}} x}$$

worin k eine Konstante bedeutet. Ebenso ergibt sich

für Reichweite $(x + d)$:

$$(J_S)_{x+d} = k \cdot J_E \cdot (x + d) \cdot e^{\frac{0{,}0015}{\sqrt{\lambda}} (x+d)}$$

oder annähernd

$$(J_S)_{x+d} = (J_S)_x \cdot e^{\frac{0{,}0015}{\sqrt{\lambda}} \cdot d},$$

wenn d klein gegen x; daraus folgt schließlich

$$\frac{(J_S)_{x+d}}{(J_S)_x} = e^{\frac{0{,}0015}{\sqrt{\lambda}} \cdot d}.$$

Unter der Annahme, daß der Sendestrom J_S und der Widerstand R der Empfangsantenne nicht sehr durch eine Änderung von λ beeinflußt werden, zeigt die Art und Weise, in der x und λ in der angeführten Formel

$$J_E = J_S \cdot \frac{190 \cdot h_S \cdot h_E}{R} \cdot \frac{e^{-\frac{0{,}0015}{\sqrt{\lambda}} \cdot x}}{\lambda \cdot x}$$

auftreten, daß es für jeden Wert der Reichweite x einen besonderen Wert von λ gibt, bei dem J_E ein Maximum wird, nämlich wenn

$$\frac{d\left(\dfrac{e^{-\frac{0{,}0015}{\sqrt{\lambda}} \cdot x}}{\lambda}\right)}{d\lambda} = 0$$

wird, d. h. wenn
$$\lambda = \frac{(0{,}0015 \cdot x)^2}{4}$$

oder
$$\lambda_{\mathrm{m}} = 0{,}00056 \cdot x_{\mathrm{km}}^2$$

wird. Obgleich für andere Verhältnisse Grund vorhanden ist, von diesem Wert abzuweichen, so stellt er doch die günstigste

Wellenlänge für eine wirksame Reichweite dar. Bei 6000 km beträgt die günstigste Wellenlänge ungefähr 20000 m[1]). Wäre diese Wellenlänge statt der von 4000 m in Tab. 2 eingesetzten verwendet worden, so würde der Empfangsstrom $21 \cdot 10^{-6}$ statt $9 \cdot 10^{-6}$ A betragen.

Es muß hinzugefügt werden, daß der empirische Verkleinerungsfaktor

$$\frac{1}{x} \cdot e^{-\frac{0,0015}{\sqrt{\lambda}} \cdot x} \qquad \text{(Austin-Cohen)}$$

nicht für alle Fälle unbedingte Gültigkeit besitzt. Er wurde nachgeprüft für Reichweiten bis ungefähr 4000 km und verschiedene Wellenlängen bis etwa 4000 m; aber neuere Beobachtungen von G. Wallauri an den Zeichen von Annapolis ($\lambda = 17300$ m), die in Leghorn (Entfernung ungefähr 7000 km) aufgenommen wurden, stimmen viel besser bei einem Verkleinerungsfaktor

$$\frac{1}{x} \cdot e^{-\frac{0,0045}{\lambda^{1,4}} \cdot x},$$

der von L. F. Fuller 1915 angegeben wurde[2]). Dieser führt zu einem Optimum der Wellenlänge, wenn $\lambda_m = 27,5 \cdot x_{\mathrm{km}}^{0,71}$ ist, was ungefähr 13000 m für $x = 6000$ km ausmacht. Mit dem Fullerschen Faktor an Stelle der Verkleinerungszahl von Austin-Cohen, und bei einer günstigsten Wellenlänge würde dann der Empfangsstrom in Tab. 2 bei 6000 km Reichweite $125 \cdot 10^{-6}$ betragen statt der $9 \cdot 10^{-6}$ A in der Tabelle, oder statt $21 \cdot 10^{-6}$ A — wie sie sich günstigstenfalls nach Austin-Cohen ergeben. Es ist klar, daß noch weitere Messungen und Versuche durchgeführt werden müssen, um einen Verkleinerungsfaktor zu finden, der für alle Reichweiten und Wellenlängen gilt.

Drittes Kapitel.

Schwingungskreise.

1. Reaktanzen und Widerstände.

(Wechselstromwiderstand und Ohmscher Widerstand.)

Verlassen wir nunmehr das Gebiet der Strahlung und gehen wir über zur Betrachtung der praktisch nicht strahlenden Kreise,

---

[1]) Die größte, normalerweise gebräuchliche Wellenlänge ist wohl die des Lichtbogensenders zu Annapolis (Vereinigte Staaten von Amerika) mit ungefähr 17000 m.

[2]) Vgl.: G. W. O. Howe, „Measurement of the field strength at Leghorn of the Annapolis signals". Radio Review, Oct. 1920.

in denen Hochfrequenzströme erzeugt, transformiert und gemessen werden, so befinden wir uns — wie schon erwähnt — mitten unter den Erscheinungen der mehr gewöhnlichen Wechselstromtechnik, nur mit gewissen quantitativen Abweichungen, die von der außerordentlich hohen Frequenz dieser Ströme herrühren. Verwendung finden diese Kreise sowohl in Sendeanlagen, in denen sie die Energie der Antenne zuführen, um so elektromagnetische Wellen im Raume hervorzurufen, als auch in Empfangskreisen, wo sie Energie aus der Antenne wieder entnehmen und sie irgendeiner Detektoranordnung zuführen.

Greifen wir aus der mannigfaltigen Art von Umständen zunächst nur einen heraus, so zeigt sich, daß in Hochfrequenzkreisen die Reaktanzen gewöhnlich sehr groß sind im Vergleich zu Ohmschen Widerständen. Oft kann diese Bedingung gar nicht vermieden werden, wie z. B. bei Antennen, oft ist sie angebracht bei der Erzeugung einer großen EMK mit geringer Energie, wie sie z. B. von Krystalldetektoren oder Verstärkerröhren benötigt wird; oft auch ist sie notwendig, wenn eine Frequenz von einer andern getrennt werden soll. Hierzu sind Schwingungskreise mit geringer Dämpfung erforderlich. Da ja nur die Widerstandskomponente der EMK in der geleisteten Arbeit, auf die wir letzten Endes beschränkt sind, enthalten ist, so ist es daher notwendig, eine induktive EMK durch eine gleich große und kapazitive EMK auszugleichen. Mit andern Worten — Hochfrequenzkreise sind allgemein — nicht unveränderlich — abgestimmte Schwingungskreise, die Induktivität und Kapazität enthalten, welche so abgeglichen sind, daß ihre Wechselwiderstände, bei einer bestimmten verwendeten Frequenz annähernd zahlenmäßig gleich groß sind, wobei jeder dieser Wechselwiderstände für sich allein den Ohmschen Widerstand übertrifft.

2. Die ungedämpft aufgedrückte EMK.

Die Gleichung für die EMK in dem Stromkreis der Abb. 13 lautet:

$$L \cdot \frac{di}{dt} + Ri + \frac{1}{C}\int i\,dt = e = \overline{E} \cdot \sin(2\pi\nu \cdot t),$$

daraus folgt:

$$L \cdot \frac{d^2 i}{dt^2} + R \cdot \frac{di}{dt} + \frac{1}{C} i = 2\pi\nu \cdot \overline{E} \cdot \cos(2\pi\nu \cdot t).$$

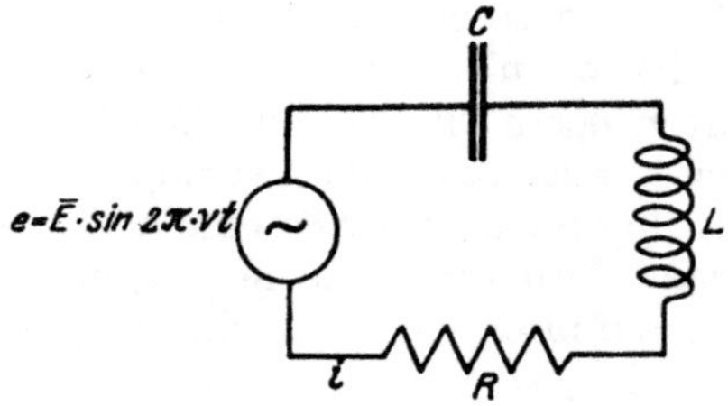

Abb. 13.

Die Lösung dieser Differentialgleichung lautet:

$$i = \bar{J} \cdot \sin(2\pi \cdot \nu t - \varphi) + \bar{J}' \cdot \varepsilon^{-bt} \cdot \sin(2\pi \nu' \cdot t - \psi)$$ [1],

worin

$$\bar{J} = \frac{\bar{E}}{\sqrt{\left(2\pi\nu L - \frac{1}{2\pi\nu C}\right)^2 + R^2}},$$

$$b = \frac{R}{2L},$$

$$\nu' = \frac{1}{2\pi}\sqrt{\frac{1}{LC} - \frac{R^2}{4L^2}}.$$

Daraus erkennen wir, daß

1. eine freie Schwingung von der Frequenz

$$\nu' = \frac{1}{2\pi}\sqrt{\frac{1}{LC} - \frac{R^2}{4L^2}}$$

vorhanden ist, die gewöhnlich in Hochfrequenzkreisen ungefähr gleich

$$\frac{1}{2\pi\sqrt{LC}} \text{ ist.}$$

---

[1]) Ein wichtiger Sonderfall tritt ein, wenn

$$2\pi'\nu = \frac{1}{\sqrt{LC}}$$

und $\frac{R^2}{4L^2} \ll \frac{1}{LC}$ ist.

Wenn der Kondensator ungeladen ist und die Wechselstromquelle wird z. Z. $t = 0$ in den Kreis geschaltet, so lautet die Lösung annähernd

$$i = \frac{\bar{E}}{R} \sin \omega t \left(1 - \varepsilon^{-\frac{R}{2L}t}\right)$$

2. Daß diese freie Schwingung eine konstante Abnahme

$$b = \frac{R}{2L}$$

erleidet, und daher ein logarithmisches Dekrement[1])

$$\delta = \frac{b}{\nu'} = \frac{R}{2\nu' L} \quad \text{besitzt.}$$

3. Nachdem die freie Schwingung abgelaufen ist, bleibt nur noch die aufgedrückte Schwingung mit der Amplitude

$$\overline{J} = \frac{\overline{E}}{\sqrt{\left(2\pi\nu L - \frac{1}{2\pi\nu C}\right)^2 + R^2}}.$$

4. Diese beträgt ein Maximum, wenn der Kreis mit der Frequenz ν der aufgedrückten EMKe in Resonanz ist, d. h. wenn

$$2\pi\nu \cdot L = \frac{1}{2\pi\nu C},$$

oder wenn die aufgedruckte Periodenzahl

$$\nu = \frac{1}{2\pi\sqrt{LC}}$$

ungefähr gleich der freien Periodenzahl ν' ist, oder sagen wir,

wenn $\nu = \frac{\omega}{2\pi}$ ist.

5. Der Höchstwert des Stromes beträgt dann $\frac{\overline{E}}{R}$, d. h. der Kreis benimmt sich in diesem Falle wie ein Kreis, in dem nur der Ohmsche Widerstand R vorhanden ist.

Da ωL und $\frac{1}{\omega C}$ für gewöhnlich sehr groß sind gegen R, so rufen geringe Ungleichheiten in ωL und $\frac{1}{\omega C}$, d. h. geringe Abweichungen von der Resonanz, große Änderungen des Stromes

[1]) Gewöhnlich kurzweg „Dekrement" genannt. Das Dekrement δ eignet sich im allgemeinen mehr zur Messung der Dämpfung, da ja die Abnahme der Schwingungen immer gleich b ist, und da dies Verwendung finden kann ohne Rücksicht auf die Frequenz. So wird z. B. bei einem aufgeladenen und hernach frei ausschwingenden Kreis die Amplitude während des Verlaufs von je $\frac{1}{\delta}$ Perioden — sagen wir — um das $\varepsilon = \sim 2{,}7$-fache abnehmen, und nach insgesamt $\frac{4}{\delta}$ Perioden zu Null werden,

hervor, wie er unter 3. ausgedrückt ist. So ist z. B. in Abb. 14 eine Kurve[1]) wiedergegeben, die gewöhnlich als „Resonanzkurve" bezeichnet wird, und die die Abhängigkeit zwischen J und ν für einen leicht gedämpften Kreis, so wie er in der Praxis vorkommt, darstellt. Für diesen Kreis sei

$$R = 10\,\Omega \qquad L = 5000\,\mu\mathrm{H} \qquad C = 508 \cdot 10^{-6}\,\mu\mathrm{F} = 457{,}2\,\mathrm{cm},$$
$$\lambda = 3000\,\mathrm{m} \qquad \nu' = 10^5\,\mathrm{Per/sec} \qquad \delta = 0{,}01$$
$$\overline{E} = 10\,\mathrm{V}$$

Die Steilheit dieser Kurve ist ein Maß für die Schärfe der Abstimmung; ferner kann (nach V. Bjerknes) gezeigt werden, daß bei kleiner Dämpfung das Dekrement δ gleich dem πfachen Betrag der Breite der Resonanzkurve in der $\frac{1}{\sqrt{2}}$ fachen Höhe des Resonanzpunktes ist, wobei dieser Betrag durch die Abszisse des Resonanzpunktes zu teilen ist. Das gilt auch, wenn die Ordinaten statt der Höchstwerte den quadratischen Mittelwert des Stromes darstellen. Auf diese Art werden im Laboratorium zweckmäßig Dekrementmessungen vorgenommen.

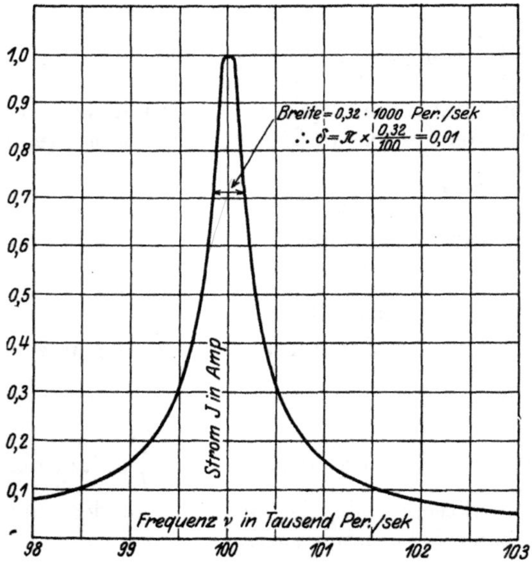

Abb. 14. Resonanzkurve.

3. Der Wellenmesser.

Besitzt der in Abb. 13 dargestellte Kreis irgendein den Strom messendes Gerät, ist z. B. direkt ein Hitzdraht-Strommesser in den Kreis geschaltet, so ist ganz klar, daß bei einer Änderung der Frequenz ν der aufgedrückten EMK oder auch bei einer Änderung der Eigenschwingungszahl ν' des Kreises durch Verände-

[1]) S. auch die Kurven in Abb. 116.

rung von L oder C der Strommesser einen maximalen Ausschlag zeigen wird, wenn $\nu = \nu'$ ist. Sind die Werte von L und C veränderlich und bekannt, so stellt der Kreis LC einen Frequenzmesser dar, der um so empfindlicher ist, je geringer seine Dämpfung oder sein Dekrement ist.

In der Abb. 13 wird die EMK durch einen einfach in den Kreis geschalteten Generator demselben aufgedrückt. Häufiger ist der Fall, wo die EKM in der Spule L dadurch induziert wird, daß diese in das magnetische Feld eines hochfrequenten Stromes gebracht wird, wie in Abb. 15. Unter der Voraussetzung, daß die Rückwirkung des Frequenzmesserkreises auf den Kreis XY, dessen Stromfrequenz gemessen werden soll, genügend gering ist, um nicht die zu messende Frequenz zu beeinflussen, kann man ν dadurch bestimmen, daß man den geeichten Kondensator C so lange verändert, bis der beobachtete Strom J sein Maximum erreicht. Einen derartigen geeichten Kreis bezeichnet man gewöhnlich als „Wellenmesser“, wobei die Teilstriche der Skala meist die Wellenlänge in Metern darstellen, die für die betr. Einstellung einer bestimmten Eigenfrequenz des Kreises entspricht. Es ist in der Tat gebräuchlich, sogar dann von einer Wellenlänge hochfrequenter Ströme zu sprechen, wenn selbst keine Wellen ins Auge gefaßt werden; das bedeutet nur, daß eben die Wellenlänge der Ausstrahlung in den Raum gekennzeichnet wird, die der betr. besonderen Frequenz entsprechen würde. Hierzu sind wir auch deshalb berechtigt, weil wir selten in der Lage sind, direkt die Periodenzahl pro Sekunde zu bestimmen, wogegen wir dauernd mehr oder minder direkt Wellenlängen messen, und eine große Zahl von Ausführungen verrichten, wo wir — wie z. B. bei einer Antenne — die Drahtlänge auf irgend einen großen Bruchteil der Wellenlänge (z. B. $^1/_4$) zuschneiden. In diesem Sinne stimmen Wellenlänge und Frequenz immer unveränderbar miteinander überein nach der Beziehung

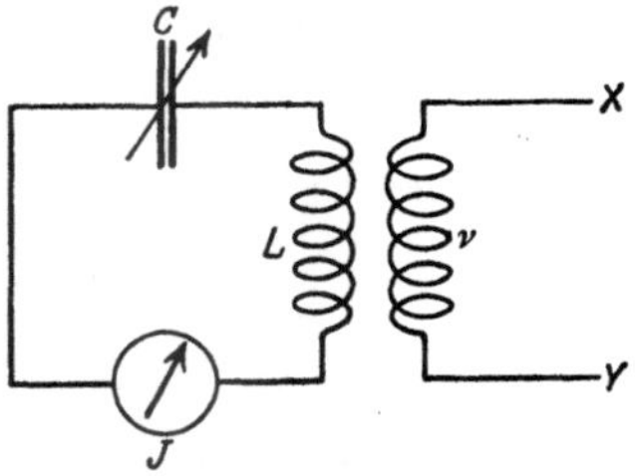

Abb. 15. Wellenmesser.

$$\lambda \cdot \nu = 3 \cdot 10^{10} \text{ cm/sec.}$$

Zweckmäßig merkt man sich, daß eine Wellenlänge von 300 m, wie sie durch internationalen Beschluß für den Schiffsverkehr festgelegt wurde, einer Frequenz von einer Million Perioden in der Sekunde entspricht. Ist ein Wellenmesser mit einem Gerät versehen, das die Messung des quadratischen Mittelwerts des Stromes gestattet, wie in Abb. 15, so kann es zur Aufnahme von Resonanzkurven wie in Abb. 14 benutzt werden. Aber auch jeder andere Anzeiger, der nur fähig ist, ein Maximum des Stromes nachzuweisen, reicht für die Messung der Wellenlänge aus. Ein Wellenmesser von dieser einfacheren Form ist auf einer drahtlosen Station jederzeit ebenso unentbehrlich wie das Galvanometer bei der Leitungstelegraphie.

4. Die gedämpfte, aufgedrückte EMK und gekoppelte Kreise.

Wird ein geladener Kondensator über eine Drossel (und einen nicht zu großen Ohmschen Widerstand) entladen, so findet eine gedämpfte Schwingung statt. Solange in Abb. 16 der Schalter S geöffnet ist, bleibt der Kondensator mit der Ladespannung V geladen. Sobald aber S geschlossen wird, findet in dem Kreis $CLRS$ eine oszillatorische Entladung statt, für den die Gleichung der EMKe lautet[1]):

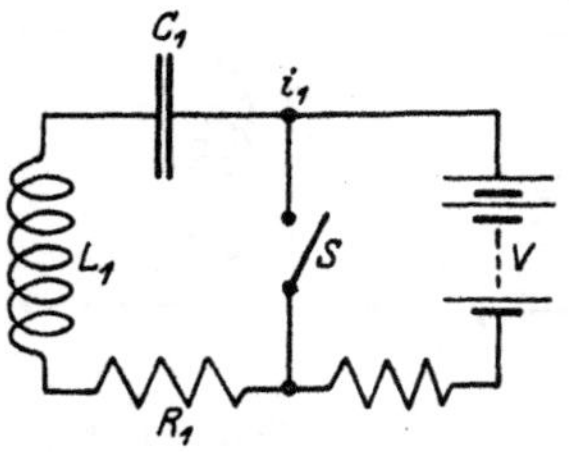

Abb. 16.

$$L_1 \frac{di_1}{dt} + R_1 \cdot i_1 + \frac{1}{C_1}\int i_1 dt - V = 0,$$

daraus folgt

$$L_1 \frac{d^2 i_1}{dt^2} + R_1 \frac{di_1}{dt} + \frac{1}{C_1} \cdot i_1 = 0.$$

Die genaue Lösung dieser Differentialgleichung lautet

$$i_1 = V \frac{C_1(\omega_1^2 + b_1^2)}{\omega_1} \cdot \varepsilon^{-b_1 \cdot t} \sin \omega_1 t,$$

worin

$$b_1 = \frac{R_1}{2 L_1}$$

$$\omega_1 = \sqrt{\frac{1}{L_1 C_1} + \frac{R_1^2}{4 L_1^2}}$$

ist und vom Augenblick des Schließens des Schalters an gemessen wird. Bei geringer Dämpfung, d. h. $b_1 \ll \omega_1$, vereinfacht sich diese Gleichung in

$$i_1 = \bar{J}_1 \cdot \varepsilon^{-b_1 t} \sin \omega_1 \cdot t,$$

[1]) Vgl. S. 21. Hier ist keine erzwungene Schwingung vorhanden.

worin annähernd

$$\bar{J}_1 = \frac{V}{\omega_1 \cdot L_1}$$

und

$$\omega_1 = \sqrt{\frac{1}{L_1 C_1}}$$

ist.

Abb. 17 zeigt die Schwingung, die sich asymptotisch dem Nullwert nähert, da die anfängliche Ladungsenergie des Kon-

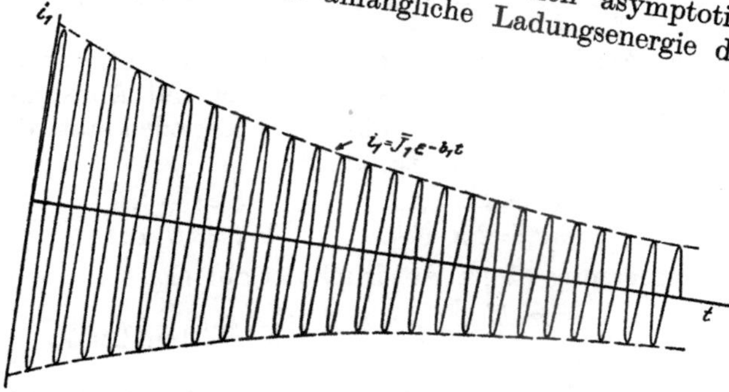

Abb. 17. Gedämpfte Schwingung.

densators in dem Widerstand R in Wärme umgesetzt wird. Wir wollen nun annehmen, daß ein Sekundärkreis $C_2 L_2 R_2$ mit dem Schwingungskreis der Abb. 16 durch eine gegenseitige Induktion M zwischen L_1 und L_2, wie in Abb. 18 gekoppelt wird. Wenn die Kopplung genügend lose ist, um die Gegen-EMK $M\frac{di_2}{dt}$ im Primärkreise vernachlässigen zu können, so ist selbstverständlich die in dem Sekundärkreis hervorgerufene Schwingung

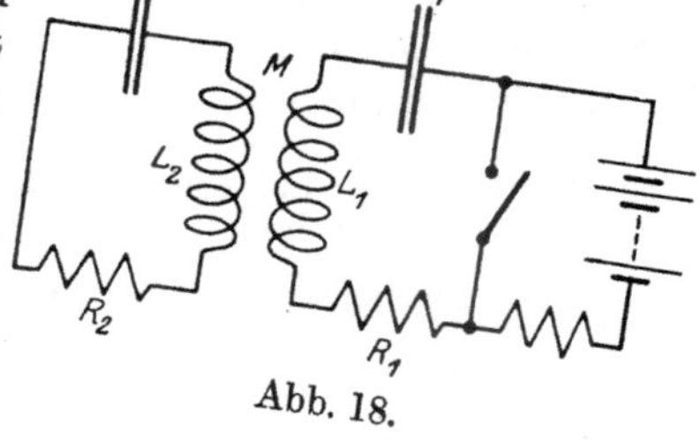

Abb. 18.

$$L_2 \cdot \frac{di_2}{dt} + R_2 \cdot i_2 + \frac{1}{C_2}\int i_2 dt = -M \cdot \frac{di_1}{dt} = -M \cdot \bar{J}_1 \frac{d(\varepsilon^{-b_1 t} \cdot \sin \omega_1 t)}{dt}.$$

daraus folgt

$$L_2 \frac{d^2 i_2}{d t^2} + R_2 \frac{d i_2}{d t} + \frac{1}{C_2} i_2 = - M \bar{J}_1 \frac{d^2 (\varepsilon^{-b_1 t} \cdot \sin \omega_1 t)}{d t^2},$$

oder annähernd

$$= \omega^2 \cdot M \bar{J}_1 \cdot \varepsilon^{-b_1 \cdot t} \sin \omega_1 \cdot t,$$

wenn die Dämpfung des Primärkreises nicht sehr groß ist.

Wenn keiner der beiden Kreise übermäßig gedämpft ist, so wird der Sekundärstrom dann am größten, wenn beide Kreise aufeinander „abgestimmt" sind[1]). Die Lösung dieser Gleichung lautet annähernd

$$i_2 = \frac{-\omega M \cdot \bar{J}_1}{2 L_2 (b_2 - b_1)} \left(\varepsilon^{-b_1 \cdot t} - \varepsilon^{-b_2 \cdot t}\right) \cdot \sin \omega t.$$

Diesen Ausdruck wollen wir etwas anders schreiben, damit er deutlicher den Verlauf des Ansteigens und Abnehmens darstellt, dadurch, daß wir die Zahl N der Perioden statt der Zeit t von Anfang an einsetzen. Es ist

$$\omega = 2 \pi \nu, \qquad b = \nu \cdot \delta,$$
$$\omega t = 2 \pi \cdot N, \qquad b \cdot t = N \cdot \delta.$$

Unter Einsetzung dieser Ausdrücke ergibt sich

$$i_2 = \frac{-\pi \cdot M \cdot \bar{J}_1}{L_2 (\delta_2 - \delta_1)} \left(\varepsilon^{-\delta_1 \cdot N} - \varepsilon^{-\delta_2 \cdot N}\right) \sin 2 \pi N.$$

Abb. 19 zeigt den Verlauf einer solchen Schwingung gleichzeitig mit der sie hervorrufenden Primärschwingung für die Dekremente

$$\delta_1 = 0{,}06,$$
$$\delta_2 = 0{,}20.$$

In Abb. 19 besitzt der Sekundärkreis ein ziemlich hohes Dekrement (0,2). Würde statt dieses Kreises ein Wellenmesser verwendet und eine Resonanzkurve wie in Abb. 14 aufgenommen werden — mit der Ausnahme, daß hier die Ordinaten quadratische Mittelwerte statt der Höchstwerte des Stromes bedeuten —, so hängt die Steilheit dieser Kurve von der Summe der Primär- und

[1]) Genau genommen sind zwei Schwingungskreise dann aufeinander „abgestimmt", oder „isochron", wenn in jedem derselben der Wert $\left(\frac{1}{LC} - \frac{R^2}{4 L^2}\right)$ der gleiche ist; in „Resonanz" sind die Kreise, wenn in beiden Kreisen $\frac{1}{LC}$ denselben Wert besitzt. Praktisch ist die Dämpfung meist so klein, daß kein Unterschied gemacht zu werden braucht und man gewöhnlich „abgestimmt" sagen kann, wo, genau genommen, „in Resonanz" gesagt werden müßte.

Sekundärdekremente $(\delta_1 + \delta_2)$ ab. Es läßt sich beweisen, daß die in Abb. 14 gekennzeichnete Breite — die dort δ liefert — jetzt $(\delta_1 + \delta_2)$ ergibt, woraus dann δ_1 bestimmt werden kann, wenn δ_2, das Dekrement des Wellenmessers, bekannt oder im Vergleich mit δ_1 vernachlässigbar klein ist. Um eine derartige Kurve praktisch zu erhalten, muß man eine fortwährend regelmäßige Aufeinanderfolge primärer Entladungen durch wiederholtes und regelmäßiges Öffnen und Schließen der Taste in Abb. 18 hervorrufen, so daß bei jeder eingestellten Wellenlänge ein ständiger Ausschlag des Strommessers im Wellenmesserkreis vorhanden ist.

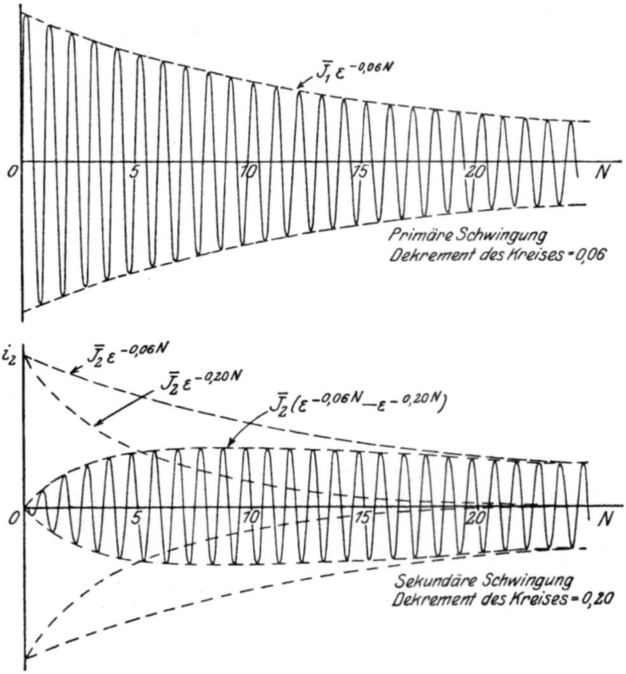

Abb. 19. Lose Kopplung.

Wenn die beiden Kreise, die wir in Abb. 18 beobachtet haben, enger miteinander gekoppelt werden durch Vergrößerung der gegenseitigen Induktion M, so wird die Gegen-EMK $M\dfrac{di_2}{dt}$ groß genug, um beträchtlich den Primärstrom zu beeinflussen, und ein Teil der vom Sekundärkreis aufgenommenen Energie wird im folgenden an den Primärkreis zurückgegeben[1]). Sind beide Kreise aufeinander abgestimmt, so ist der Austausch der Energie vollständig, und bei kleiner Dämpfung beiderseits wird dieser Austausch wiederholt stattfinden, bis schließlich die gesamte Energie umgesetzt ist. Abb. 20 veranschaulicht das abwechselnde Ab- und Zunehmen der primären und sekundären Amplituden zweier derartig gekoppelter Schwingungskreise.

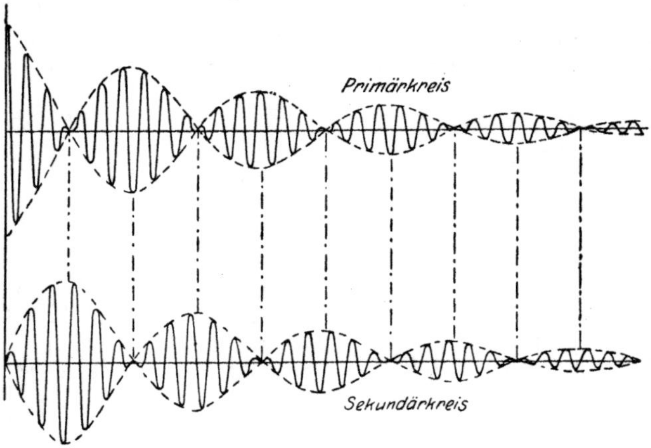

Abb. 20. Feste Kopplung.

Die genaue Form der Strom- oder Spannungskurven in Abb. 20 brauchen wir hier nicht zu berühren. Die gestrichelten Umrah-

[1]) Das stellt keine genau richtige Angabe dar, da der Austausch von den Anfangsbedingungen abhängig ist. So z. B. ist es augenscheinlich, daß, wenn beide Kreise in jeder Hinsicht gleichartig sind und die in jedem Augenblick vorhandenen Schwingungen gleiche Amplituden besitzen und genau in oder genau außer Phase liegen, daß dann keine Übertragung stattfinden kann; denn jeder Beweis für die Energieübertragung von einem Teil zum anderen würde gleichbedeutend sein für die Übertragung vom zweiten zum ersten Teil. Die Übertragung erfordert für die Phasenverschiebung zwischen dem Strom in dem einen Kreis und der in ihm durch den Strom des anderen Kreises induzierten EMK einen Phasenwinkel, der je nach der Übertragungsrichtung größer als 0° oder kleiner als 180° sein muß. Wird der Dämpfung Rechnung getragen, so ist die mathematische Analyse sogar in Spezialfällen sehr verwickelt, und wohl die meisten Ingenieure werden ein paar Experimente an einem mechanischen Modell für anschaulicher halten (s. Anhang S. 37). Als Zusammenfassung der mathematischen Behandlung kommt für den Studierenden J. A. Flemmings Abhandlung „The Principles of Electric Wave Telegraphy“ (Die Grundzüge der elektrischen Wellentelegraphie, 3. Ausg., S. 298—336) in Frage; jedoch muß man sich vor versteckten Annäherungen und Annahmen in Acht nehmen.

mungen, die die Änderung der Amplituden für die aufeinanderfolgenden Perioden zeigen, sind das eigentlich Wesentliche; sie zeigen, wie die Schwingungsenergie wiederholt ihren Sitz von dem einen Kreis auf den andern verlegt. In jedem Augenblick ist in jedem der Kreise ein Wechselstrom mit verhältnismäßig langsam schwankenden Scheitelwerten vorhanden, der die aus der Akustik wohlbekannte Schwebungserscheinung zweier Töne von nahezu gleichen Frequenzen hervorruft. Unter der Voraussetzung, daß die Dämpfung beiderseits gering ist, und wenn ν_1 bzw. ν_2 die Eigenfrequenz des Primär- bzw. des Sekundärkreises — aber nur bei Trennung beider Kreise! — bedeutet, besitzt das gekoppelte System zwei Eigenfrequenzen ν_a und ν_b, die durch die Formel

$$\nu_a^2 \text{ bzw. } \nu_b^2 = \frac{2\,\nu_1^2 \cdot \nu_2^2}{\nu_1^2 + \nu_2^2 \pm [(\nu_1^2 - \nu_2^2)^2 + 4\,k^2\,\nu_1^2 \cdot \nu_2^2]^{\frac{1}{2}}}$$

gegeben sind, worin

$$k \equiv \frac{M}{\sqrt{L_1 L_2}}$$

der „Kopplungsfaktor" genannt wird. Eine Prüfung dieses Ausdruckes zeigt, daß, wenn ν_1 die kleinere der beiden Eigenschwingungszahlen ν_1 und ν_2 ist, daß dann

$$\nu_a < \nu_1 \qquad \text{und} \qquad \nu_b > \nu_2$$

ist. Wenn beide Kreise aufeinander abgestimmt sind, d. h. wenn $\nu_1 = \nu_2 = \nu$ ist, vereinfacht sich obiger Ausdruck in

$$\nu_a = \frac{\nu}{\sqrt{1+k}},$$

$$\nu_b = \frac{\nu}{\sqrt{1-k}}.$$

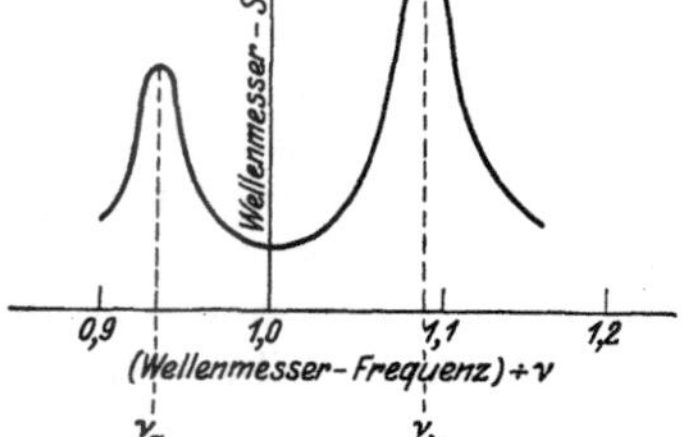

Abb. 21. Resonanzkurve bei enger Kopplung.

Man kann sich vorstellen, daß die in Abb. 20 wiedergegebene Schwebungserscheinung von der Interferenz zweier in beiden Kreisen nebeneinander auftretender Ströme mit den Frequenzen ν_a und ν_b herrührt.

Die Schwingung in beiden Kreisen kann durch die Aufnahme einer Resonanzkurve mit einem, mit ihnen lose gekoppelten Wellenmesser nachgeprüft werden, wie schon dargelegt wurde. Das Vorhandensein zweier Frequenzen wird sich durch das Auftreten zweier Spitzen in der Resonanzkurve zeigen. Abb. 21 stellt eine derartige Kurve dar, die den Schwingungen in Abb. 20 entspricht. Sobald die gegenseitige Induktion M und damit auch der Kopplungsfaktor $k = \frac{M}{\sqrt{L_1 L_2}}$ zwischen den beiden Kreisen allmählich verringert wird, nähern sich allmählich die beiden Spitzen der Resonanzkurve, bis sie schließlich bei sehr „loser“ Kopplung zusammenfallen. Wir haben dann wiederum den in Abb. 19 dargestellten Fall der unbestimmt losen Kopplung.

5. Kopplungsarten von Kreisen.

Wie wir gesehen haben, besteht die Kopplung zweier Kreise darin, daß wir sie so miteinander verbinden, daß ein Wechselstrom in dem einen Kreis dem andern Kreis eine Wechsel-EMK aufdrückt. Im vorhergehenden haben wir eine ganz bekannte Kopplungsart untersucht, die durch das Vorhandensein einer gegenseitigen Induktion zwischen den beiden Kreisen (Abb. 18) gegeben ist (induktive Kopplung). Wenn in dem einen Kreis der Strom

$$i_1 = \bar{J}_1 \cdot \sin \omega t$$

ist, so ist für diesen Fall die in dem andern Kreis induzierte EMK

$$e_2 = M \cdot \frac{d i_1}{d t} = \omega M \cdot \bar{J}_1 \cdot \cos \omega t .$$

Diese Art der Kopplung tritt wohl am häufigsten auf und besitzt zwei Vorteile: einerseits ist keine leitende Verbindung zwischen den beiden Kreisen vorhanden[1]), andererseits ist die Stärke der Kopplung leict veränderlich, ohne daß hierbei eine Änderung in der Eigenschwingungszahl der betr. Kreise eintritt. So können beispielsweise die Selbstinduktionen L_1 und L_2 die zweier mechanisch getrennter Drahtspulen sein, die auf besondere Rahmen (z. B. Ebonit-Hartpapier-Zylinder, die sich ineinander verschieben lassen) gewickelt sind, und deren gegenseitige Induktion M durch bloße Änderung ihrer Lage zueinadner geändert wird. Abb. 22 zeigt eine zweckmäßige Ausführungsart, bei der die eine Spule in der anderen gedreht werden kann, so daß M von Null bis zu einem gewissen Maximum zunimmt, je nachdem beide Spulenebenen zueinander senkrecht stehen bzw. zusammenfallen.

[1]) Das ist von großer praktischer Bedeutung, besonders wenn in ein und demselben Kreis Wechsel- und Gleichströme und EMKe überlagert werden, wie z. B. in Röhrenempfangskreisen (Kap. VIII).

Genau dieselbe Art der Aufeinanderwirkung der Wechselströme in den beiden Kreisen tritt auf, wenn die Kreise statt

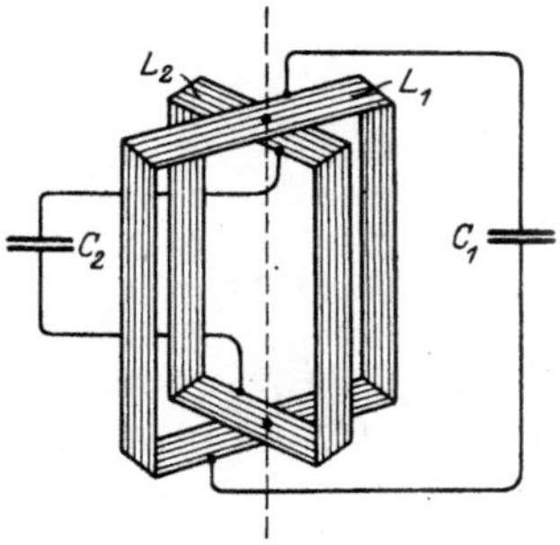

Abb. 22. Veränderliche gegenseitige Induktion.

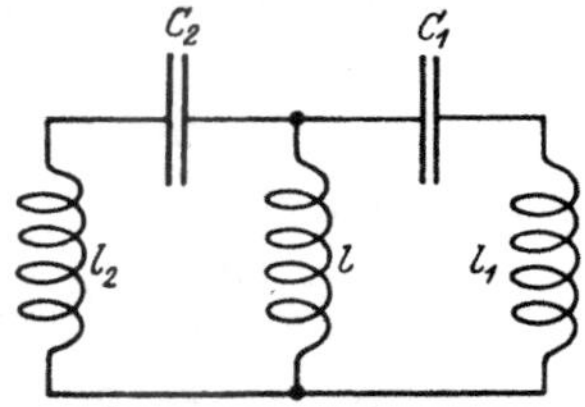

Abb. 23. Induktiv-galvanische oder gemischt-galvanische Kopplung.

der gegenseitigen Induktion eine gemeinsame Selbstinduktion besitzen. So ruft z. B. in Abb. 23 der Primärstrom

$$i_1 = \bar{J}_1 \cdot \sin \omega_1 \cdot t\,,$$

eine EKM

$$e_2 = l \frac{d i_1}{dt} = \omega_1 \cdot l \cdot \bar{J}_1 \cos \omega_1 t$$

in dem Sekundärkreis hervor; und wenn wir $(l_1 + l)$ für L_1, $(l_2 + l)$ für L_2 und l für M schreiben, so gelten die vorhergehenden Gleichungen unverändert weiter, und der Kopplungsfaktor ist demnach

$$k = \frac{l}{\sqrt{(l_1 + l)(l_2 + l)}}\,.$$

Abb. 24 und 25 zeigen Beispiele für kapazitive bzw. „rein galvanische“ oder Widerstandskopplung. Die Widerstandskopp-

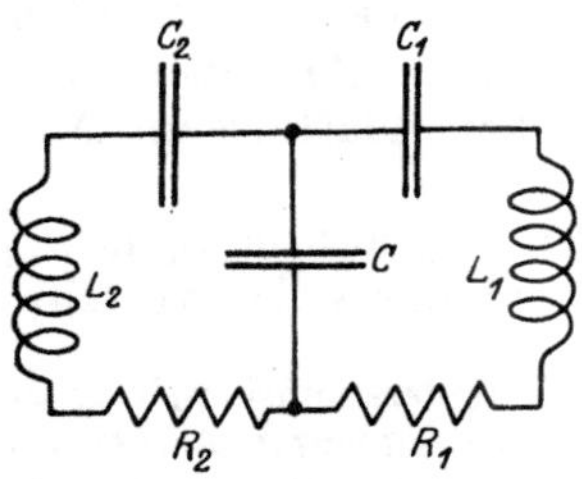

Abb. 24. Kapazitive Kopplung.

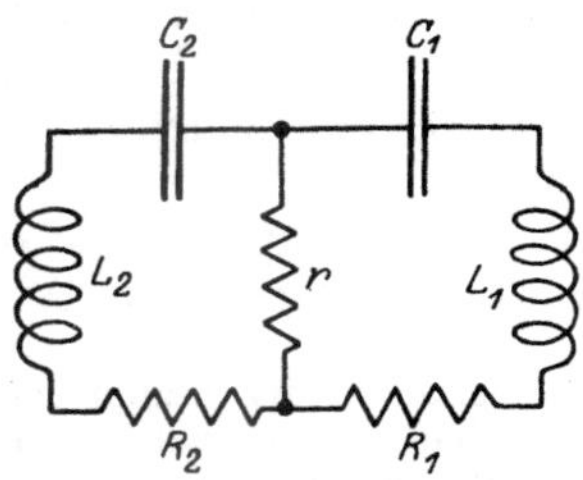

Abb. 25. Widerstands-Kopplung oder „Rein galvanische“ Kopplung.

lung ist nicht von besonders praktischer Bedeutung*), aber die kapazitive Kopplung kommt häufig vor. In Abb. 24 ruft der Primärstrom

$$i_1 = \overline{J}_1 \cdot \sin \omega_1 \cdot t$$

auch in dem Sekundärkreis eine EMK

$$e_c = \frac{1}{C} \int i_1 dt$$

hervor, so daß

$$L_2 \cdot \frac{d i_2}{dt} + R_2 \cdot i_2 + \frac{1}{C_2} \int i_2 dt = \frac{1}{C} \int i_1 dt$$

sein muß. Daraus folgt

$$L_2 \frac{d^2 i_2}{dt^2} + R_2 \frac{d i_2}{dt} + \frac{1}{C_2} i_2 = \frac{1}{C} \overline{J}_1 \sin \omega_1 t.$$

Vergleichen wir diese letzte Gleichung mit der entsprechenden auf S. 28 für die induktive Kopplungsart, so sehen wir, daß sie dieselben sind, wenn wir $\frac{1}{C}$ statt $\omega_1{}^2 \cdot M$ schreiben; demnach ist der Kopplungsfaktor

$$k = \frac{1/\omega^2 C}{\sqrt{L_1 L_2}} = \sqrt{\frac{C_1 C_2}{(C_1 + C)(C_2 + C)}}.$$

6. Die Antenne als Schwingungskreis.

Eine Antenne besteht gewöhnlich aus einem ausgestreckten Draht oder einer Anzahl von Drähten, deren eines Ende in der Luft mehr oder minder hoch gestützt wird, und deren anderes Ende über eine Spule mit der Erde verbunden ist. Abb. 26 zeigt verschiedene Antennenformen. Oft kommt es vor, daß von zwei miteinander gekoppelten Kreisen (Abb. 18) der eine ein Antennenkreis ist, wie in Abb. 27[1]). Der Sekundär-(Antennen)-Kreis in Abb. 27 unterscheidet sich von dem Sekundärkreis in Abb. 18, wie folgt:

1. Die Induktivität ist nicht vollständig auf die Spule L_2 beschränkt, sondern ist z. T. über die Antenne selbst verteilt.

*) Gerade in der letzten Zeit gelangt die Widerstandskopplung zu größerer Bedeutung, besonders in Hoch- und Niederfrequenzverstärkern, wegen der bei ihr für alle Frequenzen vorhandenen reinen und verzerrungsfreien Übertragung. Anm. d. Übers.

[1]) Das Sekundärdekrement δ_2 in Abb. 19 war in der Tat als das einer ziemlich stark gedämpften Antenne gewählt worden.

2. Die Kapazität ist nicht in einem Kondensator als solchem enthalten, sondern ist ebenfalls über die Antenne verteilt.

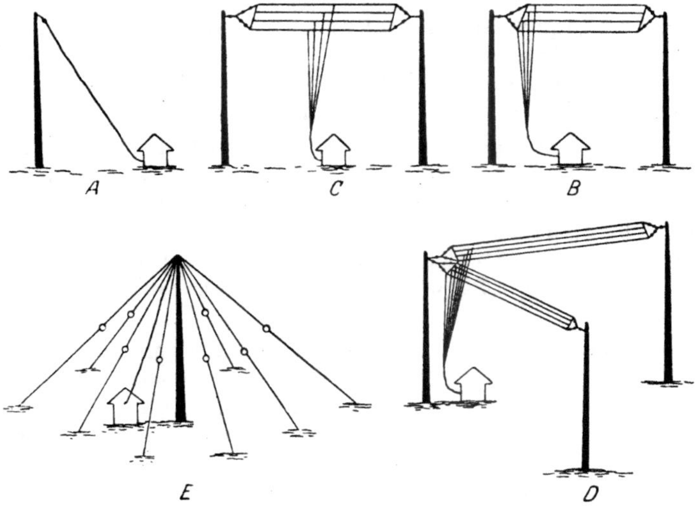

Abb. 26. Gebräuchliche Antennenanordnungen.

3. Der Strom ist nicht an allen Stellen des Kreises gleich groß, sondern nimmt von einem Höchstwert an der Erdverbindung bis auf Null an der Antennenspitze ab (nicht stationärer Strom).

4. Infolge der Strahlung und auch infolge von Erdströmen in der Nähe der Antenne — der Boden ist ein unvollkommenes Dielektrikum — hat dieser Kreis große Energieverluste.

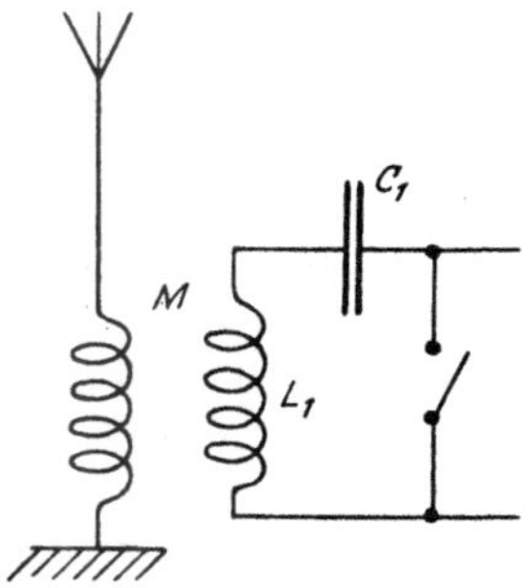

Abb. 27.

Nichtsdestoweniger unterscheidet sich bei einem bestimmten kleinen Frequenzbereich der gewöhnliche Antennenkreis in seinen lokalen Wirkungen kaum von dem geschlossenen Schwingungskreis, d. h. von einem Kreis, der nicht strahlt, eine konzentrierte Kapazität C_2, Induktivität L_2 und einen Widerstand R_2 (wie in Abb. 18) besitzt; allerdings unter der Voraussetzung, daß C_2, L_2 und R_2 so gewählt werden, daß sie folgenden Bedingungen genügen:

a) $\frac{1}{2\pi\sqrt{C_2 L_2}}$ ist gleich der Eigenschwingungszahl des Antennenkreises. Hierdurch ist das Produkt $C_2 L_2$ bestimmt.

b) Der „äquivalente geschlossene Schwingungskreis“ und der tatsächliche Antennenkreis ändern im gleichen Maße ihre Frequenz, wenn eine kleine Selbstinduktion extra dazugeschaltet wird. Hieraus ergeben sich mit a) die Einzelwerte von C_2 und L_2.

c) $J_2^2 \cdot R_2$ ist gleich der in der tatsächlichen Antenne verbrauchten Energie, wenn der Effektivwert des Stromes an irgendeiner gekennzeichneten Stelle — und zwar der als unveränderlich angenommene Wert des Stromes an der Erdungsstelle — auch gleich J_2 oder gleich dem Effektivwert des Stromes in dem geschlossenen Schwingungskreis ist. Daraus läßt sich R_2 bestimmen.

Wo auch immer wir ohne genauere Angabe von der Kapazität, Induktivität oder dem Widerstand eines Antennenkreises sprechen, beziehen wir uns hierbei immer stillschweigend auf den äquivalenten geschlossenen Schwingungskreis; genau, wie wenn wir von der Länge eines Pendels reden und in Wirklichkeit darunter die Länge des entsprechenden, einfachen, mathematischen Pendels verstehen. Es sollte überdies beachtet werden, daß diese Gleichsetzung beschränkt ist und genau genommen nur für einen unendlich kleinen Frequenzbereich um die ganz bestimmte Frequenz gilt, für den die obigen Bedingungen a), b) und c) erfüllt sind.

Bei einer Antenne von der Form *A* in Abb. 26, die aus einem einfachen Draht besteht, sind Induktivität und Kapazität sehr stark verteilt. Die äquivalente zusammengedrängte Kapazität einer solchen Antenne erreicht ein Minimum bei Schwingungen mit der Grundwelle — d. h. wenn keine aufladende Selbstinduktion in die Antenne geschaltet ist. Abb. 138*B* zeigt den Verlauf der Spannungsamplituden längs der Antenne. Da die Wellenlänge durch die Einschaltung einer Spule vergrößert wird, so ändert sich die Spannungsverteilung wie Abb. 138*C* es zeigt, und die Kapazität nimmt zuerst außerordentlich stark zu. Bei Wellenlängen schließlich, die sehr viel größer sind als die der Grundwelle, ist der Spannungsverlauf längs der Antenne praktisch gleichmäßig, und die Kapazität ist nicht mehr von der elektrostatischen Kapazität der Antenne zu unterscheiden, wenn diese am untern Ende von der Erde getrennt wird. In einem andern extremen Fall, wie z. B. bei der Schirmantenne (Abb. 26*E*), ist die Induktivität recht stark in die Steigleitung und die Kapazität in die radialen Drähte an der Spitze konzentriert; die äquivalente Kapazität ist daher sehr unabhängig von der Wellenlänge, selbst wenn die Antenne nur wenig aufgeladen wird.

Anhang.

Ein mechanisches Modell für gekoppelte Schwingungskreise.

Die mathematische Untersuchung der vorhin durchgenommenen gekoppelten Kreise ist entweder sehr verwickelt oder so unvollständig, daß ein einfaches mechanisches Modell, mit dem man tatsächlich experimentieren kann, von recht großem Wert ist, da es Licht in den Vorgang bringt und sogar für zahlreiche Probleme die Lösung gibt.

Abb. 28 zeigt ein solches Pendelmodell, das sehr leicht herzustellen ist, und mit dem zahlreiche Versuche gemacht werden können. Die Ablenkung der Pendellinse in dem Modell würde dem Werte des Stromes in einem Schwingungskreis entsprechen. Die Pendel sollen ungefähr einen Meter lang sein; wenn sie genau aufeinander abgestimmte Kreise darstellen sollen, so wird jedes zweckmäßig so abgeglichen, daß es eine Schwingungsdauer von genau 2 Sekunden hat. Da in dem Modell m^2 dem Quotienten $\frac{L}{C}$ proportional ist, so kann eine Änderung von $\frac{L}{C}$ ohne Änderung von LC schnell bewerkstelligt werden. Eine mehr oder minder große Dämpfung wird durch die Befestigung von Windfahnen aus Papier an den Schnüren erreicht. Die Kopplung beider Pendel wird durch Tieferlegen des Verknüpfungspunktes P beider Pendel vergrößert; die Kopplung ist gleich Null, wenn die Pendel nicht derartig miteinander verknüpft sind, vorausgesetzt, daß der

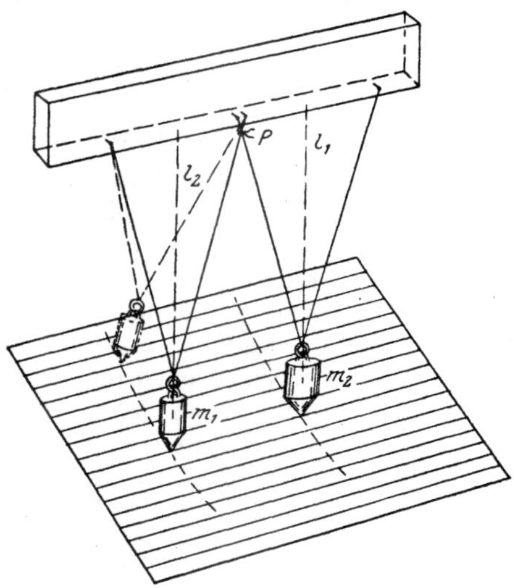

Abb. 28. Gekoppelte Pendel.

Aufhängebalken genügend stark ist. Das Modell entspricht nicht ganz dem genauen mathematischen Analogon der im dritten Kapitel untersuchten elektrischen Kreise, indem die Kopplungsart mehr der Widerstands- als der induktiven Kopplung ähnlich ist. Aber solange wir selbst uns auf eine Dämpfung und Kopplung beschränken, wie wir sie gewöhnlich bei hochfrequenten Strömen finden, ist dieser Widerspruch von geringer Bedeutung. Macht man die Linse des einen Pendels sehr schwer im Vergleich zu der anderen, und dämpft man sie nur leicht, so erhält man schon in sehr starker Annäherung eine ständige (ungedämpfte) Schwingung des Primärkreises.

Viertes Kapitel.

Die Erzeugung hochfrequenter Wechselströme.

1. Funkensender.

Unter gewöhnlichen Umständen sind die Luft und andere Gase meist vollkommene Isolatoren; aber wenn es einer genügend starken elektrischen Kraft (Spannung) unterworfen wird, wird das Gas leitend und gestattet dem Strom den Durchgang. Hohe Temperaturen und das Auftreten von Elektronen in dem Gas, die von einem heißen festen Körper oder auf andere Art ausgeschickt werden, suchen die Ionisation zu bewirken und aufrecht zu erhalten. Wenn daher die Spannung an zwei von einander isolierten Elektroden, die sich eine kurze Strecke in Luft gegenüberstehen, allmählich von einem niedrigen Wert an gesteigert wird, so wird zunächst kein Strom zwischen ihnen fließen; aber sobald die Spannung einen Wert erreicht, der so groß ist, daß das elektrische Feld stark genug wird, das Gas zu ionisieren, so beginnt ein Strom zu fließen; und die Wirkung des Stromes ist die, daß er selber nun die Leitfähigkeit der Luft vergrößert. Wenn wir den Quotienten Spannung an der Funkenstrecke durch Strom der Funkenstrecke als Widerstand dieser Strecke bezeichnen, so sehen wir, daß der Widerstand eine Funktion des Stromes ist, indem er bei zunehmender Stromstärke abnimmt[1]). Solange der Strom anhält, wird der Ionisationszustand aufrecht erhalten, trotz des Aufhörens des starken elektrischen Feldes, das zur Her-

[1]) Hiervon rührt die bekannte Bezeichnung „negativer Widerstand“ des gewöhnlichen elektrischen Lichtbogens her, der nur aus einer konstanten Gleichspannungsquelle unterhalten werden kann, wenn in den Kreis zur Stabilisierung ein Ballastwiderstand geschaltet wird.

beiführung der Ionisation notwendig war. So ist z. B. eine Spannung von nahezu 20000 V notwendig, um eine Entladung zwischen den Kupferelektroden einer Funkenstrecke von 6 mm Abstand in die Wege zu leiten. Hat aber diese Entladung erst einmal eingesetzt, so würde eine Spannung von ungefähr nur 50 V einen Strom von 10 A aufrechterhalten. Sobald der Strom — selbst auf eine kurze Periode — aufhört, verschwindet auch die Ionisation, und die Isolationsfähigkeit der Funkenstrecke ist wieder hergestellt.

Eine Funkenstrecke mag daher als eine Art Hochspannungsschalter Verwendung finden, der — ohne daß eine Bewegung von irgendwelchen Teilen erforderlich wäre — sich selbsttätig schließt, sobald die Spannung an ihm genügend hoch gestiegen ist, und sich wieder öffnet, wenn der Strom in der Funkenstrecke zu klein wird, um noch die Ionisation aufrechterhalten zu können, von der ja die Leitfähigkeit der Funkenstrecke abhängig ist. So kann z. B. in Abb. 16 auch eine Funkenstrecke die Stelle des mechanischen Schalters S einnehmen. Unter der Voraussetzung, daß die Spannung V der Batterie oder irgendeiner anderen Ladequelle für den Kondensator C_1 hoch genug ist, um die Funkenstrecke zu durchschlagen, wird beim Aufladen des Kondensators die Spannung an der Strecke zunächst immer mehr auf den Wert V anwachsen. Sobald sie aber den Durchschlagwert[1]) erreicht, stürzt die Strecke ein, und ihr Widerstand sinkt von einem nahezu unendlichen Wert auf irgendeinen niedrigen Wert in der Größenordnung von einem Ohm herab. Der Kondensator C_1 entlädt sich hierauf über $L_1 R_1$ und die Funkenstrecke in einer gedämpften Schwingung, ganz ähnlich der in Abb. 17[2]). Sobald die Schwingung zu einer sehr kleinen Amplitude herabgesunken ist, kann die Ionisation nicht mehr aufrecht erhalten werden, und die isolierende Eigenschaft der Funkenstrecke tritt wieder in Kraft. Ist aber der Kondensator wieder genügend stark aufgeladen, so setzt ein neuer Funke ein und der ganze Vorgang wiederholt sich unbestimmt lange Zeit.

---

[1]) Die Spannung an der Funkenstrecke hängt etwas von der Gestalt der Elektroden ab und ist in grobem Maß der Streckenlänge proportional. Unter gewöhnlichen atmosphärischen Bedingungen schwankt bei Luft die zum Überschlag notwendige Spannung zwischen ungefähr 8000 V (bei starken Spitzenelektroden) und 20000 V bei großen glatten Kugeln.

[2]) Ein gewisser Unterschied kommt davon her, daß der Widerstand der Funkenstrecke nicht konstant ist, sondern von dem gerade fließenden Strom und anderen Faktoren abhängt, die den Zustand der Ionisation bestimmen. Die Amplituden nehmen daher nicht ganz genau nach dem Exponentialgesetz in Abb. 17 ab. Trotzdem stellt die Abbildung eine genügend enge Annäherung für den gegenwärtigen Zweck dar.

Werden Batterie und Serienwiderstand durch die viel zweckmäßigere Funkendrossel oder durch eine Wechselstromquelle mit Hochspannungstransformator ersetzt, so haben wir die einfachste Art eines Erzeugers für Hochfrequenzströme. So waren tatsächlich noch bis vor wenigen Jahren sämtliche Sender der drahtlosen Telegraphie in dieser Weise[1]) gebaut; und selbst heute werden wohl über 95% noch Funkensender sein. Die Stromkreise eines typischen einfachen Funkensenders (Knallfunkensender) zeigt Abb. 29.

A ist eine niederfrequente Wechselstrommaschine (mit etwa 50 ÷ 500 Per/sec), die mittels der Telegraphietaste *K* an den Hochspannungstransformator *T* gelegt werden kann, der seinerseits einen hochgespannten Strom zur Ladung des Kondensators C_1 liefert. Sobald ein Funke die Funkenstrecke *G* durchschlägt, induziert die Hochfrequenzschwingung in dem Funkenstreckenkreis (dem sog. Stoßkreis) $L_1 C_1 G$ eine kräftige Schwingung in dem abgestimmten Antennen-(Sekundär-)Kreis, vermöge der beiden Kreisen gemeinsamen gegenseitigen Induktion *M*. Von der Antenne wird dann die Energie nach allen Seiten über die Erdoberfläche ausgestrahlt in einer Stärke, die dem Quadrate des Stromes J_2 proportional ist, der durch einen in die Erdungsleitung eingeschalteten Hitzdrahtstrommesser gemessen wird.

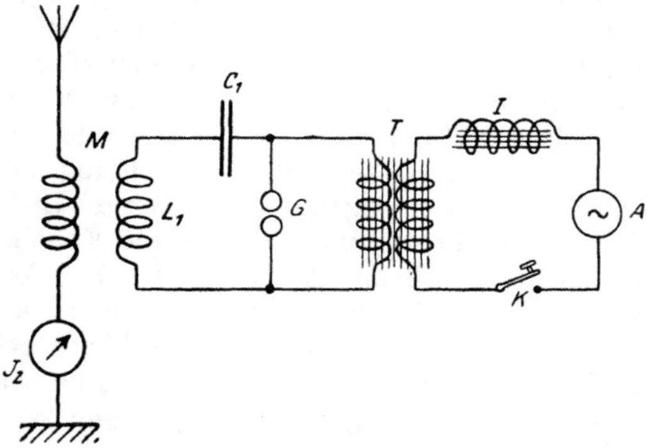

Abb. 29. Einfacher Funken-Sender (Knallfunkensender).

Je nachdem die Kopplung[2]) zwischen dem Stoßkreis und dem Antennenkreis schwächer oder stärker ist, haben die Schwingungen in den beiden Kreisen den in Abb. 19 bzw. Abb. 20 dargestellten Verlauf. Gegen den in Abb. 20 veranschaulichten Schwingungs-

[1]) Das geht auch aus der deutschen Bezeichnung „Funkentelegraphie“ für drahtlose Telegraphie hervor, und aus dem Wort „Telefunken-Gesellschaft“, das gesprächsweise zur Bezeichnung der „Gesellschaft für drahtlose Telegraphie“ dient.

[2]) Siehe Seite 31.

verlauf lassen sich Einwände erheben, und in der Tat sind derartige Schwingungen durch internationale Abmachung untersagt, da die Ausstrahlung mit zwei Wellen verschiedener Wellenlänge erfolgt, von denen nur die eine Welle in den Empfangsstationen voll ausgenutzt wird, während die andere unnötigerweise andere Empfangsstationen desselben Wellenbereichs stören kann. Andererseits ist bei sehr loser Kopplung die Energieübertragung vom Stoßkreis auf die Antenne recht gering, und demgemäß der Wirkungsgrad schlecht. Denn solange die Schwingung im Stoßkreis anhält, wird auch Energie in der Funkenstrecke — deren Widerstand keineswegs vernachlässigt werden kann — vergeudet. Um also die Energie ausstrahlen zu können, ist gerade feste Kopplung erwünscht; dagegen ist wegen der Einwelligkeit der Zeichen eine lose Kopplung notwendig. Als Kompromiß zwischen diesen beiden Bedingungen kann ein Kopplungsfaktor $\frac{M}{\sqrt{L_1 L_2}}$ von ungefähr $6^0/_0$ angenommen werden. In diesem Falle würden — falls überhaupt zwei Wellen wahrnehmbar sind — diese Wellen eine Wellenlänge von 97 bzw. $103^0/_0$ der Welle besitzen, die beide Kreise in vollständig getrenntem Zustande hätten. Tatsächlich aber hat unter Verwendung eines derartigen Kopplungsfaktors der Antennenkreis ein Dekrement, das so groß ist, daß in der Resonanzkurve zwei Spitzen nicht mehr wahrgenommen werden können.

Sobald die Schwingung im Stoßkreis verklungen ist — sagen wir nach $^1/_{10\,000}$ sec. —, entionisiert sich die Funkenstrecke und wirkt wieder wie ein Isolator; der Kondensator C_1 (s. Abb. 29) empfängt eine neue Ladung von der Wechselstromquelle, und der Vorgang wiederholt sich solange als die Telegraphiertaste niedergedrückt wird. Die Zeichen — Punkte und Striche — des Morsealphabets bestehen daher aus kurzen oder langen Funkenentladungen, indem jeder Funkenüberschlag in der Antenne eine kurze und heftige Schwingung hervorruft, der eine relativ lange Ruhepause folgt, bis wieder eine neue Entladung einsetzt. Der Zeitabstand, in dem diese Entladungen oder Funkenüberschläge erfolgen, hängt ab von der Zeit, die notwendig ist, um den Kondensator bis zur Entladungsspannung an der Funkenstrecke wieder aufzuladen, und diese ist wiederum von der Frequenz der Wechselstromquelle und der Länge der Strecke abhängig. Die älteren Sender verwenden Wechselstromgeneratoren mit der üblichen Frequenz von 50 Per/sec; die Funkenstrecke ist dann so eingestellt, daß sie bei einer Spannung durchschlagen wird, die wesentlich kleiner ist als die, die während einer Periode — in der kein Funke überspringt — erzeugt würde. So treten dann während einer Halbperiode mehrere Funken in unregelmäßigen Zeitabständen auf.

Ein Umstand, der unbedingt vermieden werden muß, ist die Lichtbogenbildung an der Funkenstrecke. D. h., sobald die Strecke durch den Abrißfunken und die Hochfrequenzschwingung leitend

Abb. 30. Feste Funkenstrecke (S. 44).
(Marconi's Wireless Telegraph Co., Ltd.)

geworden ist, kann sich ein Lichtbogen bilden, der direkt aus dem Transformator und der Wechselstromquelle gespeist wird, und auf diese Art Energie vergeudet und den Wiedereintritt der isolierenden Eigenschaft der Strecke verhindert. Die eisenhaltige Drossel *I*, die in Abb. 29 zwischen Generator und Transformator geschaltet ist, sucht eine derartige Lichtbogenbildung zu unterdrücken, indem sie die Wiederaufladung des Kondensators während und unmittelbar nach der oszillatorischen Entladung über die Funkenstrecke verhindert. Ein Mittel, das manchmal außerdem noch zur Vermeidung des Lichtbogens dient, besteht in der Anwendung einer rotierenden Funkenstrecke, bei der die Elektroden während einer Halbperiode sich mehrere Male mit größter Geschwindigkeit nähern und wieder entfernen. Eine rotierende Funkenstrecke reißt jeden entstehenden Lichtbogen auseinander, und die augenblickliche Kühlung und Ventilation tragen dazu bei, jede Lichtbogenbildung zu verhindern. Eine derartige Funkenstrecke sucht über-

Abb. 31. Glasplattenkondensator für Sendezwecke. (Marconi's Wireless Telegraph Co., Ltd.)

dies die Zeitabstände zwischen den aufeinanderfolgenden Funkenentladungen auszugleichen.

Einige Daten für die praktische Anwendung eines derartigen einfachen Funkensenders mögen aus den folgenden Aufzeichnungen hervorgehen, die sich auf einen Sender beziehen, wie er auf kleinen Schiffs- oder Küstenstationen zu Handelszwecken anzutreffen ist.

Wellenlänge = 600 m, Frequenz = $5 \cdot 10^5$ Per/sec,
Generatorleistung = 2 kW bei 50 Per/sec,
Mittlere Funkenzahl = 500 i. d. Sekunde,
Entladespannung an der Strecke 10000 V,
Antennenstrom = 6 A,
$C_1 = 0{,}05$ MF = 45000 cm.

Abb. 30 zeigt die Bauart einer festen Funkenstrecke, die in einer derartigen Station Verwendung finden mag; in Abb. 31 ist die gewöhnliche Type eines Hochspannungskondensators (C_1) wiedergegeben. Dieser Kondensator besteht abwechselnd aus Glas- und Zinkplatten, die in ein Gefäß aus galvanisiertem Eisen tauchen, das mit Öl gefüllt ist. Bei Sendern kleiner Leistung gelangen oft mit Wachs verschmolzene Glimmerkondensatoren zur Anwendung.

Bei einer moderneren Ausführungsart der Funkensender springt der Funke an einer rotierenden Funkenstrecke über, die auf der Welle des Generators selbst befestigt ist, wie Abb. 32 es schematisch wiedergibt. Wird die Zahl der beweglichen Elektroden gleich der Polzahl gemacht, so springt ein Funke in jeder Halbperiode über. Durch Einregulierung der Stellung der feststehenden Elektroden kann ferner erreicht werden, daß ein Funke annähernd in dem Augenblick überspringt, da der Transformatorstrom gleich Null ist und die Spannung am Kondensator ihren Höchstwert besitzt. Die Generatorfrequenz ist halb so groß wie die Funkenzahl und beträgt gewöhnlich 200 ÷ 500 Per/sec. Die eisenhaltige Drossel D (sog. Tondrossel) wird so eingestellt, daß sie bei Niederfrequenz zu einer recht genauen Resonanz führt, d. h., daß sie die Eigenschwingungszahl des gesamten Kreises $AITC_1$ (Abb. 29) annähernd gleich der Wechselzahl des Generators macht. Durch diese Mittel erreicht man ein genaues Arbeiten der Funkenstrecke, das ganz frei von jeder Lichtbogenbildung ist, und gleichzeitig einen hohen Leistungsfaktor an den Klemmen der Wechselstromquelle. Abb. 33[1]) stellt den Verlauf einer niederfrequenten Halbperiode unter solchen Bedingungen dar; dabei ist angenommen, daß der Funke gerade

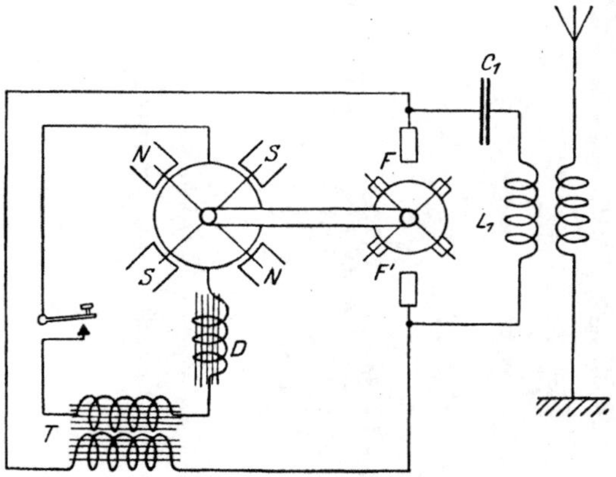

Abb. 32.

[1]) Aus „The low-frequency circuit in spark telegraphy" (niederfrequente Kreise in der Funkentelegraphie) von L. B. Turner (Electrician, 2. August 1912).

bei $\omega t = 180^0$ überspringt, worauf der ganze Vorgang sich in entgegengesetzter Richtung wiederholt.

Dieses System ist bekannt unter dem Namen „Synchrones Funkensystem“; durch die Marconi-Gesellschaft ist es in sehr weitem Maße für Leistungen von $^1/_2$ kW bis hinauf auf 100 kW verwendet worden. Abb. 34 zeigt eine große (60 kW) rotierende

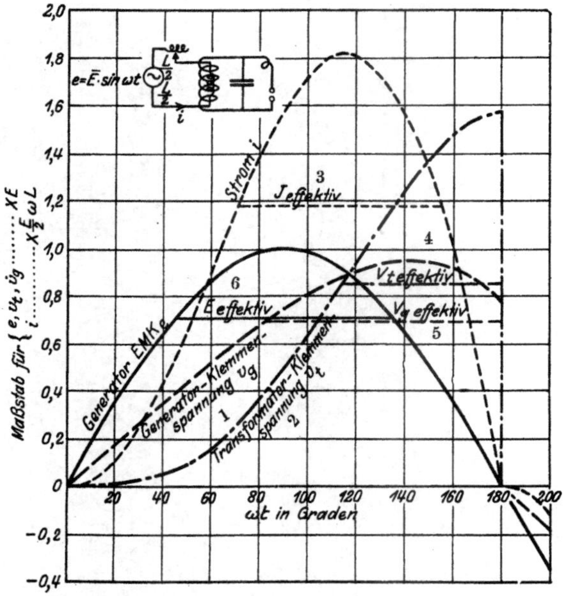

Abb. 33. Niederfrequenz-Resonanz. Ein Funken pro Halbperiode. Die v_g-Kurve gilt für den Fall, daß die Generator-Induktivität gleich der halben ganzen Induktivität ist.

Funkenstrecke, die mit der Welle des Generators hinreichend stark zu kuppeln wäre. Die beweglichen Elektroden sind radial angeordnete Kupferstäbe, die aus dem Rande einer Stahlscheibe herausragen. Die festen Eelektroden bestehen aus den Kupferscheiben *A*, *B*. Diese werden dauernd in langsamen Umdrehungen gehalten, so daß der angebrannte Rand dauernd weiterbewegt wird. Durch Lösen der Mutter *C* kann ihre Phasenstellung einreguliert und an der Skala *D* abgelesen werden. Bei Sendern mit großer Antennenleistung schaltet die Marconi-Gesellschaft praktischerweise eine Zeichentaste in Serie mit der Hochspannungswicklung des Transformators.

Abb. 34. Rotierende Funkenstrecke der Marconi Wireless Telegraph Co., Ltd. für 60 kW (S. 45).

Diese Taste wird durch Relais mittels der eigentlichen Morsetaste gesteuert und ist mit einem kräftigen Luftgebläse ausgestattet, um die Lichtbogenbildung an den Unterbrechungskontakten möglichst zu verringern.

Während des Stattfindens der Schwingung fließen ungeheure Ströme über die Funkenstrecke hin und her und vernichten hier beträchtliche Energiemengen. So beträgt z. B. in dem auf S. 43 angeführten Fall die Amplitude des Stromes in der Funkenstrecke zu Beginn der Schwingung 1000 A. Der mittlere Widerstand der Funkenstrecke beträgt während der Schwingung ungefähr $^1/_2\,\Omega$. Je früher die Energie aus dem Stoßkreis, in dem der Strom keine brauchbare Leistung vollbringt, heraus in den Antennenkreis gelangen kann, desto leistungsfähiger ist der Sender, sofern eine brauchbare Strahlung einsetzt. Wir haben gesehen, daß eine Verstärkung der Kopplung die Energieübertragung vom Primär- auf den Sekundärkreis fördert, daß aber eine Rückwanderung der Energie vom Sekundär- zum Primärkreis erfolgen kann (Abb. 20). Wenn man eine feste Kopplung verwenden könnte und der Stoßkreis gleich nach der Entladung entfernt oder unterbrochen würde, so hätte er zunächst seine gesamte Energie dem Antennenkreis zugeführt. Wir hätten dann ohne Nachteil den Vorteil der festen Kopplung.

Gerade das wird durch die Verwendung einer besonderen Funkenstrecke, der sog. „Löschfunkenstrecke", bewirkt. Diese Art von Funkenstrecken scheint durch E. v. Leppel eingeführt worden zu sein; jedoch wurde ihre Wirkungsweise zuerst durch M. Wien erforscht und klargelegt. Die gewöhnliche, zwischen zwei kleinen, etwa 6 mm voneinander entfernten Metallelektroden und in offener Luft befindliche Funkenstrecke wird nicht schnell genug entionisiert, als daß sie die Rückzündung nach der ersten kurzen Schwingung des Stromes in ihr verhindern könnte. Der wesentliche Vorteil der Löschfunkenstrecke ist der, daß der Grad der Entionisierung sehr stark gesteigert ist. Bei der von der Telefunken-Gesellschaft — die hauptsächlich mit der Löschfunkenstrecke erfolgreich arbeitete — entwickelten Bauart, wird dies dadurch erreicht, daß die ganze Strecke in eine Anzahl sehr kurzer Einzelstrecken zwischen großen, gut gekühlten Kupfer- oder Silberoberflächen unterteilt ist, die jede für sich etwa 0,2 mm voneinander entfernt durch isolierende Glimmerringe getrennt werden, wie Abb. 35 zeigt. Gemäß der Gestalt und Ausdehnung der Funkenflächen, sowie ihre Nähe gegenüber jeder Menge ionisierten Gases erfolgt die Kühlung und daher auch die Entionisierung des Gases außerordentlich schnell. Außerdem stellt sich heraus, daß das Abschließen der Funkenstrecke von der freien Luft mit einer nur sehr geringen Luftmenge die Löschwirkung fördert, vermut-

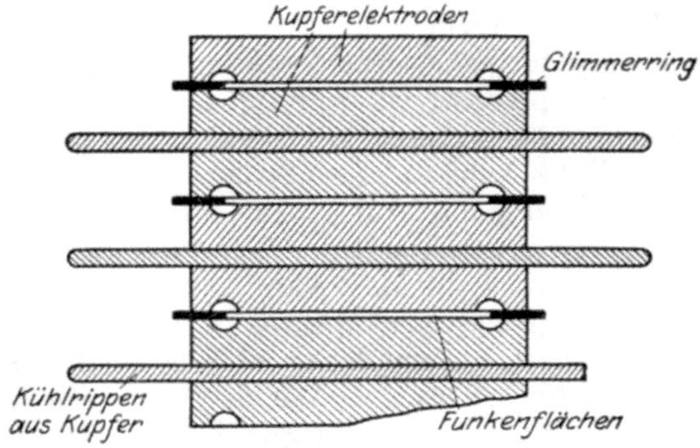

Abb. 35. Löschfunkenstrecke.

lich infolge des bei einem Überschlag plötzlich entstehenden Gasdruckes. Um einen Funken hervorzurufen, sind pro Einzelstrecke

Abb. 36. Löschfunkenstrecke der Dr. Erich Huth G. m. b. H.

ungefähr 1200 V nötig, und da viele Strecken in Serienschaltung zur Anwendung gelangen, so wird die Spannung an der gesamten Funkenstrecke nahezu bis auf den Höchstwert der verfügbaren

Spannung gebracht werden. Eine vollständige Funkenstrecke dieser Art ist in Abb. 36 dargestellt. Jede beliebig gewünschte Zahl von Einzelstrecken kann mittels federnder Bügel kurz geschlossen werden, indem diese zwischen die Kühlrippen geschoben werden.

Bei einer derartigen Löschfunkenstrecke empfiehlt es sich, zweckmäßig mit einem Kopplungsfaktor von ungefähr $20^0/_0$ zu arbeiten, und wird dabei doch eine Rückzündung nach dem ersten Überschlag vermieden. Der Stoßkreis erlischt nach ungefähr $2^1/_2$ Perioden, indem er einen großen Teil der anfänglichen Energie in

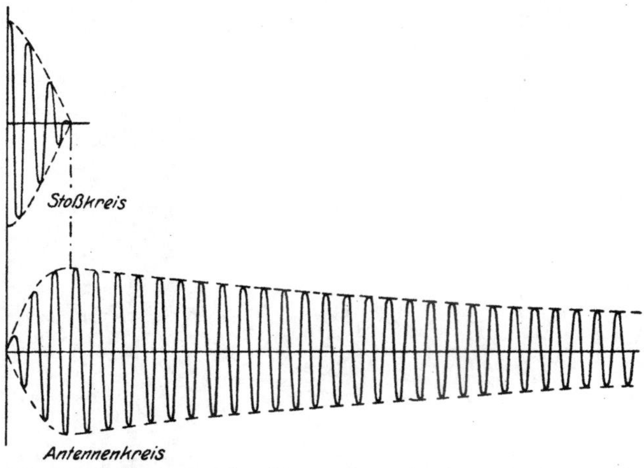

Abb. 37. Schwingung bei Verwendung der Löschfunkenstrecke.

den Antennenkreis liefert, die dann mit ihrer eigenen unabhängigen Wellenlänge und ihrem eigenen Dekrement schwingt. Abb. 37 zeigt annähernd die Schwingungszüge beider Kreise bei einer praktisch vorkommenden Antennendämpfung von 0,06. Die Strommaßtäbe in der Abbildung stehen in keiner Beziehung zueinander. Die Relativwerte der Ströme hängen natürlich von den Relativwerten der Kapazitäten im Primär- und Sekundärkreis ab.

Bei einem Sender dieser Art ist sogar die Resonanz im Niederfrequenzkreis bedeutender als bei Verwendung der früher beschriebenen (ungelöschten) synchron rotierenden Funkenstrecke. Denn bei der festen Funkenstrecke gibt es keine mechanische Festsetzung für den Augenblick des Funkenüberschlags, wie es bei der rotierenden Funkenstrecke der Fall ist; und weiter würde jede Spur der Lichtbogenbildung augenscheinlich die äußerst schnelle — und ja geforderte — Entionisierung oder Löschwirkung verhindern.

Abb. 38. Vollständige Schiffsstation, $1^1/_2$ kW (S. 52).

Das Verfahren, mit Löschfunken hochfrequente Schwingungen in der Antenne zu erzeugen, bezeichnet man auch manchmal als das Verfahren der Stoßerregung (vgl. Stoßkreis), ein Ausdruck, dessen Berechtigung auf der Hand liegt.

Abb. 38a. Sendereinheit in Abb. 38.

Außer der in Abb. 35 und 36 dargestellten Löschfunkenstrecke sind noch verschiedene andere Arten gebaut worden. Man läßt z. B. die Funkenlöschflächen sich mit großer Geschwindigkeit entgegengesetzt drehen; oder die Strecke wird von Öl oder einer anderen Flüssigkeit, oder von Wasserstoff durchflossen. Alles in allem wird immer angestrebt, innerhalb nur weniger Perioden die Entionisierung der Strecke herbeizuführen. Maßnahmen, die den Lichtbogen verhindern, sind häufig mit Anordnungen verquickt worden, die zur schnellen Löschung des Lichtbogens dienen; doch sollte man beides klar unterscheiden. Die Rechnung zeigt auf den ersten Blick, daß — mit Ausnahme des kleinen Verringerungsfaktors $\varepsilon^{-\frac{Rt}{2L}}$ [1]), der für sehr große Wellenlängen in Frage kommt — es nicht praktisch ist, frühzeitig eine Löschwirkung in einer Schwingung durch mechanische Trennung der Elektroden wie bei rotierenden Funkenstrecken herbeizuführen, oder durch den heftigen Luftstrom, wie er manchmal zur Kühlung von Funkenstrecken angewandt wird. Beträgt z. B. die Wellenlänge 1000 m ($= 3 \cdot 10^5$ Per/sec) und soll die genaue Schwingung auf eine Zeitdauer von drei Perioden anhalten, so muß der Funken $^1/_{100000}$ Sekunde nach seiner Zündung gelöscht werden. Die Vermeidung des Lichtbogens ist etwas anderes. Hier bestreben wir uns gleichsam die Strecke auszufegen, nachdem eine Schwingung stattgefunden und die andere noch nicht begonnen hat; und — große Wellenlängen ausgenommen — steht hierfür ein großer Bereich der Funkenperiode zur Verfügung.

Eine kleine ungelöschte Schiffsstation von $1^1/_2$ kW mit rotierender (synchroner) Funkenstrecke ist in Abb. 38 wiedergegeben. Die Sendeapparatur ist in dem Schaltschrank untergebracht und ist in Abb. 38a deutlicher zu erkennen. Ein rotierender Umformer (Gleichstrom auf Wechselstrom von 500 Per/sec) mit auf der Welle montierter Funkenstrecke ist auf dem Boden untergebracht. Auf der Schalttafel (Vorderseite) sind zu sehen: der ferngesteuerte Anlasser, zwei Handräder für die Einstellung der Wellenlänge und der Energie sowie der Antennenstrommesser. Der Hochfrequenztransformator (unten) und die Antennenspule (oben) sind in dem Schrank auf Abb. 38a zu erkennen.

2. Verfahren zur Erzeugung kontinuierlicher (fortgesetzter) Schwingungen.

Wir haben gesehen, daß bei Funkensendern jedesmal ein Wellenzug ausgestrahlt wird, wenn ein Funke überschlägt, und daß in der

[1]) Oder $\varepsilon^{-\delta \cdot N}$, wie auf Seite 28.

Zwischenzeit die Energie während verhältnismäßig langer Perioden angenähert bis auf Null herabsinkt. Da die Amplituden des Antennenstromes nach einer Exponentialfunktion von der Form ε^{-bt} abnehmen, so erreichen sie nie den Nullwert; und wenn die Dämpfung genügend klein gemacht wird und die Funken treten genügend schnell wieder auf, so kann eine neue Schwingung infolge des neuen Funkenüberschlags auftreten, bevor noch die von dem vorhergehenden Funken hervorgerufene Schwingung zu vernachlässigbaren Amplituden herabgesunken ist. Wenn es so eingerichtet würde, daß der neue Funke im richtigen Augenblick entsteht, würden die alte und neue Schwingung miteinander in Phase liegen, und eine kontinuierliche, in ihren Amplituden mehr oder minder schwankende Schwingung würde so erzeugt werden[1]). Der Antennenstrom würde sich dann einem ständigen Wechselstrom nähern, dem Grenzfall einer gedämpften Schwingung mit verschieden kleiner Dämpfung, und die in dem dritten Kapitel, Abschnitt 2 und 4, erörterten Vorteile der Abstimmschärfe würden hier zu einem Maximum entwickelt werden. Die Punkten oder Strichen entsprechende Ausstrahlung in den Raum würde nicht weiter aus getrennten Wellenzügen bestehen, sondern würde während der ganzen Strich-Punkt-Zeichengebung mit annähernd gleichbleibenden Scheitelwerten verlaufen, ausgenommen während der kurzen Perioden bei dem Auftreten und Verschwinden der Schwingungszüge gleich nach dem Drücken bzw. Öffnen der Telegraphiertaste. Eine derartige Strahlung nennt man eine Strahlung mit kontinuierlichen Wellen (oder ungedämpften Wellen)*); und die Systeme der drahtlosen Telegraphie, bei denen die Schwingung während der ganzen Dauer des Zeichens aufrecht erhalten wird, heißen ungedämpfte Systeme, im Gegensatz zu gedämpften oder „Funken"-Systemen. Ein „Funken"-System ohne nähere Kennzeichnung ist immer ein solches, bei dem die Funken in relativ weiten Zeitabständen überspringen, so daß gewöhnlich un-

---

[1]) Die praktischen Schwierigkeiten, die bei Nutzbarmachung dieses Vorganges auftreten, sind sehr groß und konnten nur bei sehr langen Wellen überwunden werden. Immerhin hat die Marconi-Gesellschaft einige Großstationen dieser Art mit langen Wellen gebaut, z. B. Stavanger in Norwegen und Carnarvon. Ihr System stellt eine Weiterentwicklung der rotierenden Funkenstrecke dar und ist als „Taktfunken-System" von Marconi bekannt. Es ist eine bemerkenswerte technische Höchstleistung, dürfte jedoch für weitere Konstruktionen kaum wieder verwendet werden.

*) Englisch „continuous-wave", daher abgekürzt „C.W." Ungedämpfte Wellen gibt es physikalisch genau genommen nicht; nur werden bei ungedämpften Wellen in jedem Augenblick die Verluste, die ja die Dämpfung bewirken, aus einer Energiequelle gedeckt. Anm. d. Übers.

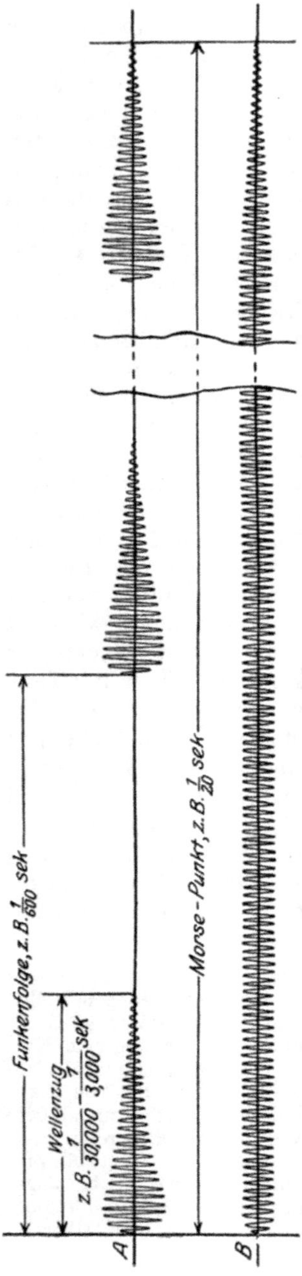

Abb. 39. Zeichengebung mit gedämpften und ungedämpften Wellen.

abhängige, getrennte Schwingungszüge erzeugt werden. Abb. 39 zeigt dies für den Fall der Zeichengebung eines Morsepunktes, und zwar unter *A* durch einen Funkensender und unter *B* durch einen ungedämpften Sender. Man darf dabei nicht etwa infolge des in der Abbildung verwendeten Maßstabes annehmen, daß bei *A* die Zeiträume zwischen den einzelnen Schwingungszügen gewöhnlich viel größer sind als der tatsächliche Schwingungszug selbst; und auch nicht, daß deswegen, etwa als Vergleich der Sendeenergie, die Amplitude bei *B* viel kleiner wäre als bei *A*.

3. Erzeugung hochfrequenter Ströme mit Wechselstrommaschinen.

Die Überlappung gedämpfter Schwingungszüge, die durch Funkenüberschlag hervorgerufen werden, ist eine recht umständliche Art, einen kontinuierlichen hochfrequenten Wechselstrom zu erzeugen. Die Wechsel-EMKe niedriger Periodenzahl (25 ÷ 100 Per/sec), wie sie in Licht- und Kraftanlagen Verwendung finden, werden ja dadurch erzeugt, daß sich eine Drahtspule in einem feststehenden magnetischen Felde dreht; oder, was häufiger bei großen Maschinen der Fall ist, daß ein magnetisches Feld sich dreht und mit seinen Kraftlinien eine feststehende Drahtspule schneidet. In der allerersten Zeit wurden Versuche angestellt, auf diese Art auch hochfrequente Ströme für drahtlose Telegraphie zu erzeugen; aber dem stellten sich zwei große Hauptschwierigkeiten in praktischer Hinsicht in den Weg. Die erste Schwierigkeit ist mechanischer Natur und rührt von der ungeheueren Umfangsgeschwindigkeit her, die hier notwendig ist. Die zweite ist eine Schwierigkeit elektrischer Art, nämlich die Wirbelstromverluste in den Eisenkernen, die außerordentlich schnell sich ändernden Felder ausgesetzt sind, innerhalb vernünftiger Grenzen zu halten. Kleine Wechselstromgeneratoren der gewöhnlichen Bauart für niedere Periodenzahlen sind für Frequenzen bis zu 1000 Per/sec etwa gebaut worden; und R. Goldschmidt hat sogar Innenpolmaschinen für Frequenzen bis zu 10000 Per/sec fertiggestellt. Jedoch werden für derartige Frequenzen die mechanischen Schwierigkeiten wesentlich durch eine als Induktortyp bekannte Abänderung des Wechselstromgenerators verkleinert, bei der der Läufer überhaupt keine Wicklung mehr trägt.

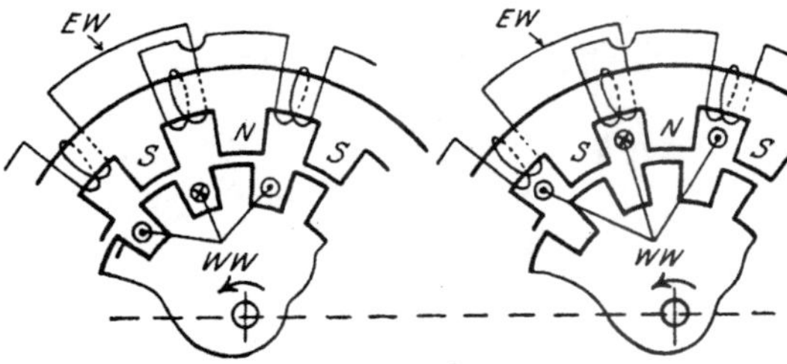

Abb. 40. Induktortype.

Abb. 40 zeigt schematisch links einen gewöhnlichen Wechselstromgenerator mit feststehendem Erregerfeld, das durch einen Gleichstrom in der Erregerwicklung *EW* hervorgerufen wird, und der eine Wechsel-EMK in der Läuferwicklung *WW* erzeugt. Rechts sieht man denselben Generator, nur mit der Abänderung, daß die Wechselstromwicklung *WW* von den Ankernuten in die Nuten des Ständers verlegt wurde. Diese Maschine stellt jetzt den „Induktortyp" dar, und die mechanischen Schwierigkeiten, die mit einer hohen Läufergeschwindigkeit verknüpft sind, sind hier bedeutend verringert. Wechselstrommaschinen dieser Bauart sind des öfteren nach diesem Muster für Frequenzen der Größenordnung von 500 Per/sec[1]) hergestellt worden.

Wenn ein derartiger Generator eine EMK mit einer Periodenzahl von einigen Zehntausend in der Sekunde erzeugen soll, so

[1]) Zur Kondensatorladung bei synchronen Funkensendern verwendet (s. Abschnitt 2 dieses Kapitels).

ist eine sehr kleine Polteilung und folglich auch ein sehr kleiner Luftspalt notwendig. Der Läufer muß von einer Form und aus einem Material sein, das riesige Umfangsgeschwindigkeit gestattet, jedoch ohne übermäßige Äußerung von Zentrifugalkräften. Besondere Beachtung ist der Herabsetzung der Luftspaltverluste zu schenken; auch das dem pulsierenden magnetischen Felde unterworfene Eisen muß möglichst fein lamelliert sein, um einen recht hohen spezifischen Widerstand zu haben; auch soll es ein möglichst kleines Volumen besitzen und eine sehr niedrige Induktion führen — alles sich widersprechende Forderungen, die ein sorgfältiges Ausgleichen als Kompromiß verlangen. Nichtsdestoweniger sind

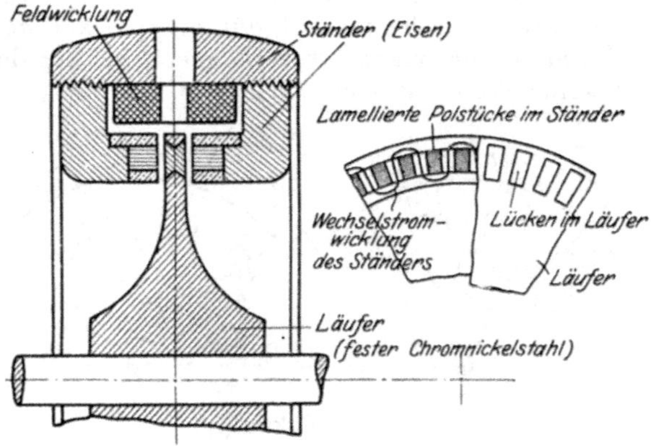

Abb. 41. Alexanderson-Maschine.

in den vergangenen Jahren Hochfrequenzmaschinen dieser Art mit hoher Leistung gebaut worden[1]).

Den Hochfrequenzmaschinen von E. F. W. Alexanderson liegt die in Abb. 41 dargestellte Anordnung zugrunde. Die Polstücke des Feldes sind sehr fein lamelliert; aber beim Läufer ist elektrische Wirksamkeit mechanischer Festigkeit geopfert worden, und eine solide Stahlscheibe mit eingeschlitzten Lücken wird hier verwendet. Die Lücken werden mit Phosphorbronze ausgefüllt, übernietet und schließlich geglättet, um zusätzliche Luftspaltverluste, die durch Unregelmäßigkeiten in der Läuferscheibe entstehen würden, zu vermeiden. Bei einer 2 kW-Maschine mit 100000 Per/sec, von der Einzelheiten veröffentlicht wurden, besitzt der Läufer

[1]) Einen kurzen Abriß über die Grundzüge der verschiedenen Hochfrequenzmaschinen, betitelt: „Radiofrequency alternators" gibt M. Latour in den Proceedings of Institute of Radio Engineers, Juni 1920.

Abb. 42. Alexanderson-Maschine, 200 kW, 22000 Per/sec (S. 58).

einen ungefähren Durchmesser von 300 mm, hat 300 Lücken und läuft mit 20000 Umdrehungen in der Miunte; bei einer derartigen Geschwindigkeit sind je 25 g des Materials am Umfang des Läufers einer zentrifugalen Beanspruchung von 1000 kg (1 Tonne) ausgesetzt. Der Luftspalt ist normalerweise 0,45 mm breit. Eine neuere und bedeutend größere Maschine[1]), die mit 2170 Umdrehungen in der Minute läuft, mit einer Leistung von200 kW bei 22000 Per/sec, ist in Abb. 42 wiedergegeben.

Die bei der Erzeugung sehr hoher Frequenzen mit Generatoren unvermeidlichen Schwierigkeiten können ohne weiteres eingeschränkt werden, wenn es sich erreichen läßt, daß die Frequenz der Wechselstrommaschine nur einen Bruchteil der Hochfrequenz zu betragen braucht, und wenn weiter diese ursprüngliche Frequenz durch irgendeine Art Frequenzwandler zwischen Wechselstrommaschine und Antenne gesteigert werden kann. Diese Aufgabe ist für einen großen Bereich durch den Grafen G. von Arco bei der „Telefunken-Gesellschaft"[2]) und Rudolf Goldschmidt[3]) gelöst worden, die zwei ganz verschiedene Verfahren zur Frequenzsteigerung verwenden.

In Nauen erzeugte eine Induktor-Wechselstrommaschine eine Leistung von 250 kW[4]) bei 8000 Per/sec, und zwischen ihr und der Antenne wurde die Frequenz zweimal nacheinander durch eine Serie von ruhenden Frequenzwandlern der Jolytype verdoppelt; schließlich wurde in die Antenne eine Leistung von einigen 100 kW bei einer Frequenz von 32000 Per/sec geliefert. Die Frequenzwandler beruhen auf der unsymmetrischen Reaktion einer Drossel oder eines Transformators auf die positiven und negativen Wechsel des Stromes, wobei das Eisen des Transformators durch einen ständigen Magnetisierungsstrom nahezu gesättigt wird. Das Prinzip wird einem an Hand der Abb. 43 leicht klar werden. Der Gleichstrom J sättigt nahezu die Eisenkerne der beiden Transformatoren A und B mit den magnetischen Flüssen, die in den Φ_A und Φ_B-Kurven als gestrichelte Linien angedeutet sind. Die beiden von einem Wechselstrom i_1 mit der Frequenz ν durchflossenen Spulen sind so miteinander verbunden, daß, wenn die magnetomotorischen Kräfte infolge i_1 und J in dem einen Kern A in der gleichen Richtung verlaufen, sie in dem anderen Kern B in entgegengesetzter Richtung auftreten. Infolge der Sättigung in den

[1]) In New Brunswick, Amerika.

[2]) Gesellschaft für drahtlose Telegraphie. Verwendung in Nauen und Sayville, Amerika.

[3]) Verwendung in Eilvese und Tuckerton.

[4]) Inzwischen sind noch leistungsfähigere Anlagen aufgestellt worden.

Eisenkernen wird daher der Wechselstrom i_1 unsymmetrische Änderungen des Flusses ober- und unterhalb des Gleichstromwertes hervorrufen, wobei die Periode in A gegen die in B um 180^0 phasenverschoben ist, wie die Flußkurven Φ_A, Φ_B zeigen. Die in der dritten Wicklung induzierten EMKe sind getrennt in den Kurven e_A, e_B wiedergegeben. Ihre Summe $e_A + e_B$ ist in der Kurve $(e_A + e_B)$ dargestellt. Diese EMK besitzt die doppelte Frequenz und dient dazu, den Strom entweder einem anderen Frequenzwandler oder der Antenne zuzuführen, wobei der Kreis so abgestimmt wird, daß er der doppelten Frequenz den geringsten Wechselstromwiderstand bietet. Die Kerne und Wicklungen der Transformatoren sind natürlich ganz besonders für die Hochfrequenzströme, die sie führen, gebaut. Da jedoch hier keine beweglichen Teile vorhanden sind, so gibt es auch keine mechanischen Schwierigkeiten, und die Zusammenstellung und Auswahl der Transformatoren braucht lediglich unter Beachtung der elektrischen Anforderungen zu erfolgen. Ein Einwand, den man gegen die vormagnetisierte Type dieser Frequenzwandler erheben könnte, scheint in der praktischen Unmöglichkeit zu liegen, ein reiches Vermischen von

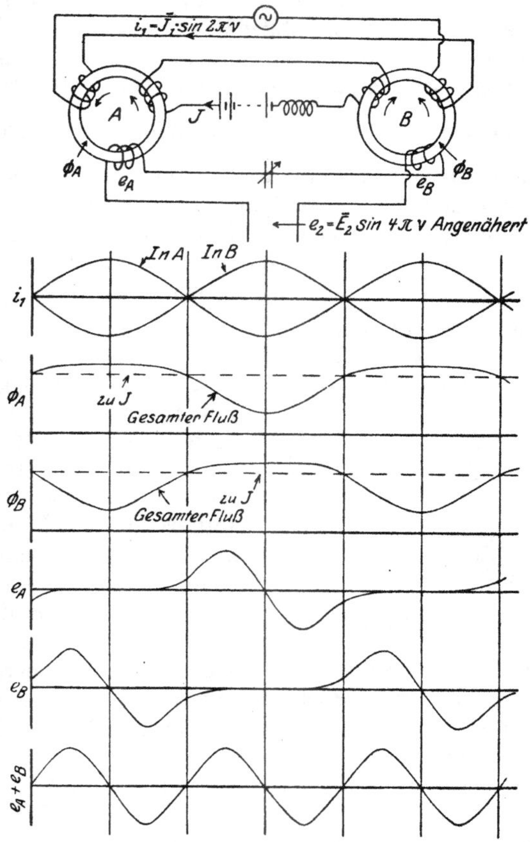

Abb. 43. Frequenzwandler.

Oberschwingungen mit der Grundschwingung des abgegebenen Stromes zu vermeiden.

Das Prinzip der Goldschmidtschen Maschine beruht auf der folgenden Theorie, die wir an Hand einer kleinen Überlegung aufstellen können: ein stationäres magnetisches Wechselfeld mit der Amplitude H und der Frequenz ν Per/sec kann man sich zusammengesetzt denken aus einem Paar entgegengesetzt rotierender Felder (Drehfelder) mit gleichbleibender Größe $\frac{H}{2}$, die sich mit den Umdrehungszahlen $+\nu$ und $-\nu$ in der Sekunde drehen; wenn sich also eine Spule mit ν' Umdr./sec in dem stationären, magnetischen Wechselfeld, das die Frequenz ν hat, dreht, so werden in ihr EMKe mit den Frequenzen

$$(\nu' - \nu) \text{ und } (\nu' + \nu)$$

induziert werden.

In Abb. 44 bedeutet S eine feststehende Spule, der von einer Batterie Gleichstrom zugeführt wird. R ist eine Spule, die sich mit ν Umdr./sec in dem Felde von S dreht. Daher wird in R ein Wechselstrom mit der Frequenz ν entstehen. Um festzustellen, welches nun die resultierende EMK in S ist, kann man sich vorstellen, daß es dasselbe ist, wenn R feststünde und S sich mit $-\nu$ Umdr./sec drehte. Das Feld in der Spule R, die einen Wechselstrom mit ν Perioden führt, kann man sich zusammengesetzt denken aus zwei mit den Geschwindigkeiten $+\nu$ bzw. $-\nu$ entgegengesetzt rotierenden Feldern, die daher in S zwei EMKe mit den Frequenzen

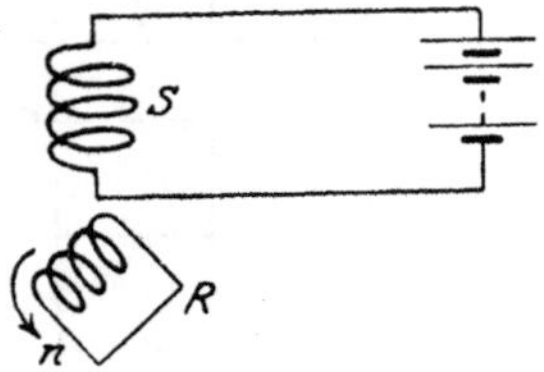

Abb. 44.

$$\nu - (+\nu) = 0$$
$$\text{und } \nu - (-\nu) = -2\nu$$

hervorrufen. Der daraus hervorgehende Strom der doppelten Frequenz 2ν in der Spule S, die nun wieder als feststehend angesehen wird, ruft gleichsam wieder zwei entgegengesetzt rotierende Felder mit den Geschwindigkeiten $+2\nu$ und -2ν hervor und erzeugt daher in R, das sich ja mit der Geschwindigkeit ν dreht, zwei EMKe mit den Frequenzen

$$2\nu - \nu = \nu$$
$$\text{und} \quad 2\nu + \nu = 3\nu$$

usw. So werden in S Ströme mit den Frequenzen $0, 2\nu, 4\nu, \ldots$ hervorgerufen, und in R solche der Frequenz $\nu, 3\nu, 5\nu, \ldots$

Damit die Ströme möglichst groß werden, müssen ihnen Bahnen mit möglichst niedrigem Widerstand geschaffen werden. Das ist in Abb. 45 dargestellt, wo dies für Frequenzen bis zu 4ν durch Kreise geschieht, die *R* bzw. *S* und die Abstimmkondensatoren C_ν, $C_{2\nu}$ usw. enthalten. $C_{4\nu}$ ist die Eigenkapazität der Antenne selbst, in der der Strom mit der vierfachen Frequenz 4ν zur Verwendung gelangt. Abb. 45 gibt die Schaltung einer Goldschmidt-Maschine wieder, wobei *S* die Ständer-(Stator-)Wicklung und *R* die Läufer-(Rotor-)Wicklung der Maschine darstellt.

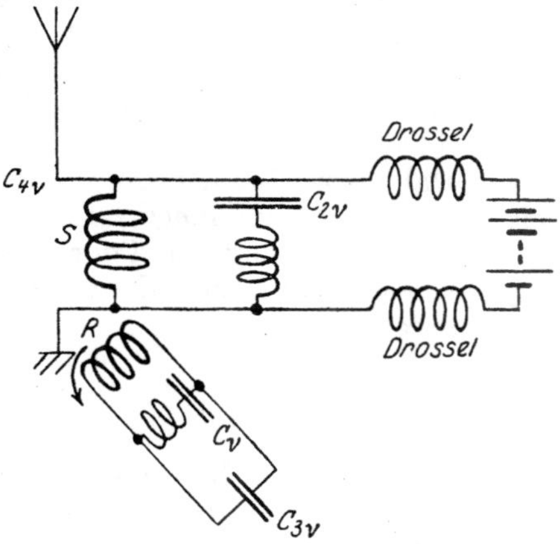

Abb. 45. Goldschmidt-Maschine.

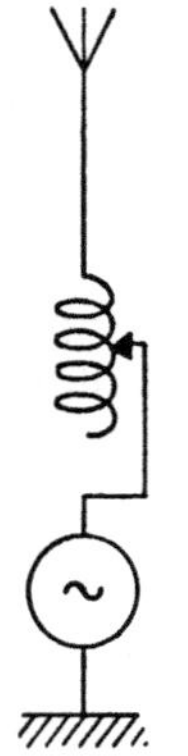

Abb. 46.

In Tuckerton (Amerika) wird eine derartige Maschine mit 4000 Umdr/min betrieben und erzeugt dabei eine Grundfrequenz von 10000 Per/sec. In die Antenne liefert sie ungefähr 120 kW bei 40000 Per/sec. Ihr totaler Wirkungsgrad beträgt etwa 50%. Die Lamellenstärke der Kerne ist 0,05 mm. Der Läufer besitzt 300 Pole, hat einen Durchmesser von 900 mm und wiegt 5 Tonnen. Der Luftspalt ist kleiner als 1 mm.

Diese Maschine ist an erster Stelle unter den Stromquellen nicht deswegen erörtert worden, weil sie vielleicht am meisten verwendet wird oder in ihrer praktischen Konstruktion am einfachsten wäre, sondern weil sie bei der direkt erzeugenden Art irgendwelcher Frequenzen als die einfachste anzusehen ist. Im Falle der Alexanderson-Maschine, die ja die Antennenfrequenz schon direkt liefert, braucht die Wechselstromwicklung nur noch mit der Antenne hintereinandergeschaltet zu werden (Abb. 46), wobei der einfache, so erhaltene Schwingungskreis auf die Generatorfrequenz abgestimmt wird. Bei der tatsächlichen Ausführung treten hier natürlich mancherlei praktische Schwierigkeiten auf. Um z. B. Morsezeichen zu geben, muß der Antennenstrom mittels einer Telegraphiertaste gesteuert werden; und irdenwie muß darauf gesehen werden, daß die Drehzahl der Wechselstrommaschine bis auf ganz kleine Bruchteile eines Prozent konstant gehalten wird, ganz gleich, ob getastet wird oder nicht. Abgesehen von der Frage einer Änderung der Drehzahl ist schon die Forderung nach Hilfsmitteln, mit denen eine Leistung von Hunderten von Kilowatt — z. B. die eines Funkensenders oder einer Maschine — nur durch eine Morsetaste gesteuert werden kann, ein technisches Problem von einiger Größe. Bei einer Wechselstromquelle wie der Hochfrequenzmaschine ist ja die Möglichkeit gegeben, die Leistungsabgabe indirekt durch Steuerung des Erregerstroms zu betätigen und dieses Verfahren wird in der Tat bei dem Goldschmidt-System befolgt. Das Verstimmungsverfahren, wie es im 11. Kapitel, 2. Abschnitt, beschrieben ist und dort zur Sprechübertragung benutzt wird, kann auch zur Zeichengebung bei großen Sendeenergien gebraucht werden.

4. Lichtbogensender.

Die Verwendung eines Lichtbogens zur Erzeugung von Wechselströmen wurde 1900 experimentell und theoretisch durch W. Duddell erforscht, dem es jedoch nie gelang, die Frequenz über den Hörbereich hinaus zu steigern, oder eine — wenn auch schwache — Schwingung zu erhalten. Im Jahre 1903 änderte V. Poulsen den Lichtbogen ab, und es gelang ihm so, Schwingungen nicht nur hochfrequenter Art, sondern auch verhältnismäßig großer Stärke zu erzeugen. Die vollständige Theorie der Arbeitsweise des Poulsen-Lichtbogens ist sehr umfangreich, und scheint sogar heute noch nicht ganz geklärt zu sein. Unter den physikalischen Zuständen des Lichtbogens gibt es eine Anzahl unabhängiger, veränderlicher Größen, die dazubeitragen, gründlich den ganzen Arbeitsvorgang abzuändern; und neuere Untersuchungen von P. O. Pedersen scheinen zu zeigen, daß die bisher angenommene Theorie, die hauptsächlich von H. Barkhausen herrührt, und die für längere Lichtbogen annähernd richtig ist, nicht mit den an einem „normalen“ Poulsen-Lichtbogen gemachten Beobachtungen übereinstimmt, wo der Abstand zwischen den Elektroden sehr kurz ist.

Abb. 47 zeigt die von Duddell benutzte Schaltung, um mit dem Lichtbogen Schwingungen zu erzeugen. *A* ist der Lichtbogen in Luft zwischen gewöhnlichen reinen Kupferelektroden, die von einem mit einer Drossel L in Serie geschalteten Kondensator C überbrückt werden. Wenn der Widerstand R dieses Nebenschlußkreises klein ist, so wird unter passenden Bedingungen in ihm ein ständiger Wechselstrom mit einer Frequenz, die annähernd gleich $\frac{1}{2\pi\sqrt{LC}}$ ist, entwickelt. Wir wollen mit i_c den Augenblickswert dieses Stromes bezeichnen, i_a sei der Strom im Lichtbogen und I der gesamte von der Batterie dem Lichtbogen und seinem Nebenschluß zugeführte Strom. Wir wollen annehmen, daß die zwischen Batterie und Lichtbogen geschaltete Drossel und der Widerstand — sofern überhaupt einer einzuschalten ist — genügend groß sind, um den Batteriestrom I ungefähr konstant zu halten. Dann werden zu jeder Zeit der Kondensatorstrom i_c und der Lichtbogenstrom i_a zusammen den konstanten Wert I besitzen.

Der Lichtbogen gehört zu der Klasse von Leitern, für die das Ohmsche Gesetz keine Gültigkeit besitzt, ausgenommen zur Bestimmung des Widerstands. Der Lichtbogen ist ein gasförmiger

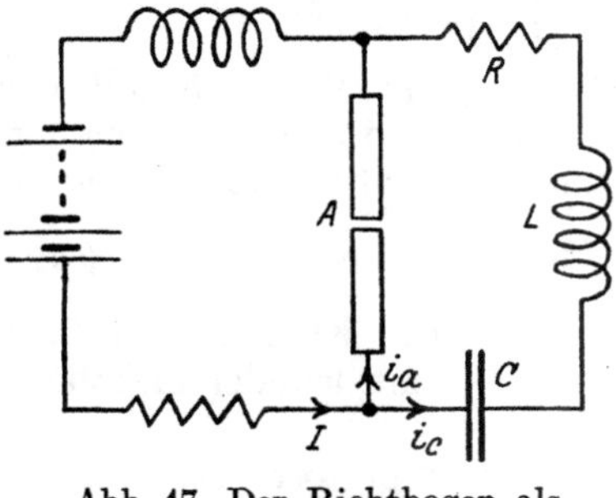

Abb. 47. Der Richtbogen als Schwingungserzeuger.

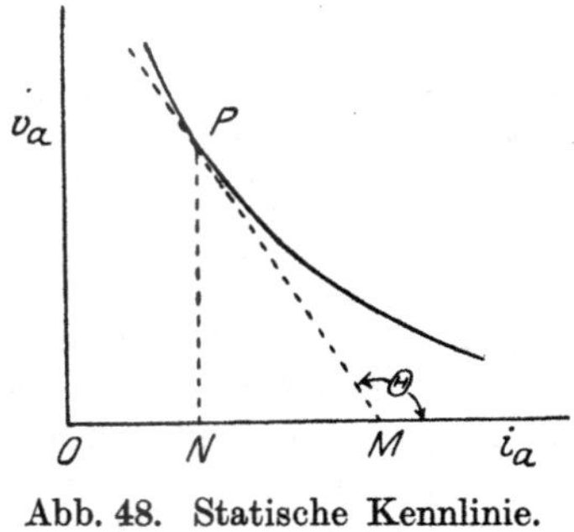

Abb. 48. Statische Kennlinie.

Leiter, oder genauer ausgedrückt, er ist ein Körper aus einem nicht leitenden Gas, in dem die Träger der Elektrizität, die Ionen, durch den nämlichen Strom, den sie führen, sich selbst vermehren. Je größer der Strom ist, desto größer wird auch die Leitfähigkeit, wobei sie ungleich stärker zunimmt. So kommt es, daß die Kurve, die die Lichtbogenspannung v_a in Abhängigkeit vom Lichtbogenstrom i darstellt, eine sog. „fallende Kennlinie" ist, wie Abb. 48 zeigt. Ihre Neigung, der Tangentenwinkel Θ, ist negativ und eine Funktion von i_a, anstatt positiv und unabhängig vom Strom zu sein, wie bei nicht gasförmigen, metallischen Leitern, die dem Ohmschen Gesetze folgen.

Die Kennlinie kann recht annähernd als eine Hyperbel

$$v_a = A + \frac{B}{i_a}$$

mathematisch dargestellt werden, worin A und B Konstanten für einen ganz bestimmten Lichtbogen bedeuten und unabhängig von v_a und i_a sind. Die Differentialgleichung für den Stromverlauf in dem Kondensatorkreis erhält man durch Summierung aller EMKe in diesem Kreis folgendermaßen:

$$L \cdot \frac{di_c}{dt} + R \cdot i_c + \frac{1}{C}\int i_c dt = v_a = A + \frac{B}{i_a} = A + \frac{B}{I - i_c},$$

daraus folgt

$$L \cdot \frac{d^2 i_c}{dt^2} + R \cdot \frac{di_c}{dt} + \frac{1}{C} \cdot i_c = \frac{B \cdot \frac{di_c}{dt}}{(I - i_c)^2},$$

oder es ist

$$L \frac{d^2 i_c}{dt^2} + \left[R - \frac{B}{(I - i_c)^2}\right] \cdot \frac{di_c}{dt} + \frac{1}{C} \cdot i_c = 0.$$

Solange also der Schwingungsstrom i_c im Vergleich mit dem Speisestrom I klein ist, sucht der Lichtbogen in dem Schwingungskreis $CARL$ den Widerstand R um einen nahezu konstanten Betrag $\frac{B}{(I - i_c)^2}$ zu verkleinern, der dem zahlenmäßigen Wert (sagen wir m) des Neigungswinkels Θ der fallenden Kennlinie (Abb. 48) für den besonderen Lichtbogenstrom ON, mit dem der Lichtbogen brennt, entsprechen würde.

Wenn also der Kreis $CARL$ irgendwie gestört und dann sich selbst überlassen würde, so wird er annähernd folgendermaßen schwingen:

$$i_c = \varepsilon^{-\frac{R - m}{2L} t} \sin\left(\frac{1}{\sqrt{LC}} \cdot t - \Phi\right).$$

Wenn $m < R$ ist, so bedeutet dies eine abklingende Schwingung, wie wir sie bereits bei Kreisen mit Funkenstrecke kennengelernt haben (Abb. 17). Wenn aber $m > R$ ist, so nimmt der Exponentialausdruck mit der Zeit zu. Das geringste Fließen eines Stromes in dem Kreis $CARL$ würde ihn in Schwingungen versetzen und zwar annähernd mit seiner Eigenfrequenz, wie sie durch L und C gegeben ist, und mit einer Amplitude, die dauernd zunehmen würde, bis entweder unsere mathematische Annahme $i_e \ll I$ nicht länger aufrecht zu erhalten wäre, oder bis irgendein neuer physikalischer Zustand eintritt.

Die Kurve in Abb. 48 ist die Lichtbogenkennlinie bei Gleichstrom. Es ist klar, daß sie nicht für Wechselströme hoher Frequenz gelten kann; denn wenn sich einmal Ionen gebildet haben, so brauchen sie Zeit, bis sie durch Wärmeableitung oder sonstwie verschwinden, und überdies muß der Wärmezustand des Lichtbogens weitgehend von den zuvor geflossenen Strömen abhängig sein. Nimmt der Strom i_a ab, so wird bei irgendeinem Wert dieses Stromes die Temperatur höher sein und die Spannung v_a daher kleiner als die statischen Werte, die einem solchen Strom entsprechen würden. Die dynamische (kinetische) Spannung wird daher höher sein als die statische, sobald der Strom größer ist; und kleiner, wenn der Strom abnimmt. Die dynamische Kennlinie des Schwingungen erzeugenden Lichtbogens nimmt daher die in Abb. 49 wiedergegebene Form an; und es ist klar, daß die Frequenz der Schwingung gründlich das Verhalten des Lichtbogens beeinflussen muß. Bei einer unendlich großen Frequenz könnte es überhaupt keine fallende Kennlinie (negative Neigung) geben, denn da wäre für den Ionisationsbetrag gar keine Zeit vorhanden, um den Änderungen des Stromes zu folgen.

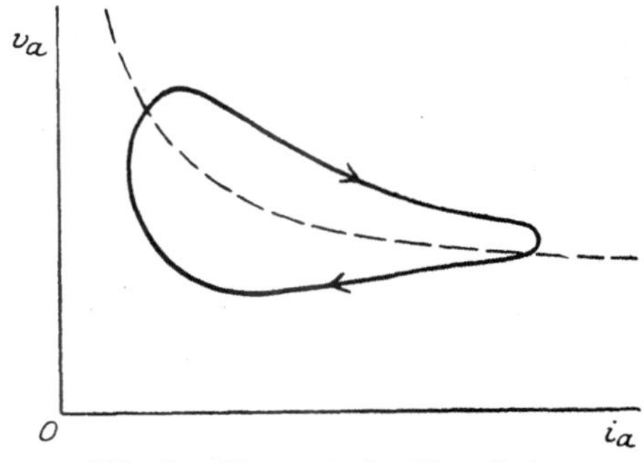

Abb. 49. Dynamische Kennlinie.

Aus einigen der hier angeführten Gründe kann weder die Energie noch die Frequenz einer mit dem Duddellschen Lichtbogen erzeugten Schwingung gesteigert werden.

Die Daten der Untersuchungen Duddells waren:

$L = 5\,\text{mH}$ $\quad C = 1 \div 5\mu\,\text{F}$ $\quad R = 0{,}4\,\Omega$

Effektivstrom $= 3$ A $\quad$ Frequenz $= 2000 \div 10000$ Per/sec.

Die Duddellschen Schwingungen sind durch die Tatsache gekennzeichnet, daß der Lichtbogen nie erlischt, da der maximale Wert des Schwingungsstromes immer kleiner ist, als der zur Speisung dienende Gleichstrom I (s. Abb. 50). Derartige Lichtbogenschwingungen bezeichnet man als „Schwingungen erster Art“, oder hier kurz als „α-Schwingung“.

Erst durch V. Poulsen wurde (1903) der Lichtbogen praktisch zur Erzeugung hochfrequenter Ströme für die drahtlose Telegraphie nutzbar gemacht. Ein Poulsen-Lichtbogensender ist schematisch in Abb. 51 dargestellt. Die Abänderungen, die Poulsen vornahm, um mit Hilfe des Lichtbogens hochfrequente Schwingungen erzeugen zu können, waren dreifacher Art:

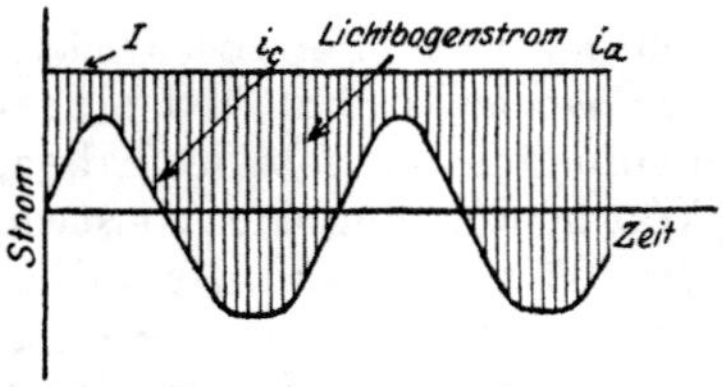

Abb. 50. Schwingung erster Art (Duddell).

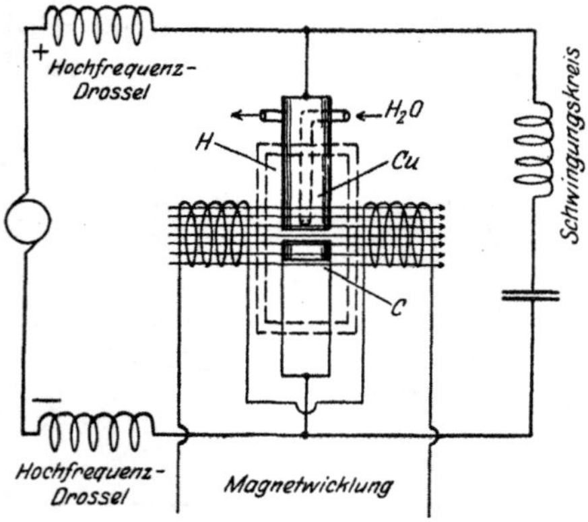

Abb. 51. Poulsen Lichtbogensender.

1. Der Lichtbogen ist in eine Wasserstoffatmosphäre, Steinkohlengas oder auch Alkohol, eingeschlossen und wird durch Kühlwasser so kühl als möglich gehalten.

2. Die Anode besteht aus Kupfer und wird im Inneren durch einen Wasserumlauf gekühlt.

3. Ein kräftiges magnetisches Feld steht senkrecht zum Lichtbogen und wirkt so wie ein magnetisches Gebläse, indem es den Lichtbogen von den Elektroden forttreibt.

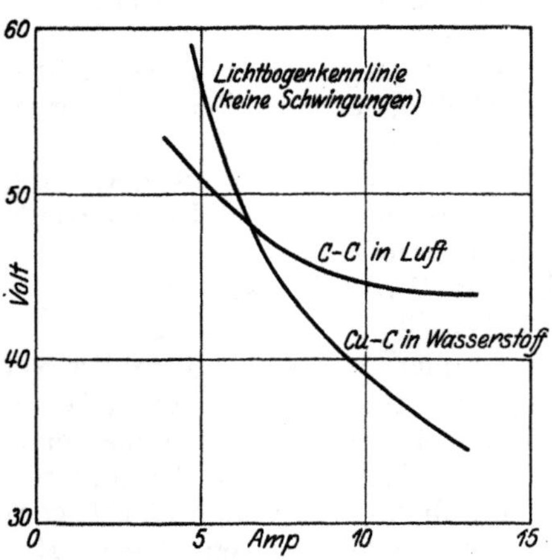

Abb. 52.

Abb. 52 zeigt die merkliche Einwirkung von (1.) und (2.) sogar auf die statische Kennlinie des Lichtbogens; und man kann erwarten, daß die Einwirkung auf die dynamische Kennlinie bei hohen Frequenzen noch ausgesprochener sein wird. Die Wasserstoffatmosphäre begünstigt in hohem Maße die Entionisierung, da der Wasserstoff von allen Gasen das höchste

Wärmeleitvermögen und den größten Diffusionskoeffizienten besitzt.

Es ist klar, daß eine α-Schwingung viel leichter bei einer steileren Kennlinie wie in Abb. 52 entstehen kann, da der Grenzwert des Widerstandes des Schwingungskreises — wie wir gesehen haben — der Steilheit der Kurve proportional ist. Ein schwingender Lichtbogen muß immer mit einer α-Schwingung beginnen; aber bei dem Poulsen-Lichtbogen bilden sich die Schwingungen — wenn sie erst einmal eingetreten sind — zu sog. „Schwingungen zweiter Art", oder kurz zu „β-Schwingungen" aus, die dadurch gekennzeichnet sind, daß der Schwingungsstrom eine so große Amplitude hat, daß während eines Teils der Periode tatsächlich der Lichtbogen ausgelöscht wird. Eine Rückzündung des Lichtbogens während der Periode findet später in dem Augenblick statt, da die Spannung zwischen der Kupfer- und der Kohlenelektrode den Zünd- oder Überschlagswert erreicht, der um so mehr den gewöhnlichen Wert beim brennenden Lichtbogen übertrifft, je vollständiger die Entionisierung während der Dauer des Erlöschens durchgeführt war.

Während bei der α-Schwingung niemals eine plötzliche Änderung in der Spannung eintreten kann, da ja der diesbezügliche Punkt auf der Lichtbogenkennlinie nie die Kurve oder den Strom verläßt, muß bei der β-Schwingung eine plötzliche Änderung auftreten.

In Abb. 53 soll versucht werden, den Verlauf des Stromes und die Spannungsänderungen bei der β-Schwingung zu verfolgen. Der vollständige Vorgang (eine Periode) ist in zwei Teile geteilt: nämlich eine Zeit T_1, während der der Lichtbogen brennt, und eine Zeit T_2, in welcher derselbe ausgelöscht ist. Bei dem normalen Poulsen-Lichtbogen ist T_2 viel kürzer als T_1. Wir wollen (in Abb. 53) nacheinander den Verlauf des Kondensatorstromes i_c und des Lichtbogenstromes i_a verfolgen, hierauf die Kondensatorspannung v_c und die Lichtbogenspannung v_a. Dabei sagen wir uns aber in Gedanken, daß die Drossel in den Zuführungskreisen — wie wir annehmen wollen — den Speisestrom I nahezu konstant halten soll, eine Bedingung, die in der Praxis angenähert erfüllt wird.

1. Kondensatorstrom $DEFGD'$ (schraffierte Fläche). Bei D ist der Kondensator vollständig negativ elektrisch geladen, und längs DE nimmt er einen Strom auf, der angenähert sinusförmig zunimmt. Bei E ist dieser Strom so groß, wie der gesamte unveränderliche Speisestrom I, so daß kein Strom mehr für den Lichtbogen zur Verfügung steht, der infolgedessen erlischt. Längs EF nimmt der Kondensator den vollen Speisestrom I auf und lädt

sich unvermeidlich immer mehr auf, bis seine Spannung einen derartigen Wert erreicht, daß sie bei F den Lichtbogen wieder zündet. Dieser wiederum stellt einen Nebenschluß dar, so daß ein Teil des bisherigen Gleichstromes I im Kondensatorkreis nun über ihn fließt; da der Schwingungskreis $CARL$ jetzt wieder über den Lichtbogen geschlossen ist, entlädt sich der Kondensator C

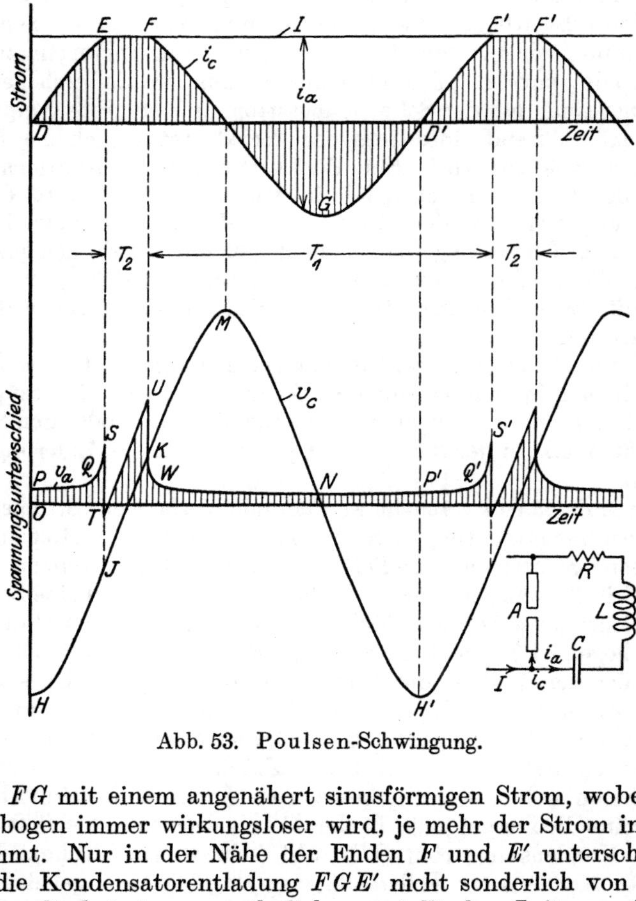

Abb. 53. Poulsen-Schwingung.

längs FG mit einem angenähert sinusförmigen Strom, wobei der Lichtbogen immer wirkungsloser wird, je mehr der Strom in ihm zunimmt. Nur in der Nähe der Enden F und E' unterscheidet sich die Kondensatorentladung FGE' nicht sonderlich von einer solchen, die bei einem gewöhnlichen metallischen Leiter an Stelle des Lichtbogens stattfinden würde.

2. Lichtbogenstrom i_a. Dieser stellt die Differenz aus der horizontalen I-Geraden und der Kurve $DEFGD'$ dar. i_a ist immer positiv.

3. Die Kondensatorspannung $HJKMNH'$. Dieselbe ist sehr angenähert eine Sinuslinie, deren Maxima gegenüber D und D' liegen, wobei der Teil JK infolge des horizontalen Verlaufs von EF in geringem Maße von der sinusförmigen Gestalt abweicht. Wenn $DEFGD'$ wirklich sinusförmig gewesen wäre, würde $HJKMNH'$ natürlich ganz genau eine andere sinusförmige Kurve darstellen, die in ihrer Phase um eine Viertelperiode verschoben ist.

4. Lichtbogenspannung $PQSTUKWP'$ (schraffierte Fläche). Bei P ist der Lichtbogenstrom groß, so daß die Spannung OP klein ist. In dem Gebiet um Q wird der Lichtbogenstrom klein; infolgedessen steigt die Spannung ziemlich plötzlich bis zu dem Spannungswert S an, bei dem der Lichtbogen erlischt. Da i_c jetzt konstant ist ($= I$), muß v_a gleich der Spannung am Kondensator plus dem Spannungsabfall an R sein, d. h. unterhalb EF ist $v_a = v_c + R \cdot I$. v_a steigt infolgedessen längs TU mit einem konstanten Mehrbetrag $TJ = UK = R \cdot I$ gegenüber JK zu der Zündspannung bei U an. U ist im allgemeinen höher als S wegen des Abkühlungsvorganges und der Entionisierung während der Löschperiode T_2. Von U an (dem Zeitpunkt der Rückzündung) und während der nun folgenden Zunahme von i_a fällt v_a bereits bei U rasend ab, durchläuft die scharfe Krümmung bei W, die der bei Q entspricht, und sinkt allmählich auf einen Mindestbetrag unterhalb G, um dann langsam wieder bis auf P' anzusteigen.

Welche Leistung kommt nun in den Kreis RLC, in dem Energie aufgesammelt wird (in L und C) und wieder verloren geht bzw. nutzbar gemacht wird (in R)? Die Lichtbogenspannung v_a ist die dem Kreis RLC aufgedrückte EMK; der ihm in jedem Augenblick zugeführte Leistungsbetrag ist $v_a \cdot i_c$, d. h. das Produkt aus den Ordinaten der Kurven, deren Flächen schraffiert sind. Während des mittleren Teiles von T_1, wo i_c negativ ist, wo also der Lichtbogenstrom den Speisestrom I übertrifft, ist diese Leistung negativ und dem Starkstromspannungsabfall am Lichtbogen proportional. Während der ganzen übrigen Zeit der Periode ist die Leistung — ausgenommen vielleicht in dem kurzen Augenblick gleich nach dem Erlöschen bei T — in dem Kreis RLC positiv, und hängt in weitem Maß einfach von den Höhenbeträgen S und U, d. h. von der Lösch- und Zündspannung ab.

Aus der Betrachtung dieser Kurven lassen sich folgende Schlüsse in qualitativer Hinsicht ziehen:

Soll große Energie in den Schwingungskreis geliefert werden, so muß

a) I groß sein,

b) die Löschspannung klein,

c) die Zündspannung groß,

d) der Widerstand des Schwingungskreises groß.

Soll geringe Energie von dem Schwingungskreise wiedergegeben werden, so muß

e) J klein sein,

f) der Starkstromspannungsabfall am Lichtbogen klein.

Bei dem Widerspruch zwischen a) und e) muß a) augenscheinlich das Übergewicht haben. Der maximale Strom im Lichtbogen ist ungefähr gleich $2 \cdot I$, und die Elektrodengröße muß für diesen Strom genügend bemessen sein. Für b) benötigen wir einen langen, gut entionisierten Lichtbogen, ebenso für c); aber es muß festgestellt werden, daß zwar als Zünd-Lichtbogenlänge der kürzeste Abstand zwischen den Elektroden in Frage kommt, daß dagegen die Lichtbogenlänge beim Erlöschen viel größer ist, infolge der Einwirkung des magnetischen Feldes — des magnetischen Gebläses —, das sowohl den Lichtbogen auseinanderbläst als auch die Krater während der Brenndauerzeit trennt. Die Wasserstoffatmosphäre und die Kälte der Anode begünstigen die Entionisierung. d) ist kontrollierbar, sobald innerhalb gewisser Grenzen der Schwingungskreis dem Lichtbogen angepaßt werden kann. Für f) ist ein kurzer Lichtbogen wünschenswert. Das steht mit c) in Widerspruch, aber infolge des magnetischen Gebläses nicht mit b).

Diese Betrachtungen genügen wohl zur Einsicht, daß die Poulsensche Abänderung des Duddell-Lichtbogens berechtigt und zweckentsprechend war, und gewähren auch einen kurzen Einblick in die Bedingungen, die den Zweck der Poulsen-Lichtbogen bestimmen[1]).

Noch ist nichts über die Beständigkeit des Vorganges gesagt worden, die besonders wichtig ist im Hinblick auf die Konstanz der Wellenlänge, ebensowenig über das Freisein der Grundfrequenz von Oberschwingungen, die große Störungen bei benachbarten Empfangsstationen hervorrufen können. Das sind schwerwiegende praktische Gesichtspunkte, und die Zukunft des Lichtbogensenders hängt wohl ebenso sehr von seiner Vollendung in dieser Hinsicht wie in anderer ab. Die Stetigkeit scheint ja in großem Maße durch die Stärke des magnetischen Feldes beeinflußt zu werden. Die richtige Stärke dieses Feldes hängt u. a. von der Periodenzahl der Schwingung ab, so daß die Magneterregung nachreguliert werden muß, wenn die Wellenlänge geändert wird.

---

[1]) Zur genaueren und quantitativen Erforschung dieses Gebiets lese man P. O. Pedersens Schrift: „Über den Poulsen-Lichtbogen und seine Theorie", Proceeding of Institute of Radio Engineers, 5. Band Nr. 4 und 7. Band Nr. 3. Eine vollständige Literaturangabe über den Gegenstand liegt bei.

Um große Veränderungen des Lichtbogens durch das Abbrennen der Kohlenelektrode zu vermeiden, wird die Kathode (Kohle) mittels eines kleinen Elektromotors in langsame, axiale Drehung versetzt.

Der an den Lichtbogen angeschlossene Schwingungskreis besteht im allgemeinen aus der Antenne selbst (Abb. 54). Und da der Lichtbogen dauernd brennen muß, ganz gleich, ob die Telegraphiertaste gedrückt wird oder nicht, so geschieht die Zeichengebung in der Weise, daß entweder auf eine sog. künstliche (nicht strahlende) Antenne statt der wirklichen getastet wird; oder aber durch eine geringe Änderung der Wellenlänge mittels der Telegraphiertaste, wie es in Abb. 54 der Fall ist. Das letztere ist z. Z. das gebräuchliche Verfahren. Es liegt auf der Hand, daß während der Zeichenpausen gerade soviel Leistung verbraucht wird wie bei den Zeichen selbst. Dabei geht — vom Senderstandpunkt aus — die Zwischenpausenenergie unbenutzt verloren und ist außerdem — was die Spannung anbetrifft — schädlich für andere Empfangsstationen. Das Vorhandensein der Zwischenstrahlung schließt in sich ein das Auftreten zweier Wellenlängen bei einer Station — ein Einwurf, der um so schwerer wiegt, je mehr die Welt mit Großkraftstationen ausgestattet wird. Der starke Speisestrom selbst dient gewöhnlich zur Erregung der Feldmagnete, die das magnetische Gebläse hervorrufen. Der Lichtbogen wird zunächst wie bei den gewöhnlichen Bogenlampen gebildet. Manchmal wird der Lichtbogen durch einen Kondensator überbrückt (in Abb. 54 gestrichelt angedeutet), so daß nur ein Teil des Schwingungsstromes über den Lichtbogen fließt[1]).

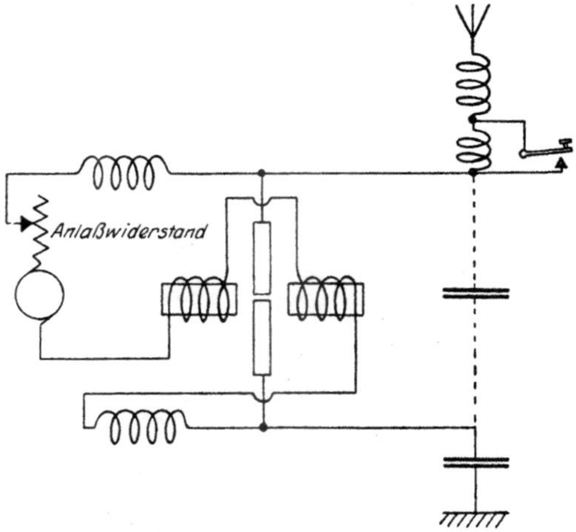

Abb. 54. Poulsen-Lichtbogensender.

Eine Vorstellung von den praktischen Abmessungen mögen die folgenden Daten für einen großen Lichtbogensender geben.

[1]) Dadurch wird die Dämpfung des Schwingungskreises selbst verkleinert und der Wirkungsgrad gesteigert. Anm. d. Übers.

Nehmen wir an, der Gleichstromgenerator liefere einen Strom von 200 A bei einer Spannung von 500 ÷ 800 V (hängt vom Antennenwiderstand ab). Dann beträgt der effektive Antennenstrom sehr annähernd $\frac{200}{\sqrt{2}} = 141$ A, die Antenne möge eine Kapazität von 0,05 ÷ 0,10 μF (gleich 45000 ÷ 90000 cm), (ohne Induktionsspule) eine Eigenwellenlänge von 2000 m haben, und möge im

Abb. 55. Elwell-Poulsen-Sender, 10—15 kW. (C. F. Elwell).

Betrieb eine Welle mit einer Länge von 6000 m ausstrahlen. Der Wirkungsgrad bei der Leistungsübertragung von der Gleichstromseite auf die Hochfrequenzseite würde etwa 40% betragen. Die gewöhnliche Telegraphiertaste wäre nicht, wie in Abb. 54, direkt mit der Antenne zu verbinden, sondern hätte irgendeine Zwischentaste mit mehrfachen Kontakten über zwischengeschaltete Relais zu steuern. Der Unterschied zwischen den Zeichen- und den Zwischenzeitwellen mag 1 ÷ 2% betragen.

Abb. 55 zeigt einen Elwell-Poulsen-Sender für eine zugeführte Leittung von 10 ÷ 15 kW. Auf Abb. 56 ist einer der größten je in Gebrauch genommenen Lichtbogengeneratoren zu sehen, der von der Federal Telegraph Co. für eine Aufnahmeleistung von 500 kW gebaut wurde. Abb. 57 gibt die Antennenspule und Zeichentaste für einen Lichtbogensender von 30 kW wieder.

Noch bis vor kurzem stellte der Poulsen-Sender die einzige praktische Möglichkeit zur Erzeugung ungedämpfter Wellen dar; trotzdem war er überraschend wenig im Gebrauch. Heute, 17 Jahre nach seiner Erfindung, hat er für einen großen Arbeitsbereich die

Abb. 56. Federal-Poulsen-Lichtbogensender, 500 kW. (Federal Telegraph Co.).

größte Bedeutung gewonnen, obwohl in der Zwischenzeit verschiedene andere Hochfrequenzgeneratoren hoher Leistung eingeführt worden sind. Und man kann mit aller Bestimmtheit sagen, daß z. Z. der Lichtbogen unter allen Sendersystemen an führender Stelle steht, sei es in Hinsicht auf die Antennenenergie bei den einzelnen Stationen, oder auf den Gesamtverbrauch an Leistung durch Stationen irgendwelcher Bauart (sagen wir) von mehr als 50 kW[1]).

[1]) Eine Landkarte, auf der alle großen Stationen der Welt mit Poulsen-Sendern eingetragen sind, wurde von C. F. Elwell im Electrician (28. Mai 1920) in seinem Aufsatz: „Das Poulsen-System der Radio-Telegraphie“ herausgegeben.

5. Röhrensender.

Die neueste der vier großen Klassen der Hochfrequenzgeneratoren ist der Röhrensender, der hauptsächlich während des Krieges entwickelt wurde. Es kann kein Zweifel darüber bestehen,

Abb. 57. Antennenspule und Zeichentaste zu einem 30 kW-Lichtbogensender (S. 73). (Federal Telegraph Co.)

daß in sehr kurzer Zeit praktisch alle kleineren Sender der drahtlosen Telegraphie und Telephonie nach dieser Art gebaut sein werden. Und wenn die großen Anstrengungen, die jetzt zur Abgabe größerer Leistungen — zehn, ja Hunderte von Kilowatt statt weniger — gemacht werden, von Erfolg gekrönt sein sollten, wie man erwarten kann, dann wird wohl die Hochfrequenzmaschine und der Lichtbogen ebenso wie der Funkensender gänzlich dem Röhrensender den Platz räumen[1]).

Wie die Röhre — genauer: Dreielektroden- oder Kathodenröhre — als Generator arbeitet, wird in dem 9. Kapitel nachgeholt werden.

Fünftes Kapitel.

Der Empfang hochfrequenter Ströme.

1. Die wichtigsten Verfahren.

Wir haben gesehen, wie in einer Sendeantenne hochfrequente Ströme erzeugt werden können, und daß diese die Umgebung in einen derartigen Zustand versetzen, daß kleine elektromotorische Kräfte, die diesen Strömen proportional sind und dieselbe Frequenz besitzen, in Empfangsantennen auftreten, die Hunderte, ja Tausende von Kilometern auf der Erdoberfläche entfernt sind. Da der Strom in der Sendeantenne getastet, d. h. ein- und abgeschaltet oder durch die Zeichentaste des Telegraphisten in der Frequenz geändert werden kann, so wird unser Nachrichtenübertragungssystem dann vollständig sein, wenn wir Mittel finden, welche die die Empfangsstation bedienende Person in den Stand setzen, die winzigen Hochfrequenzströme in der Empfangsantenne wahrzunehmen. Um dies zu erreichen, sind ganz außergewöhnliche Maßnahmen nötig, die zwei voneinander unabhängigen Tatsachen zuzuschreiben sind: erstens sind die in der Empfangsantenne hervorgerufenen EMKe außerordentlich klein (in der Größenordnung von einem Millionstel Volt), und die zur Betätigung eines Detektors in Frage kommende Energie ist ebenfalls sehr gering (in der Größenordnung von 10^{-12} W); zweitens ist die Frequenz dieser EMKe überaus hoch (sagen wir etwa ein Zehntel bis zehnmal soviel als eine halbe Million Perioden in der Sekunde).

Zwei Verfahren kommen in der Hauptsache für die Wahrnehmung oder den Empfang hochfrequenter Ströme in Frage. Wir können entweder indirekt irgendeine Wärmewirkung des Hochfrequenzstromes beobachten (wie z. B. bei dem gewöhnlichen Hitz-

[1]) Ein kritischer Vergleich der verschiedenen drahtlosen Sender, die z. Z. des Berichtes zu weiten drahtlosen Übertragungen benutzt wurden, findet sich in dem Bericht des „Imperial Wireless Telegraphy Committee, 1919—20", herausgegeben durch das H. M. Stationery Office. Für draht lose Mitteilungen im Reiche (England) empfiehlt das Committee die Röhrensender.

drahtstrommesser), oder wir richten den Wechselstrom mehr oder minder vollkommen gleich, so daß wir einen Strom erhalten, dessen mittlerer Wert nicht länger gleich Null ist und verwenden dann irgendein polarisiertes, elektromagnetisches Anzeigegerät, z. B.

Abb. 58. Vakuum-Thermoelement in Verbindung mit einem Drehspul-Millivoltmeter. (Cambridge and Paul Instrument Co., Ltd.).

ein Telephon oder ein Drehspulgalvanometer[1]). Geräte wie Hitzdrahtstrommesser kann man zwar dazu benutzen, die starken Hochfrequenzströme im Sender zu messen, aber zur Messung kleiner Ströme sind sie zu unempfindlich. Thermoelemente mit

[1]) Es gibt außerdem noch andere bemerkenswerte Verfahren: der Kohärer (veraltet) und seinen modernen Ersatz, das „Schwingröhren-Relais" des Verfassers (Turner), die mit Klopfern arbeiten, da sie eine sofortige Wiederherstellung des alten Zustandes erfordern, sobald sie betätigt worden sind; dann der Marconi-Detektor (im Veralten begriffen), bei dem die magnetische Dichte des Eisens gleichsam durch den Hochfrequenzstrom gelockert wird; und schließlich das elektrodynamische Telephon (veraltet).

einem feinen Heizdraht, der den Hochfrequenzstrom führt, sind in Verbindung mit einem Drehspulgerät viel empfindlicher und werden zur Messung kleiner Hochfrequenzströme im Laboratorium benutzt. Wird das Thermoelement mit seinem Heizdraht in ein luftleeres Glasgefäß eingeschlossen, so wird es sowohl von Temperaturschwankungen unabhängig als auch viel empfindlicher. Abb. 58 zeigt die sehr zweckmäßige und tragbare Zusammenstellung eines Vakuum-Thermoelements mit einem Millivoltmeter, deren Schaltung in Abb. 59 wiedergegeben ist[1]).

Hingegen kann das Gleichrichtungsverfahren so viel empfindlicher gemacht werden, und dabei dermaßen einfach — besonders wenn der Hochfrequenzstrom eher nachgewiesen als gemessen werden soll, daß ein Telephon statt des Meßgerätes beim Empfang benutzt werden kann und das Ohr als wahrnehmendes Organ —, so daß ausnahmslos heutigen Tages die meisten Empfangsapparate der drahtlosen Telegraphie und Telephonie auf irgendeiner Art der Gleichrichtung beruhen. Der Ausdruck „Detektor“ sollte eigentlich das Gerät kennzeichnen, das den Hochfrequenzstrom irgendeine wahrnehmbare Wirkung ausüben läßt; der Gleichrichter ist nur ein Teil des vollständigen Detektors; jedoch werden Detektor und Gleichrichter oft als gleichbedeutende Ausdrucksarten gebraucht (wobei man sich natürlich vor Verwechslungen mit dem Hochspannungsgleichrichter hüten muß, Gl.).

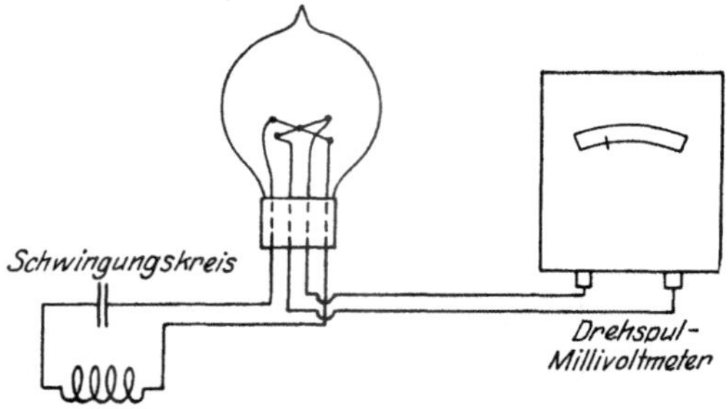

Abb. 59. Messung des Hochfrequenzstromes mit dem Thermoelement.

2. Der Kristalldetektor.

Bei gewissen Mineralien, gewöhnlich bei Kristallen, pflegt der Widerstand, den sie dem Durchgang des Stromes an der Berührungsstelle eines Metallstückes mit einem Mineral, oder an dem Berührungspunkt zweier verschiedener Mineralien entgegensetzen,

[1]) Bei einer derartigen Meßeinrichtung ergibt sich der volle Skalenausschlag bei einer Leistung von etwa 500×10^{-6} W im Hitzdraht. Eine noch größere Empfindlichkeit erreicht man natürlich, wenn man das tragbare, mit Spitzenlagerung versehene Meßgerät durch ein Spiegelgalvanometer mit Fadenaufhängung ersetzt.

in weitem Maße von der Größe des Stromes abhängig zu sein, selbst wenn dieser außerordentlich klein ist. D. h. wie beim Lichtbogen, so hat auch hier das Ohmsche Gesetz keine Bedeutung außer zur Festlegung des Ausdruckes Widerstand, da die Kennlinie, die die Spannung in Abhängigkeit vom Strom darstellt, eine Krümmung besitzt. Nun arbeitet aber jeder Leiter mit einer gekrümmten Kennlinie wie ein Gleichrichter, natürlich in dem Sinne, daß, wenn an ihn eine Wechsel-EMK angelegt wird, deren mittlerer Wert gleich Null ist, der mittlere Wert des resultierenden Stromes dann nicht auch etwa gleich Null ist[1]). Dieser wird als „gleichgerichteter Strom" bezeichnet: es ist der Strom, der durch ein Drehspulgalvanometer angezeigt würde, das mit dem Gleichrichter in Serie geschaltet ist.

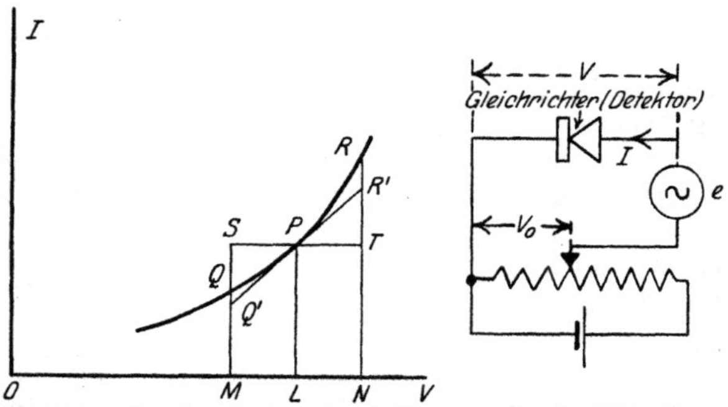

Abb. 60. Gleichrichtung durch Krümmung der Kennlinie.

An den Gleichrichter, dessen Kennlinie die Kurve QPR darstellt, möge eine Gleichspannung $V_0 = OL$ (Abb. 60) angelegt werden, und durch ihn einen Gleichstrom $J_0 = LP$ hindurchschicken; nun möge eine kleine sinusförmige EMK mit dem Scheitelwert $e = LM = LN$ in dem Detektorkreis der Gleichspannung V_0 überlagert werden. Diese Wechselspannung stellt das ankommende Hochfrequenzzeichen dar. Wenn die Kennlinie statt der wirklichen Kurve QPR die Tangente $Q'PR'$ wäre, so würde e einen sinusförmigen Wechselstrom mit der Amplitude $SQ' = TR' = m_0 \cdot e$ hervorrufen, worin m_0 die Neigung von $Q'R'$ bedeutet. Aber infolge der Krümmung der Kennlinie besitzt der Wechselstrom, der den Detektor durchfließt, ein negatives

[1]) Ausgenommen da, wo die mittlere Lage des diesbezüglichen Punktes auf der Kennlinie einen Wendepunkt mit symmetrischen Kurvenabschnitten nach beiden Seiten darstellt.

Maximum SQ, das kleiner ist als das positive Maximum TR, und der Mittelwert des durch e hervorgerufenen Stromes ist nicht gleich Null, sondern hat einen positiven Wert. Wenn die Kurve nach oben konvex statt konkav gewesen wäre, so würde die Zeichenspannung e statt der Zunahme des mittleren Gleichstromes eine Abnahme desselben bewirkt haben. Es ist klar, daß für eine gute Gleichrichterwirkung eine starke Änderung der Neigung der Kurve erforderlich ist.

Wichtig ist es, zu wissen, wie die Größe des gleichgerichteten Stromes von der Amplitude der Zeichen-EMK abhängt. Die Kennlinie möge durch die Gleichung

$$J = f(V)$$

dargestellt sein. Wenn dann einer kleinen Spannungsänderung v in einem Augenblick die kleine Stromänderung i entspricht, so ist gemäß der Taylorschen Reihe

$$\begin{aligned}(J + i) &= f(V + v) \\ &= f(V) + v \cdot f'(V) + \frac{v^2}{2!} f''(V) + \frac{v^3}{3!} f'''(V) + \cdots,\end{aligned}$$

worin $$f'(V) = \frac{df(V)}{dV} \text{ ist, usw.}$$

Hieraus folgt

$$i = v f'(V) + \frac{v^2}{2!} f''(v) + \cdots,$$

daraus ergibt sich

$$i_{\text{Mittel}} = v_{\text{Mittel}} \cdot f'(V) + \frac{v^2_{\text{Mittel}}}{2} f''(V) + \cdots$$

Nun ist aber

$$v = e \cdot \sin \omega t$$

daraus folgt

$$\left.\begin{array}{l} v_{\text{Mittel}} \\ v^3_{\text{Mittel}} \\ v^5_{\text{Mittel}} \\ \text{usw.} \end{array}\right\} = 0.$$

Ferner ist

$$v^2_{\text{Mittel}} = \frac{1}{2} e^2.$$

Werden die Glieder höherer Ordnung von f''' ab vernachlässigt, so folgt für den

$$\text{Gleichrichterstrom} = \dot{i}_{\text{Mittel}}$$

$$\dot{i}_{\text{Mittel}} = \frac{v^2_{\text{Mittel}}}{2!} \cdot \frac{d^2 J}{d V^2}$$

$$\dot{i}_{\text{Mittel}} = \frac{e^2}{4} \cdot \frac{d^2 J}{d V^2}.$$

Das Beachtenswerte hierbei ist, daß über jeden kleinen Bereich der Kurve, der durch V_0 bestimmt ist, der Gleichrichterstrom dem **Quadrat** der Zeichen-EMK proportional ist, so daß der Gleichrichter in dem Maße wirkungsloser wird, als die Zeichen schwächer werden. Wenn also z. B. der Strom in der Sendeantenne auf die Hälfte zurückgeht, so gehen EMK und Strom in der Empfangsantenne ebenfalls auf die Hälfte zurück, ebenso auch die Hochfrequenzspannung am Krystalldetektor. Der Gleichrichterstrom nimmt dagegen auf ein Viertel ab. Drücken wir das als Leistung aus, so wird die Sendeenergie um das Vierfache abnehmen und die „Gleichrichter-Energie“ wird — wenn sie vom Empfangstelegraphisten noch wahrzunehmen ist — sechsmal kleiner werden. Dieses fortschreitende Versagen des Detektors beim Empfang immer schwächer werdender Zeichen bildet einen wesentlichen Faktor bei der Abschätzung der verschiedenen Empfangsmöglichkeiten. Es geht daraus hervor, wie wichtig es ist, ein schwaches Zeichen eher vor als nach der Gleichrichtung zu verstärken, sobald ein Gleichrichter in dieser einfachen Art zur Verwendung kommt[1]).

Das Gerät, das am häufigsten zur Wahrnehmung des gleichgerichteten Stromes dient, ist das Telephon (gewöhnlich eine Type mit Dauermagnet) mit zwei Ohrmuscheln, die über den Kopf gestülpt werden (sog. „Doppelkopfhörer“). Eine vollständige Empfangsschaltung mit einem Kristalldetektor wie in Abb. 60 ist in Abb. 61 wiedergegeben. Das Telephon ist durch den Kondensator C überbrückt, um den den Detektor durchfließenden Hochfrequenzströmen einen Weg kleinen Wechselstromwiderstandes zu bahnen. Infolge der unsymmetrischen Leitfähigkeit des Detektors empfängt der Kondensator während der zwei Halbperioden ungleiche positive und negative Ladungen, und die Restladung, die deshalb auf ihm vorhanden ist, entlädt sich daher unmittelbar über das Telephon. Der Vorgang wird am klarsten aus einem Schaubild zu ersehen sein, das die von einem Funkensender während gedrückter Taste aufgenommenen Zeichen darstellt.

---

[1]) Siehe weiter unten Schwebungs-(Heterodyn-)Empfang (mit Kathodenröhren), VIII. Kapitel, 4. Abschnitt.

Abb. 62 greift den Verlauf zu Beginn eines Funkens (des Sendens) bis zum Beginn des nächsten heraus. Die Kurve *A* zeigt den Schwingungszug in der Empfangsantenne. Kurve *B* stellt den allmählichen Anstieg der Kondensatorspannung dar, solange der gleichgerichtete Strom ihn durchfließt, und das darauf folgende Absinken, sobald die Entladung über das Telephon erfolgt. Kurve *C* zeigt — in bezug auf die Hochfrequenz — den Verlauf des mittleren Wertes des Stromes im Detektor während des Zeichens — der ständige, von keinem Zeichen herrührende Gleichstrom J_0 ist nicht eingetragen. Schließlich veranschaulicht Kurve *D* die daraus hervorgehende Abänderung des Stromes im Telephon. Die Kurven sind nicht maßstäblich gezeichnet, jedoch deuten sie mit der notwendigen Übertreibung die Phasenbeziehung der einzelnen aufgeführten Größen an. Infolge der Gegenspannung des Kondensators hört die Gleichrichtung auf — d. h., der gleichgerichtete Strom wird zu Null — gerade vor dem Ende der Schwingung, und ein kleiner, entgegen gesetzter Strom fließt danach durch den Detektor von dem Kondensator zurück, bis dieser ganz entladen ist. Der Flächeninhalt der Kurve *D* ist gleich der Differenz aus dem positiven und negativen Flächeninhalt der Kurve *C*. Die Membrane des Telephons wird angezogen — oder abgestoßen — durch die Kondensatorentladung der Kurve *D*, so daß das Ohr bei jedem Funkenübergang im Sender einen kleinen Schlag erhält und ein musikalisches Zeichen hört, dessen Tonfrequenz gleich der Funkenfrequenz ist. Wenn der Funkenübergang nicht regelmäßig erfolgt — wie bei dem Funkensender in Abb. 29 —, so hört man im Telephon einen Ton mit entsprechend kratzendem oder summendem Charakter.

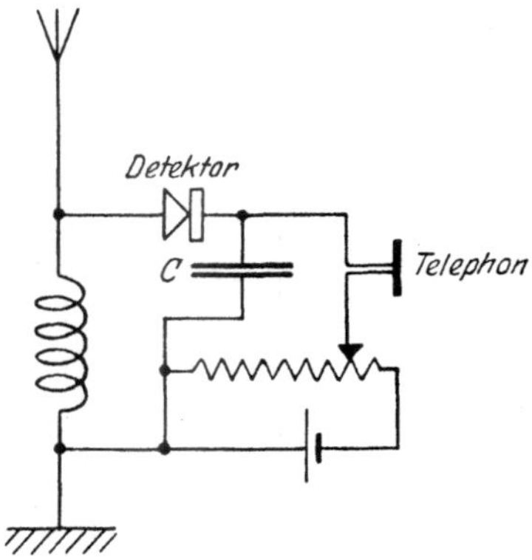

Abb. 61. Empfangskreis mit Kristalldetektor.

Der Überbrückungskondensator zu dem Telephon (*C* in Abb. 61 wird manchmal in den Schaltbildern weggelassen und sogar auch in der tatsächlichen Schaltung. Das gestattet jedoch nur die zufällige Eigenkapazität der Telephonwicklung und der Zuleitungen, da eine gewisse Überbrückungskapazität für das Telephon absolut notwendig ist. Der dem Zeichen entsprechende Detektorstrom tritt in der Form von sehr kurzen Impulsen hochfrequent immer wieder auf, so daß, wenn die Telephonwicklung kapazitätsfrei wäre, ihr

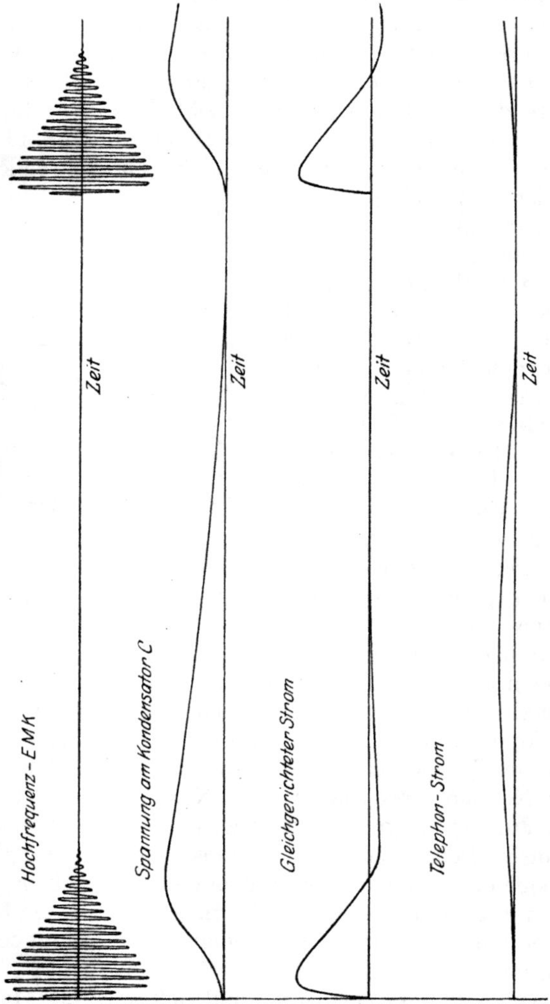

Abb. 62. Aufnahme von Funkzeichen (gedämpften Wellen) mit dem Detektor.

Wechselwiderstand gegenüber diesem hochfrequenten Strom eine Größenordnung von einigen MΩ besitzen würde. Obwohl der Kondensator C bei der Abstimmung des Schwingungskreises keine besondere Rolle spielt, so wird er doch hin und wieder veränderlich ausgeführt, um in dem Telephonkreis eine grobe akustische (Tonfrequenz-)Resonanz herstellen zu können; jedoch sind die elektrischen Abmessungen eines gewöhnlichen Telephons derart, daß eine elektrische Resonanz nicht sehr scharf auftritt. Der Telephonkondensatorkreis ist indessen nicht tatsächlich aperiodisch, so daß genau genommen die Kurve D in Abb. 62 auf negative Werte des Stromes herabsinken müßte, bevor sie schließlich den Nullwert erreicht.

Abb. 63. Karborund-Stahl-Detektor (Marconi's Wireless Telegraph Co., Ltd.).

Eine große Anzahl der verschiedensten Stoffe finden als Kontaktmaterial bei den Kristalldetektoren zur Gleichrichtung Verwendung. Zwei sehr gebräuchliche Zustammenstellungen sind Karborund (SiC) und Stahl bzw. Rotzinkerz (ZnO) und Kupferkies ($CuFeS_2$). Ein Bruchstück des Kristalls wird in einem kleinen Messingnapf mittels Lot oder einer schmelzbaren Legierung befestigt, während das andere Kontaktstück mittels einer verstellbaren Feder dagegen gepreßt wird. Abb. 63 zeigt eine einfache Anordnung, bei der eine harte polierte Stahlscheibe auf die Spitze einer ausgesuchten Karborundnadel gedrückt wird. Eine gute Eigenschaft des Karborunddetektors ist die, daß vermutlich infolge seiner Härte ein beträchtlicher Druck angewendet werden kann. Abb. 64 gibt einige typische Kennlinien wieder. Die Kurve für den Karborunddetektor zeigt, daß eine Vorspannung von 0,6 V und mehr angelegt werden muß, wenn der Detektor für schwache Zeichen empfindlich sein soll. Der beste Wert hierfür schwankt bei den verschiedenen Kristallen in weiten Grenzen und muß unter Umständen sogar entgegengesetztes Vorzeichen besitzen (Umkehrung der Vorspannung, Gl.); der in Abb. 60 und 61 dargestellte Spannungsteiler ermöglicht es, die Spannung V_0 versuchsweise so

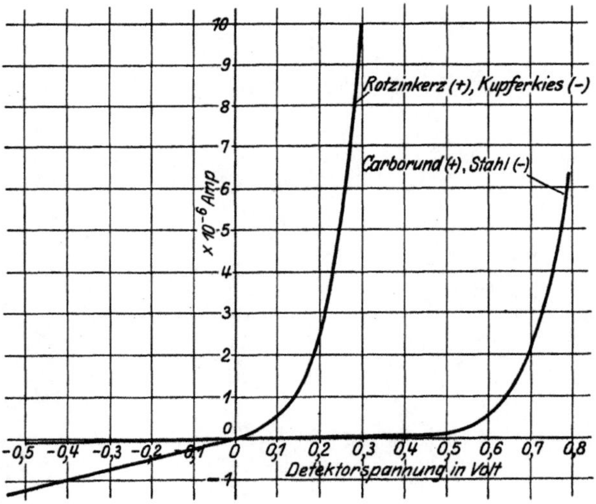

Abb. 64. Kennlinien von Kristalldetektoren.

einzustellen, daß größte Empfindlichkeit vorhanden ist. Bei einem Rotzinkerz-Kupferkies-Detektor würde eine Vorspannung von 0,2 ÷ 0,3 V gute Empfindlichkeit bei sehr schwachen Zeichen liefern; jedoch besitzt die Kennlinie auch ganz in der Nähe des Nullpunktes eine starke Krümmung, so daß bei diesem und ähnlichen Detektoren Batterie und Spannungsteiler öfters der Einfachheit halber weggelassen werden.

Ein Nachteil aller Kristalldetektoren ist der, daß ihre Empfindlichkeit leicht durch besonders starke Zeichen, also z. B. auch atmosphärische Störungen, vernichtet werden kann; in diesem Falle muß die Kontaktstellung gelockert und eine neue empfindliche Stelle gesucht werden. Karborund ist in dieser Hinsicht weniger empfindlich als die meisten anderen Kristalle.

Worauf eigentlich die scharfe Krümmung der bei den verschiedenen Detektormaterialien erhaltenen Kennlinien beruht, steht noch nicht ganz fest. Überdies ist es sicher, daß wenigstens bei einigen Detektoren die statische Kennlinie (s. Abb. 64) keine Gültigkeit mehr besitzt, sobald die Spannung sich sehr schnell ändert. Wie W. H. Eccles gezeigt hat, läßt die Tatsache, daß der Strom mit zunehmender Wechselzahl immer mehr absinkt, darauf schließen, daß thermoelektrische Wirkungen bei der Gleichrichtung eine wichtige Rolle spielen. Andererseits ist es gewiß, daß bei vielen Detektoren die Gleichrichterwirkung nicht allein von der thermoelektromotorischen Kraft herrührt. Wahrscheinlich hängt bei den verschiedenen Kontaktdetektoren die Gleichrichtung von verschiedenen physikalischen Eigenschaften der beiden Materialien ab[1]).

Die Telephone, die mehr zum Empfang der musikalischen Zeichen der drahtlosen Telegraphie bestimmt sind, haben gewöhnlich viel dünnere Membranen als die, die zur Wiedergabe des gesprochenen Wortes dienen. Eine mechanische Resonanz ist nicht sehr scharf ausgeprägt, doch bewegt sie sich — falls sie als solche vorhanden ist — gewöhnlich um 1000 Per/sec. Ein Blick auf die Kurven in Abb. 64 zeigt, daß in dem empfindlichen Bereich der „tatsächliche“ Widerstand $\frac{dV}{dJ}$ der Detektoren in der Gegend von 100000 Ω liegt. Die an den Detektor angeschlossenen Telephone sollten einen entsprechend hohen Wechselwiderstand haben. Ihre Wicklungen bestehen daher aus äußerst dünnem Draht und haben gewöhnlich einen Gesamtwiderstand von 2000 $\div$ 8000 Ω. Um die Verwendung des sehr feinen Drahtes zu vermeiden, und um das Telephon vor einer möglichen Beschädigung durch den ständigen Gleichstrom[2]) der Hilfsbatterie zu schützen, wird häufig ein Transformator dazwischengeschaltet, der die Spannung herabtransformiert. Das Telephon hat dann einen günstigeren Widerstand, wie z. B. 100 Ω.

---

[1]) Vgl. D. Owen: „The laws of variation of resistance with voltage at a rectifying contact of two solid conductors, with applications to the electric wave detector“ (Die Gesetze der Änderung des Widerstands mit der Spannung bei einem Gleichrichterkontakt aus zwei festen Leitern, unter Anwendung auf den elektrischen Wellendetektor); Proc. Phys. Soc. of London, Juni 1916, Auszug im Electrician, September 1916.

[2]) Ganz besonders, wenn der Kristalldetektor durch die später beschriebenen Röhrendetektoren ersetzt wird, bei denen der Gleichstrom mehrere mA betragen kann.

3. Röhrendetektoren.

(engl.: thermionic detectors).

Die vorausgegangene Untersuchung der Gleichrichterwirkung an Hand einer einfachen Betrachtung der statischen Kennlinie mag eine unvollständige Darstellung des Verhaltens vieler Kristalldetektoren sein; sie schließt sich jedoch eng an die der Röhrendetektoren an, bei denen die physikalischen Vorgänge viel mehr festliegen. Diese Röhrendetektoren werden im VIII. Kapitel behandelt werden.

4. Empfang ungedämpfter Wellen.

Bei einem Funkensender ruft jeder Funken einen Schwingungszug hervor, der in dem Telephon des Empfängers von einer entsprechenden Änderung des Stromes begleitet ist. Zwischen den einzelnen Funken fällt der gleichgerichtete Strom praktisch auf Null. So entsteht in dem Telephon ein Ton, solange die Telegraphiertaste gedrückt wird. Dagegen würde bei ungedämpften Sendern (s. Abb. 39) der gleichgerichtete Strom zu Beginn des Morsepunktes oder -striches bis zu einem gewissen Wert anwachsen und würde bis zum Ende praktisch konstant bleiben, so daß das Telephon das Auftreten des Zeichens nur durch ein einfaches schwaches Knacken zu Beginn und Ende desselben anzeigen würde. Keine Zusammenfassung der aufgenommenen Zeichen würde so in psychologischer, elektrischer und mechanischer Hinsicht stattfinden, und das Telephon würde nicht weiter ein geeignetes Emfangsgerät darstellen.

Um daher einen Hörempfang ungedämpfter Wellen und Zeichen zu ermöglichen, müssen gewisse Mittel angewendet werden, die den stetigen, gleichgerichteten Strom in einen unstetigen wandeln, der sich vorzugsweise in musikalischer Art ändern soll. Dies kann natürlich mittels eines unabhängig betriebenen Unterbrechers oder Schalters geschehen, der in irgendeiner Weise in den Empfangskreis geschaltet wird. Besser noch war der in der ersten Zeit des Poulsen-Generators verwendete „Tikker“ von P. O. Pedersen, eine Art Unterbrecher und Schleifkontakt, der in sich die Arbeitsweise eines Unterbrechers und Detektors vereinigte. Jedoch haben diese Verfahren dem sog. „Schwebungs-(Heterodyn)-Verfahren vollständig den Platz geräumt, das zuerst 1902 von R. A. Fessenden vorgeschlagen wurde, aber erst zu allgemeiner Anwendung kam, nachdem es möglich war, mit der Röhre Schwingungen zu erzeugen.

Der Grundgedanke des Schwebungsverfahrens ist die Erregung oder Überlagerung des Empfangskreises mit einer örtlich erzeugten, ungedämpften Schwingung, die in ihrer Frequenz etwas von der ankommenden Zeichenfrequenz abweicht. Solange kein Zeichen eintrifft, ruft diese Schwingung einen stetigen, gleichgerichteten Strom hervor, der in dem Telephon nicht wahrnehmbar ist. Während des Zeichens selbst setzen sich die beiden Schwingungen mit einer Interferrenz- oder Schwebungserscheinung ganz ähnlich der beim Schall zusammen, wo zwei musikalische Töne mit wenig voneinander abweichender Schwingungszahl miteinander vermengt werden. Nehmen wir an, die in dem Detektorkreis infolge der örtlichen Schwingung auftretende EMK sei gleich $a \cdot \sin mt$ und die bei einem ankommenden Zeichen hervorgerufene EMK gleich $b \cdot \sin nt$, so ist die resultierende EMK

$$a \cdot \sin mt + b \cdot \sin nt = b(\sin mt + \sin nt) + (a - b)\sin mt =$$

$$= 2b \cos \frac{m-n}{2} t \cdot \sin \frac{m+n}{2} t + (a-b)\sin mt.$$

Der zweite dieser Ausdrücke — $(a - b) \sin mt$ — ruft einen stetigen und daher tonlosen gleichgerichteten Strom hervor; der erste stellt eine EMK dar, deren Frequenz gleich dem Mittel aus der der beiden Schwingungen ist (gegeben durch den Faktor $\sin \frac{m+n}{2} \cdot t$) und deren Scheitelwert zweimal so groß als der des Zeichens ist (gleich $2b$), sobald der Faktor $\cos \frac{m-n}{2} \cdot t$ gleich 1 wird; also $\frac{m-n}{2\pi} = \nu_1 - \nu_2$, worin ν_1 und ν_2 die Periodenzahl der betreffenden Schwingungen bedeuten. Die Überlagerung der zwei Schwingungen ist in Abb. 100 graphisch dargestellt.

Demgemäß hat die örtliche Schwingung die stetige — und daher tonlose — Amplitude b des Zeichens in eine Amplitude umgewandelt, die zwischen 0 und $2b$ mit einer Frequenz $(\nu_1 - \nu_2)$ schwankt. Stellt man nun den örtlichen Schwingungserzeuger so ein, daß ν_1 sich passend von ν_2 unterscheidet, so kann ein ungedämpftes Zeichen sich durch einen hörbaren Ton im Telephon bemerkbar machen. Nehmen wir z. B. an, die Wellenlänge des ankommenden Zeichens betrage 3000 m, also $\nu_2 = 100000$ Per/sec. Verstimmen wir nun den örtlichen Schwingungserreger — sagen wir — um $1^0/_0$, indem wir $\nu_1 = 101000$ oder 99000 Per/sec machen, so tritt während des Zeichens im Telephon ein lauter, reiner Ton von der Tonhöhe 1000 Per/sec auf, für den Telephon und Ohr sehr empfindlich sind und der sich gänzlich von dem knackenden und krächzenden Geräusch infolge atmosphärischer oder anderer Störungen unterscheidet.

Ein Vergleich der ungedämpften und gedämpften Wellen vom Standpunkt des Empfangs aus mag folgendermaßen zusammengefaßt werden:

1. Empfangsgerät: In beiden Fällen dasselbe, nur muß bei ungedämpften Wellen eine örtliche Schwingung dem Empfangskreis überlagert werden.

2. Abstimmschärfe: Sofern die Empfangskreise passend gewählt sind, tritt bei ungedämpften Wellen die Einstellungsschärfe der Resonanz zwischen Wellenlänge des Zeichens und der Abstimmittel des Empfangskreises viel mehr hervor. Hat das ankommende Zeichen eines Funkensenders selbst schon eine große Dämpfung, so ist es geringfügig, durch eine extreme Verringerung der Dämpfung des Empfangskreises eine Verbesserung zu erreichen zu suchen.

3. Telephonton: Der Funkensender hat den theoretischen Vorteil, daß die Identität der Sendestation an der Wellenlänge und ihrem Maschinenton zu erkennen ist, während bei ungedämpf ten Schwingungen der Ton beim Empfänger selbst bestimmt wird. In der Praxis jedoch überwiegt die Reinheit des Schwebungstones bei ungedämpftem Empfang und die Möglichkeit, eine für das Gerät passende Tonhöhe einzustellen, die aber auch irgendeine störende Interferrenz zu vermeiden gestattet, bei weitem den Vorteil des charakteristischen Tons des Funkensenders.

4. Empfangsempfindlichkeit: Bei gleicher Entfernung und Stärke der Sender ist der ungedämpfte Empfang bei weitem dem gedämpfter Wellen überlegen. Das rührt hauptsächlich von einer Verbesserung der Gleichrichterwirkung her, die durch die örtliche Schwingung verursacht wird, wie es im 4. Abschnitt im VIII. Kapitel noch zu erörtern ist.

Eine weitere Betrachtung des Schwebungsempfangs wurde zweckmäßig bis zum 4. Abschnitt in Kapitel VIII verschoben, wo das Verhalten des Gliechrichters quantitativ für den Fall untersucht wird, in dem die Kennlinie aus einem horizontalen Teil und einem geradlinigen geneigten Teil besteht, die durch ein Kurvenstück miteinander verbunden sind.

5. Empfangsschaltungen.

In Abb. 65A wird die von der Antenne in den Detektorkreis abgegebene Energie augenscheinlich durch die Stellung des Schleifkontakts auf der Induktionsspule in dem Antennenkreis geregelt.

Je größer der Widerstand des Detektors ist, desto höher sollte diese Stellung sein. Je höher der Abzweigpunkt liegt, desto größer ist der durch den Anschluß des Detektors in die Antenne geschaltete Widerstand; und es läßt sich leicht zeigen, daß bei einem ständigen ungedämpften Zeichen die dem Detektor zugeführte Energie dann ein Maximum wird, wenn der gesamte Antennenwiderstand einschließlich Detektor doppelt so groß ist wie ihr Widerstand ohne Detektor.

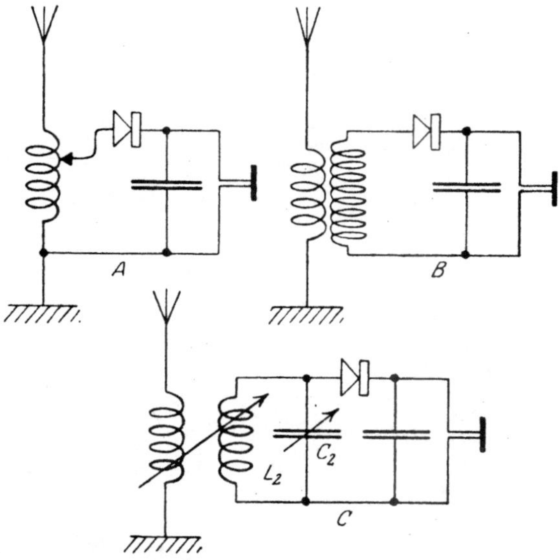

Abb. 65. Empfangskreise.

Es kommt oft vor, daß es nicht zweckdienlich ist, so viel Induktivität in die Antenne zu schalten, als daß dann noch eine passende Abzweigstellung erreicht werden könnte. Dann nimmt man seine Zuflucht zu einer Anordnung wie in Abb. 65B oder C. Bei B wird eine herauftransformierende Wirkung mit einer eng gekoppelten, aperiodischen Sekundärspule erstrebt, d. h. mit einer Spule, deren Eigenschwingungszahl weit unterhalb der Resonanzschwingungszahl liegt, so daß ein Abstimmen des Sekundärkreises unnötig ist. Bei C ist ein abgestimmter Sekundärkreis (sog. Zwischenkreis) vorgesehen, mit veränderlicher Kopplung zwischen Primär- und Sekundärspule. Wenn C_2 und L_2 so gewählt sind, daß das Dekrement des Kreises $C_2 L_2$ einschließlich Detektorkreis sehr klein ist, so besitzt diese Anordnung den Vorteil, daß eine lose Kopplung — bei einem schwach gedämpften oder ungedämpften Zeichen — eine schärfere Resonanz liefert als bei der Anordnung in A oder B, wo der einzige Schwingungskreis der Antennenkreis mit verhältnismäßig hoher Dämpfung ist.

Abb. 66. Typischer Empfangskreis.

Der Detektor kann natürlich mit der Antenne oder einem mit ihr gekoppelten Kreis auf verschiedene Art verbunden werden. Jedoch kann bei allen Schaltungen die Detektorwirksamkeit in ähnlicher Weise in Abhängigkeit von der Dämpfung des Antennenkreises oder irgendeines gekoppelten Schwingungskreises dargestellt und untersucht werden. In Verbindung mit einer veränderlichen Kopplungsvorrichtung werden die Empfangsapparate manchmal auch mit Schaltvorrichtungen versehen, die eine andere Verbindungsart von Detektor und Antenne ermöglichen; z. B. wird A oder B benutzt, um Zeichen mit vielleicht unbekannter Wellenlänge zu suchen. Dann wird auf C umgsechaltet, sobald also Empfang eingesetzt hat und eine scharfe Abstimmung mit äußerster Zeichendeutlickeit erwünscht ist, um Störungen durch andere Stationen auf ein Mindestmaß zu beschränken.

Da die Empfangskreise nur schwache Ströme mit geringer Spannung führen, können sie besonders für kleinere Wellenlängen sehr handlich ausgeführt werden. Sie sind häufig in einem Kasten untergebracht, der Induktionsspulen, Schalter, veränderliche Kopplungsvorrichtungen, Spannungsteiler, Drehkondensatoren usw. in verschiedener Zusammenstellung zu verschiedenen Zwecken enthält. Ein Beispiel hierfür ist in Abb. 66 wiedergegeben wo drei Empfangsspulen deutlich zu erkennen sind, indem zwei von ihnen miteinander über eine allmählich veränderbare Selbstinduktion gekoppelt sind. Abb. 67 zeigt die gewöhnliche Ausführungsart eines stetig veränderlichen Kondensators (Drehkondensator) mit Luft-Dielektrikum zu Abstimmungszwecken. Ein vollständiger Empfangsapparat ist auf dem Tisch in Abb. 37 zu sehen.

Abb. 67. Stetig veränderlicher Luftkondensator (Drehkondensator). (H. W. Sullivan.)

Sechstes Kapitel.

Die Elektronenröhre.

1. Ihre praktische Bedeutung.

Innerhalb der letzten sechs Jahre hat die drahtlose Telegraphie, was Technik und Leistungsfähigkeit betrifft, eine bemerkenswerte Umwandlung erfahren; und zu gleicher Zeit ist auch die drahtlose Telephonie praktisch ins Leben getreten. Diesen Werdegang verdanken wir der Entwicklung und Anwendung der Hoch-Vakuum-Drei-Elektrodenröhre, auch Kathoden- oder Elektronenröhre genannt[1]). Während unter dem heftigen Drängen des Krieges die drahtlose Telegraphie die Heimat wurde, in der die Elektronenröhre geboren und genährt ward — wobei die Bräuche und Sitten dieser Heimat durch den frühreifen Sproß gänzlich umgestellt werden mußten —, so ist es doch nicht einzig die drahtlose Nachrichtentechnik, die sich der Elektronenröhre bedient. Für jeden Zweig der Elektrotechnik, der sich mit dem Nachweis und der Messung kleiner Größen beschäftigt, ist die Elektronenröhre dazu auserlesen, ein Gerät unbegrenzter Nützlichkeit zu werden, die das Unmögliche möglich macht und draußen leicht das durchführen läßt, was im Laboratorium schwierig war. Sie läßt sich recht gut mit einem Maschinenelement vergleichen wie z. B. dem Hebel oder dem Rad.

Die Kenntnis des physikalischen Aufbaus der Röhre selbst ist nicht unbedingt wichtig für den, der ihre mannigfache Anwendung und ihre Schaltungsarten erforscht, denn für ihn stehen die Röhren gewissermaßen zur Verfügung; er hat nur festzustellen, in welcher Weise sie am besten Verwendung finden, ohne sich mit ihrer inneren Arbeitsweise noch eingehender zu beschäftigen. Jedoch ist es ganz klar, daß eine solche Beschränkung nicht wünschenswert ist, und so wird in diesem Kapitel, das hauptsächlich der Röhre selbst gewidmet ist, ein allgemeiner Grundriß ihrer inneren Arbeitsweise geboten werden als passende Einführung in das Studium der Anwendungsmöglichkeit der Röhre in der drahtlosen Telegraphie und Telephonie.

2. Die Elektronentheorie.

Zu zeitgemäßen Anschauungen über die Natur der Elektrizität und ihres Anwendungsgebietes gelangte man hauptsächlich durch die Erforschung des elektrischen Leitvermögens der Gase; und die Elektronentheorie, zu der dieses Studium ja führte, bildet den Grundstock für das Verständnis der Elektronenröhre. Gemäß der Elektronentheorie, die in gewisser Hinsicht eine Rückkehr zu der früheren Einfluidumtheorie Franklins darstellt, ist die Elektrizität eine Art Grundstoff, der überall enthalten ist und einen atom-

---

[1]) Kurzweg oft nur als „Röhre" bezeichnet, wie es auch im folgenden geschehen wird. Im Englischen „Triode" nach W. H. Eccles genannt; dies ist der Bezeichnung „Valve" (Ventil) vorzuziehen, wie die Röhre wegen ihrer Ventilwirkung ursprünglich und auch heute noch geheißen wird.

förmigen Aufbau besitzt. Die allerkleinste Einheit oder das Elektrizitätsatom wird Elektron genannt; das Atom eines Elements enthält Elektronen, die sich in ihrer Anzahl und Zusammenstellung nach den Eigenschaften des betreffenden Elements richten. Das Elektron ist die unteilbare Elektrizitätseinheit — es ist negativ elektrisch nach unserer gebräuchlichen Bezeichnungsweise —; wenn das Atom eines Elements einen Überschuß an Elektronen enthält, so ist es negativ geladen, enthält es dagegen keine, so ist es positiv geladen. Es ist geradezu wunderbar, daß Elektronen gemessen, gewogen und gezählt wurden[1]). Ein elektrischer Strom besteht entweder aus einem Fluß ungebundener Elektronen oder aus einem Fluß von Atomen oder Atomgruppen, die einen Überschuß oder Mangel an Elektronen enthalten. Derartig geladene Atome oder Atomgruppen, die auf diese Art durch ihre Bewegung Elektrizität mit sich führen, oder zu führen imstande sind, nennt man Ionen.

Bei einem leitenden Körper tritt ein ständiger Elektronenaustausch zwischen den benachbarten Atomen auf, so daß in jedem Augenblick zahlreiche, in dieser Hinsicht nicht gebundene Elektronen nach allen Richtungen in dem Körper hin- und herfliegen. Diese sog. freien Elektronen bewegen sich in ihren Bahnen mehr oder weniger unter dem Einfluß eines elektrischen Feldes. Ein zwischen zwei Punkten eines Leiters aufrechterhaltener Spannungsunterschied verursacht daher eine stetige Strömung tanzender Elektronen von einem Punkt niedrigeren Potentials zu einem höheren Potentials. In dem Körper findet keine endgültige Übertragung des Stoffes statt, da jedes Elektron ganz genau dem anderen gleicht, und an einer Stelle des Körpers in demselben Maße Elektronen eingeführt werden als sie an einer anderen austreten.

Obwohl bei irgendeinem Leiter diese Elektronenbewegung innerhalb der Atome immer auftritt, so tritt doch unter gewöhnlichen Verhältnissen praktisch keines von ihnen über die begrenzende Oberfläche heraus, die den Leiter von dem umgebenden Isoliermittel, z. B. der Luft oder dem Vakuum, trennt. Wird jedoch die Temperatur des betreffenden Körpers gesteigert, so wird die Bewegung der winzigen Elektronen gleich der der Moleküle, mit denen sie im Temperaturgleichgewicht stehen — heftiger; und

---

[1]) Es beträgt für ein Elektron

die Masse $= 9 \cdot 10^{-28}$ g $= \frac{1}{1850}$ der Masse eines Wasserstoffatoms

die Ladung $= 1{,}6 \cdot 10^{-20}$ Coulomb.

mit zunehmender Temperatursteigerung nehmen immer mehr Elektronen an der Oberfläche Geschwindigkeiten an, die sie veranlassen, den Einfluß der Anziehung durch die Atome abzuwerfen und den Körper zu verlassen. Dann findet eine „Verdampfung“ von Elektronen, von Elektrizität aus dem heißen Körper statt, in einiger Beziehung z. B. ähnlich der Verdampfung des Wassers an der der Luft ausgesetzten Oberfläche. Je höher die Temperatur ist, desto größer ist auch die Zahl der Elektronen, die pro cm^2 in der Sekunde ausgesandt werden. Die Ausstrahlung hängt in hohem Maße von dem umgebenden Gas ab, jedoch folgt sie in einem praktisch vollkommenen Vakuum annähernd dem theoretischen Gesetz von O. W. Richardson.

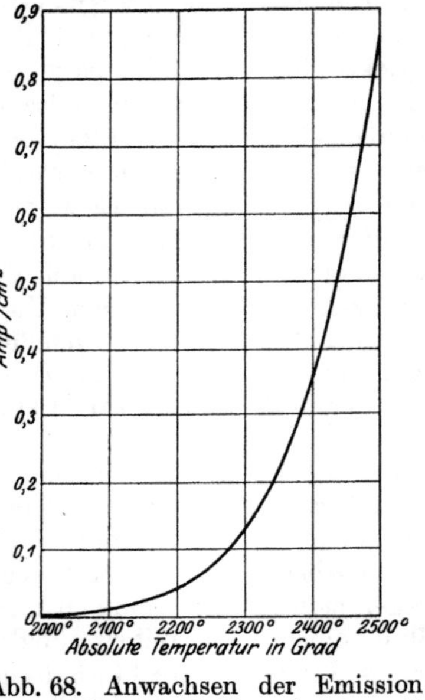

Abb. 68. Anwachsen der Emission eines glühenden Wolframdrahtes mit der Temperatur.

$$N = A \sqrt{T}\, \varepsilon^{-\frac{b}{T}}$$

worin

N = Zahl der pro cm^2/sec ausgeschickten Elektronen,

T = absolute Temperatur des Körpers,

A = Konstante, die für verschiedene Materialien sehr verschieden groß ist,

b = Konstante, ungefähr gleich $5 \cdot 10^4$ für alle Materialien.

Für Wolfram, aus dem ja die Heizdrähte der modernen elektrischen Lampen hergestellt werden, und das auch gewöhnlich für den der Elektronenröhre verwendet wird, fand L. Langmuir

$$A = 1{,}6 \cdot 10^{26}$$
$$b = 5{,}3 \cdot 10^4.$$

Da ein Ampère einem Strom von ungefähr $6{,}3 \cdot 10^{18}$ Elektronen in der Sekunde entspricht, so kann die Formel für Wolfram auch geschrieben werden

$$\text{Emissionsstrom pro } cm^2 = 2{,}6 \cdot 10^7 \sqrt{T}\, \varepsilon^{-\frac{5{,}3 \cdot 10^4}{T}}\ \text{A/cm}^2.$$

Diese Abhängigkeit von der Temperatur ist in Abb. 68 für Temperaturen dargestellt, die in der Nähe der gewöhnlich verwendeten Temperaturen, z. B. 2400°, liegen. Die Kurve steigt mit der Temperatur schnell an; will man große Emissionsströme erhalten, so ist es sehr vorteilhaft, ein Material wie Wolfram zu verwenden, das auf sehr hohe Temperatur gebracht werden kann[1]).

3. Die Elektronenströme.

Beim Versuch oder beim praktischen Gebrauch von Strömen „verdampfter" Elektrizität, dem sog. Elektronen- oder Emissionsstrom, gibt man zweckmäßig der heißen Elektrode die Form eines Glühdrahtes, der wie bei einer gewöhnlichen elektrischen Glühlampe durch einen hindurchgeschickten Strom in Weißglut versetzt wird. Dieser Heizstrom dient jedoch nur zu Hilfszwecken, ist nebensächlich und darf nicht mit dem Emissionsstrom verwechselt werden. Theoretisch kann die Elektrode irgendwie, beispielsweise mit brennendem Gas, erhitzt werden. Der Heizdraht oder die Kathode, aus der die Elektronen ausströmen, ebenso wie die andere Elektrode, die aus einer kühlen Metallplatte oder einem Draht bestehen kann, ist in ein evakuiertes Glasgefäß eingeschmolzen. Obwohl von dem Heizdraht zwei Drahtenden herausgeführt werden müssen, um den Heizstrom zuführen zu können, so bildet doch, so weit sich der Emissionsstrom erstreckt, der ganze Heizdraht eine einzige Elektrode[2]). Wenn wir in einer derartigen Röhre ein elektrisches Feld in dem Raum zwischen heißer und kalter Elektrode hervorrufen, so daß dieses Feld die ausgestrahlten Elektronen von der heißen zur kalten Elektrode treibt, mit anderen

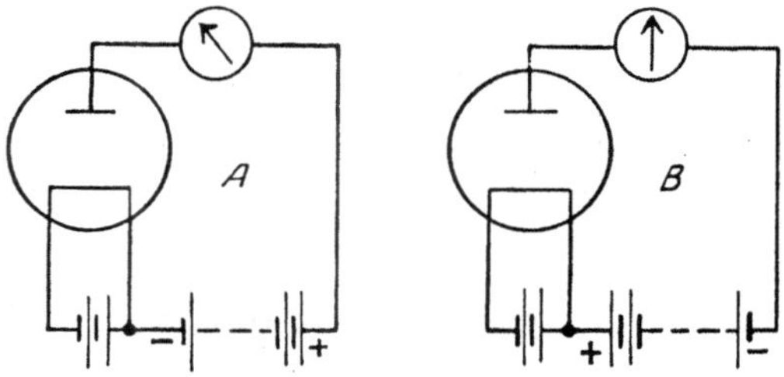

Abb. 69. Gerichtetes Leiten des Stromes im Vakuum.

[1]) Schmelzpunkt des Platin = 1700° C, des Wolfram = 2800° C.

[2]) Daß der Heizdraht jedoch kein gleiches Potential an allen Stellen hat, muß manchmal erwähnt werden. Beim Festlegen der Potentiale von Gitter und Anode pflegt man das negative Ende des Heizdrahtes als Bezugspunkt oder Nullpotential anzunehmen.

Worten, wenn die kalte Elektrode auf einem höheren Potential gehalten wird als die heiße, so wird ein Strom den luftleeren Raum in der in Abb. 69A eingezeichneten Richtung durchqueren. Besitzt jedoch das Feld die entgegengesetzte Richtung wie in Abb. 69B, so fließt kein Strom, da keine Elektronen von der kalten Elektrode ausgesandt werden.

Dieses einseitige Leitvermögen zwischen einer heißen und kalten Elektrode in einem mehr oder minder evakuierten Raum wurde von A. Edison im Jahre 1883 beobachtet, als er mit der kurz darauf erfundenen elektrischen Glühlampe Versuche anstellte, und wurde unter dem Namen „Edison-Effekt" bekannt. Es wurde von J. Elster, H. Geitel und J. A. Fleming weiter erforscht. Verständlich wurde die Erscheinung erst nach der Entdeckung des Elektrons durch J. J. Thomson im Jahre 1897 und die darauf folgenden Untersuchungen. Es blieb J. Langmuir vorbehalten 1915 nachzuweisen, daß die Emission von Elektronen aus heißen Körpern nicht die Gegenwart eines Gases erfordert, wie man bis dahin glaubte, sondern auch in einem praktisch vollkommenen Vakuum auftreten kann. Gerade den Untersuchungen Langmuirs, die mit einem viel vollkommeneren Vakuum als es bisher erreicht worden war, durchgeführt wurden, verdanken wir die hervorragenden Eigenschaften der heutigen Elektronenröhre.

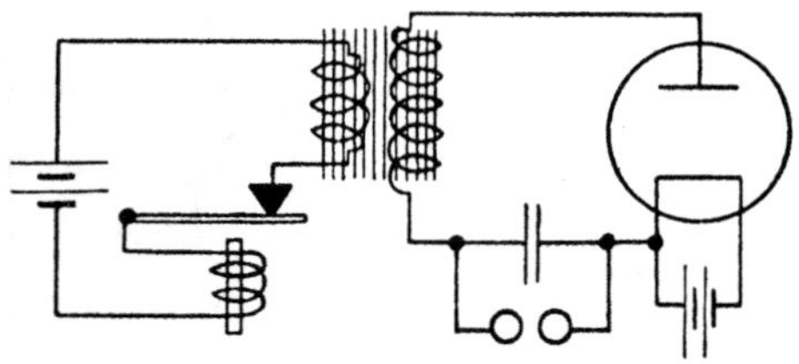

Abb. 70. Versuch mit einer (Verstärker-) Röhre.

Von der in Abb. 69 dargestellten gerichteten Leitfähigkeit rührt auch die Anwendung der Bezeichnung „Ventilröhre" für eine derartige Vakuumröhre her. Die Röhre kann gewissermaßen als elektrisches Ventil Verwendung finden, das sich genau wie das lederne Klappenventil einer Gartenpumpe oder das Ventil eines Fahrradschlauches verhält; und bei einem wirklich guten Vakuum benimmt sich die Röhre in der Tat wie ein sehr vollkommenes Ventil, indem sie einer Umkehr des Stromes den Weg meist vollkommen sperrt. Das kann in schlagender Weise an einem einfachen Versuch gezeigt werden, wie er in Abb. 70 dargestellt ist. Ein Unterbrecher oder eine elektrische Klingel sendet einen intermittierenden Strom aus einer schwachen Trockenbatterie in die Primärwicklung eines kleinen Hochspannungstransformators, an dessen Sekundärseite eine Elektronenröhre[1]) und ein Kondensator von 2 oder 3 MF in Serienschaltung angeschlossen sind. An den Kondensator ist eine Funkenstrecke für etwa 1000 V angeschlossen. Ungefähr eine halbe Minute lädt sich der Kondensator allmählich auf, bis seine Spannung so weit gestiegen ist, daß sie die Funkenstrecke durchschlägt.

Elektronenröhren mit einer heißen Kathode (einem weiß-glühenden Wolfram-Heizdraht) und kalter Anode werden als Ventile benutzt, um auf diese Art hochgespannten Gleichstrom aus einer Wechselstromquelle zu entnehmen, und sind für Spannungen in der Größenordnung von 100000 V und Ströme bis zu $^1/_2$ und mehr A gebaut worden. Derartige Röhren sind sehr geeignet, um den Hochspannungsgleichstromkreis mit 1000 V und mehr zu speisen, wie es bei den großen, später beschriebenen Röhrensendern erforderlich ist.

4. Die Raumladung.

Wir haben gesehen, daß die von der Kathode ausgesandten Elektronen durch ein elektrisches Feld mit der Richtung Anode—Heizdraht durch das Vakuum hindurch zur Anode getrieben wurden. Besitzt jedoch die Anode kein höheres Potential als die Kathode, so fehlt dieses Feld und die ausgesandten Elektronen sammeln sich als ganz dichte Wolke um den Heizdraht. So füllt sich der Raum rund um den Heizdraht mit einer Ladung negativer Elektrizität an, die in den Heizdraht die von ihm später ausgesandten Elektronen zurückstößt. Diese Ladung nennt man die „Raumladung". Nur wenn und soweit die Raumladung beseitigt wird, kann der den Heizdraht verlassende Elektronenstrom dauernd den Gegenstrom von Elektronen überwinden, die durch die Raumladung zurückgestoßen werden. Bei jeder bestimmten Temperatur des Heizdrahtes wird eine gewisse Zahl von Elektronen in jeder Sekunde ausgesandt; aber ihnen wird durch die gleiche Zahl zurückkehrender Elektronen das Gleichgewicht gehalten, wenn sie nicht nach ihrer Emission aus der Umgebung des Heizdrahtes weggeführt werden. Ein eng anschließender Vergleich ist in der tagtäglichen Verdampfung von Flüssigkeiten enthalten. An einem windigen Tage trocknen die Straßenpfützen schnell, ganz einfach, weil der Wasserdampf dauernd durch den Wind weggetragen wird; hingegen sammelt sich bei ruhiger Luft der Dampf über der Oberfläche der Flüssigkeit an und verhindert eine weitere Verdampfung.

[1]) Eine gewöhnliche Empfangsröhre (Abb. 77), bei der Gitter und Anode miteinander verbunden sind, kann hierzu benutzt werden.

In der Vakuumröhre hängt daher der Strom zwischen Anode und Kathode von der Kraft ab, mit der die Elektronen von dem Heizdraht weggeführt werden; er nimmt also zu, sobald das wegführende Mittel, das elektrische Feld zwischen Anode und Kathode, verstärkt wird. An jeder Stelle ist die Feldstärke dem Spannungsunterschied zwischen Anode und Kathode proportional. Sobald das Anodenpotential erhöht wird, nimmt der Strom zu und zwar so lange, bis das Potential so hoch ist, daß die Elektronen ebenso schnell entfernt als ausgestrahlt werden; d. h. so lange, bis der Strom den sog. Sättigungswert erreicht hat. Nach der Sättigung kann keine weitere Erhöhung des Anodenpotentials den Strom vermehren.

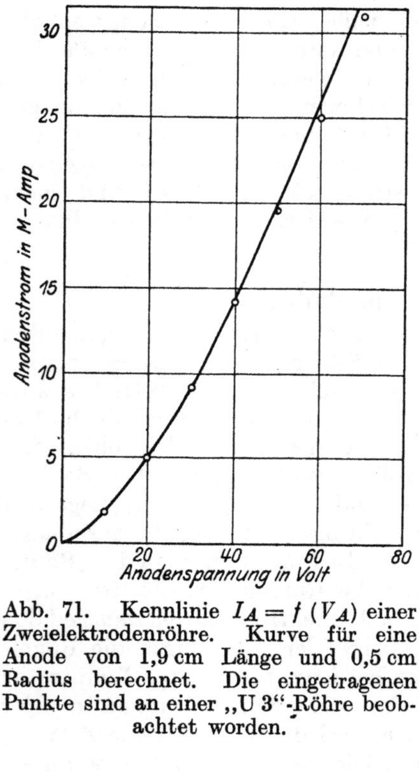

Abb. 71. Kennlinie $I_A = f\,(V_A)$ einer Zweielektrodenröhre. Kurve für eine Anode von 1,9 cm Länge und 0,5 cm Radius berechnet. Die eingetragenen Punkte sind an einer „U 3"-Röhre beobachtet worden.

Langmuir arbeitete die Theorie des Raumladungseffektes aus und wies nach, daß bei einem unbegrenzten Vorrat an Elektronen die Größe des Elektronenstroms von der Kathode zur Anode der 1,5fachen Potenz der Spannung proportional ist. Für den Fall einer weißglühenden, drahtförmigen Kathode von der Länge l cm, die in der Achse einer zylinderförmigen Anode mit dem Radius r cm sich befindet, ist bei einer Spannung von V Volt zwischen Anode und Kathode der Strom durch den Ausdruck

$$J = \frac{14{,}65 \cdot 10^{-6}\, l}{r} V^{\frac{3}{2}}\, \mathrm{A}$$

gegeben. J nimmt daher mit der $1{,}5 = \frac{3}{2}$ fachen Potenz von V zu, bis die Sättigung erreicht ist, und bleibt danach konstant. In Abb. 71 ist diese Kurve mit errechneten Werten dargestellt, die annähernd für eine der später behandelten Röhren gelten, bei der $l = 1{,}5$ cm und $r = 0{,}5$ cm ist. Zwecks Herstellung von Ableitungsfahnen an den Enden der Anode können noch — sagen wir — 0,2 cm an jedem Ende zugefügt werden, wodurch l auf 1,9 cm gebracht wird. Die in das Kurvenbild eingezeichneten Punkte sind tatsächlich an einer Röhre mit diesen Abmessungen[1]) experimentell beobachtet worden. Man sieht, daß sie gut mit der berechneten Kurve übereinstimmen.

Gemäß dem Gesetz über die Zunahme des Emissionsstromes mit der Spannung (J proportional $V^{\frac{3}{2}}$) stellt der Stromweg Anode—

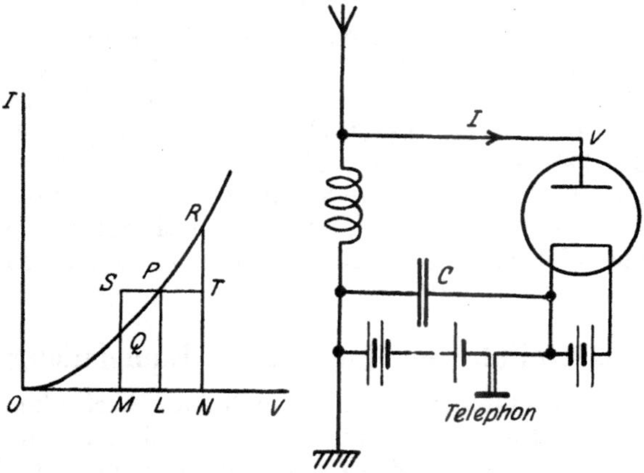

Abb. 72. Empfangskreis mit Röhrengleichrichter.

Heizdraht innerhalb der Röhre einen Leiter dar, der nicht dem Ohmschen Gesetz gehorcht, da die Kennlinie, statt gerade zu sein, gekrümmt ist wie bei einem Kristalldetektor (V. Kapitel, 2. Abschnitt). Die Röhre kann daher die Stelle eines solchen (wie in Abb. 61, V. Kapitel) einnehmen, um drahtlose Zeichen gleichzurichten, und ist als solche in Abb. 72 geschaltet.

Es ist zu beachten, daß man hier nicht die Ventileigenschaft der Röhre benutzt, sondern einfach die Ungleichmäßigkeit der Kennlinienstücke um den Arbeitspunkt P. Beide Hälften LM, LN der Zeichen-EMK rufen eine Änderung des Stromes hervor, jedoch ist die positive Änderung RT größer als die negative QS. Die Röhre arbeitet daher nicht wie ein Ventil im mechanischen Sinne; sie kann, wie wir gesehen haben, trotzdem benutzt werden.

[1]) Heeres-Röhre „U 3“, die praktisch der Dreielektrodenröhre in Abb. 77 ents richt, jedoch kein Gitter besitzt

Der Ausdruck Ventilröhre ist hier nicht länger voll berechtigt[1]). Würde man bei einem Empfänger mit seinen schwachen Zeichenströmen an die Röhre eine so niedrige Anodenspannung anlegen, daß während der negativen Halbperiode einer Zeichen-EMK kein Strom fließen würde, so wäre der gleichgerichtete Strom erheblich kleiner.

J. A. Fleming war der erste, der 1904 eine Elektronenröhre, und zwar eine Zweielektrodenröhre zur Gleichrichtung drahtloser Zeichen verwendete. Seine Röhre verhielt sich in Wirklichkeit sehr ähnlich wie die in Abb. 71. Der Hauptunterschied war der, daß zu damaliger Zeit ein so vollkommenes Vakuum nicht hergestellt werden konnte, und demzufolge die Gasreste auch einen gewissen Anteil an dem Arbeitsvorgange hatten. Die Fleming-Ventilröhre war weniger empfindlich als ein guter Detektor, wurde jedoch von der Marconi-Gesellschaft vielfach wegen ihrer Widerstandsfähigkeit gegen atmosphärische und andere Störungen verwendet, gegen die alle Kristalldetektoren sehr empfindlich waren. Sie ist unter A in Abb. 76 dargestellt. Der Heizdraht bestand aus Kohle oder Wolfram und wurde eng von einer zylindrischen Anode umgeben.

5. Einfluß von Gas auf die Raumladung.

Wir wollen nunmehr auf die Raumladung zurückkommen, die ja die Ursache für die Krümmung der Kennlinie ist, und von der die Detektorfähigkeit der Zweielektrodenröhre abhängt. Der Emissionsstrom, d. h. der Nettobetrag, der aus dem Heizdraht ausgesandten Elektronen, ist ja dadurch bestimmt, in welchem Maße die Raumladung vernichtet wird. Wir haben auch gesehen, daß die Raumladung vermindert oder sogar ganz aufgehoben wird, wenn wir die Anodenspannung so steigern, daß sie die Elektronen zur Anode forttreibt. Noch durch zwei andere Umstände kann die Wirkung der Raumladung vermindert werden: einesteils durch die Ionisation von Gasresten in dem unvollkommenen Vakuum, anderenteils durch die Anwesenheit eines positiv geladenen Körpers in dem Raumladungsgebiet oder in dessen Nähe.

Ist das Vakuum nicht vollkommen, so müssen zwischen den aus dem Heizdraht ausgesandten Elektronen und den Molekülen der Gasreste Zusammenstöße auftreten. Einige derselben sind heftig genug, um das Molekül in ein Elektron und ein positiv geladenes Ion zu spalten. Das Elektron wird sich weiter gegen

[1]) Zweielektrodenröhre (engl. „Diode“) ist vorzuziehen. Vgl. Fußnote auf Seite 92.

die Anode zu bewegen, wobei es unterwegs vielleicht noch mehrere Moleküle trifft und sie ionisiert. Das positive Ion dagegen wird von der Anode in das Raumladungsgebiet fortgestoßen und vielleicht hier hindurch in den Heizdraht. Ist das Anodenpotential hoch und daher das elektrische Feld stark, so nehmen die Elektronen eine große Geschwindigkeit an und die Ionisation der Gasreste wird als blaues Leuchten sichtbar; aber ob diese nun sichtbar ist oder nicht, so ist ihre Wirkung die, daß sie den Anodenstrom sehr stark vergrößert. Das ist an und für sich recht nützlich, und die empfindlichsten einzelnen Röhren waren solche mit niedrigem Vakuum oder sog. „weiche“ Röhren. Jedoch hängt das Arbeiten derartiger Röhren so sehr vom Gasdruck ab, der sich mit der Einschließung des Gases durch das Metall und dem Umkehrungsprozeß wie mit der Temperatur ändert, daß weiche Röhren eine feine Einstellung und sachverständige Bedienung erforderten. Z. B. würde die von H. J. Round bei der Marconi-Gesellschaft konstruierte Dreielektrodenröhre[1]) (*C* in Abb. 76) im allgemeinen bei sachgemäßer Behandlung wunderbare Erfolge zeitigen; aber sie müßte zu sorgsam behandelt werden, und ihr Vakuum müßte tatsächlich von Zeit zu Zeit durch eine mehr oder weniger starke Erwärmung des in dem Röhrenansatz eingeschlossenen Asbeststückchens reguliert werden, das auf der Abbildung zu erkennen ist. Bei anderen Röhren war zu demselben Zweck Quecksilberamalgam eingeschlossen.

6. Einführung einer dritten Elektrode.

Wir kommen nun zu dem Einfluß, der auf die Raumladung durch Einführung einer dritten Elektrode ausgeübt wird, die sich in oder in der Nähe des Raumladungsgebietes befindet und auf einem höheren Potential gehalten wird, um so mehr oder minder die Raumladung zu neutralisieren. Die Röhre wird dann zu einer Dreielektrodenröhre (engl. „Triode“ genannt). Die dritte Elektrode besitzt gewöhnlich die Form einer durchlöcherten Platte oder eines Drahtgitters, das sich zwischen Anode und Kathode befindet, und wird allgemein „Gitter“ genannt[2]). Die Einführung des Gitters war das Werk L. de Forests im Jahre 1907, und obwohl es scheint, daß das Bedeutungsvolle hierin zu jener Zeit nicht voll erkannt wurde und die Verwendung eines Gitters erst später

[1]) Die Tatsache, daß dies eine Dreielektroden- und nicht eine Zweielektrodenröhre ist, ist in diesem Zusammenhang belanglos.

[2]) „Steuerelektrode“ (Gitter) ist ein gut kennzeichnender Ausdruck, der von Eccles verwendet wird. Derselbe nennt die Anode englisch „repeat electrode“.

entwickelt worden ist, so bedeutet doch der Einbau des Gitters in die Fleming-Röhre die Umwandlung der Elektrodenröhre aus

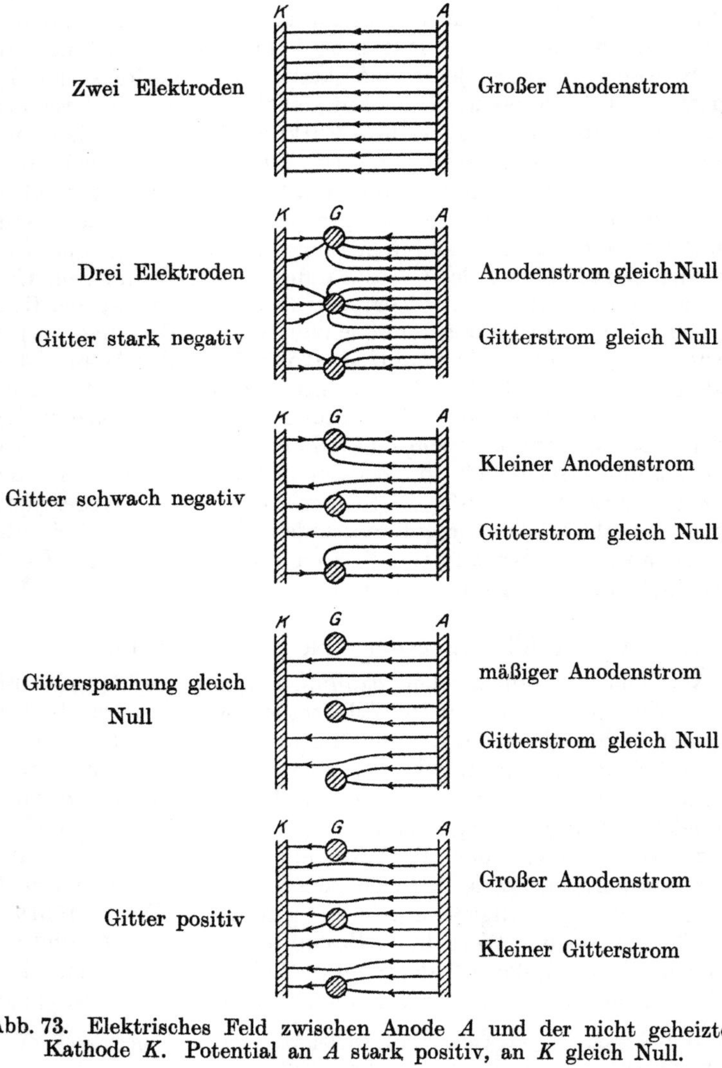

Abb. 73. Elektrisches Feld zwischen Anode A und der nicht geheizten Kathode K. Potential an A stark positiv, an K gleich Null.

einem angenehmen und bequemen in das leistungsfähige und unentbehrliche Gerät, das sie heute darstellt.

Der Leser wird sich leichter eine physikalische Vorstellung von der Wirkungsweise des Gitters machen können, wenn er sich die Skizzen in Abb. 73 ansieht. Hier sind *K*, *G* und *A* Teile von Kathode, Gitter und Anode, die der Einfachheit halber als Teile großer ebener Flächen angesehen werden mögen, die auf der Papierebene senkrecht stehen. Die Zeichnungen sollen die elektrischen Kraftlinien zwischen Anode und Kathode veranschaulichen, die auf etwa vorhandene Elektronen in der Weise einwirken würden, daß sich dieselben in ihrer Richtung gegen die Pfeilspitze bewegen —, da das Elektron ja negativelektrisch geladen ist. Die Anwesenheit von Elektronen bedingt eine Umänderung des Feldes, die nicht leicht darzustellen ist. Betrachten wir jedoch zuerst das Feld in

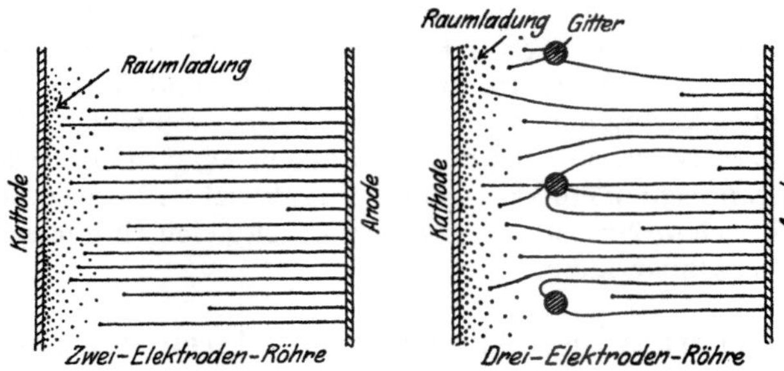

Abb. 74. Kraftlinien zwischen Anode und Gitter, wenn von der Kathode Elektronen ausgestrahlt werden.

Abwesenheit solcher Elektronen, so können wir einen gewissen Einblick in die Wirkungsweise des Gitters erhalten. Um zu dem Elektronenstrom des Gitters zu kommen, der rechts in der Zeichnung festgestellt wird, haben wir uns eine Elektronenwolke vorzustellen, die sich ganz dicht um die Kathode ballt, die die frisch ausgestrahlten Elektronen in die Kathode zurücktreibt, aber selbst nur darauf wartet, von einem elektrischen Feld mit der Richtung *A*—*K* gegen Gitter und Anode fortgetrieben zu werden.

Unterhalb der Sättigung, d. h. solange mehr Elektronen ausgestrahlt als von der Kathode fortgetragen werden, endigen keine Kraftlinien von der Anode oder dem Gitter aus auf dem Heizdraht. Jedoch endigt jede Kraftlinie auf einem Elektron, das einen Teil der Raumladung ausmacht. In Abb. 74 wurde versucht zu zeigen, wie die Kraftlinien bei der Zweielektrodenröhre die freien Elektronen gegen die Anode treiben, und bei der Dreielektrodenröhre gegen Gitter und Anode.

Dabei wird angenommen, daß das Gitter im Vergleich zu der Kathode etwas positiv und der Sättigungszustand noch nicht erreicht ist. Man erkennt, daß das Gitter bis zu einem gewissen Bereich die Raumladung vor der Anode abschirmt, wenn auch nur schwach, falls das Gitter grobmaschig ist; aber infolge seiner Nähe gegenüber der Kathode übt es einen kräftigen Einfluß auf dichte Teile der Raumladung aus, indem es die Elektronen herauszieht und sie in der Richtung Heizdraht—Gitter forttreibt. Viele dieser Elektronen schießen durch die Lücken des Gitters und werden von der Anode ergriffen. Ist das Gitter sehr feinmaschig, so kann es, sogar wenn es positiv geladen ist, eine Abnahme des Anodenstromes bewirken. Aber auf jeden Fall wird dieser durch das Gitterpotential beeinflußt, und zwar außerordentlich stark, wenn das Gitter eine geeignete Form und Lage besitzt. Hat dasselbe ein niedrigeres Potential als die Kathode, so ist sein Strom (der sog. Gitterstrom) gleich Null[1]), und keine Leistung wird dabei verbraucht werden; und selbst wenn das Gitterpotential positiv ist, so wird doch bei einem feinen Gitterdraht der Gitterstrom sehr klein sein. Bei der praktischen Verwendung der Dreielektrodenröhre ist der Gitterstrom oft gleich Null oder gleichsam unschätzbar klein.

7. Steuerung des Anodenstroms durch das Gitter.

Die Theorie der inneren Arbeitsweise der Dreielektrodenröhre mit vollkommenem Vakuum kann hier nur skizziert werden. Sie ist durch W. H. Eccles in den ersten drei Nummern der „Radio Review“ (Okt.—Dez. 1919) klar dargelegt worden*). Er weist theoretisch nach — wie Langmuir es bereits empirisch festgestellt hatte —, daß, bei Gegenwart des Gitters, der ungesättigte Anodenstrom der $1^1/_2$fachen Potenz der Spannung proportional ist, wie auch bei der Zweielektrodenröhre; jedoch ist diese Spannung nun nicht länger die Anodenspannung, sondern die Summe aus der Anodenspannung plus einer Konstanten mal der Gitterspannung. Bei der Zweielektrodenröhre ist

$$i_a = A \cdot v_a^{\frac{3}{2}},$$

[1]) Wenn die Elektronen von der Kathode mit unendlicher Geschwindigkeit losgelassen würden, so stimmte dies genau. In Wirklichkeit haben sie eine abschätzbare Emissionsgeschwindigkeit, so daß der Gitterstrom nicht eher gleich Null wird, als bis die Gitterspannung ungefähr — 1 V beträgt.

*) Es sei hier hingewiesen auf die Werke von Barkhausen, Möller, Riepka über die Elektronenröhre, sowie auf die Abhandlungen im „Archiv für Elektrotechnik“. Siehe auch Rein-Wirtz, „Lehrbuch der drahtlosen Telegraphie“ bzw. „Radiotelegraphisches Praktikum“. Gl.

Für die Dreielektrodenröhre gilt

$$i_a = A' (v_a + \mathfrak{d} \cdot v_g)^{\frac{3}{2}}$$

worin i_a = Anodenstrom,

v_a = Spannungsunterschied zwischen Anode und Kathode,

v_g = Spannungsunterschied zwischen Gitter und Kathode,

und A, A', $\mathfrak{d}$ Konstante sind, die von Größe und Anordnung der Elektroden abhängen.

Die umwälzenden Eigenschaften der Dreielektrodenröhre sind nun aber gerade in dieser Abhängigkeit des Anodenstroms von dem Spannungsausdruck

$$(v_a + \mathfrak{d} \cdot v_g)$$

enthalten. Dieser Ausdruck bedeutet nämlich, daß ein Volt der Gitterspannung ebenso auf den Anodenstrom einwirkt wie $\mathfrak{d}$ Volt der Anodenspannung; so daß, wenn $\mathfrak{d}$ groß gemacht werden kann, Änderungen des Stromes im Anodenkreis durch EMKe am Gitter bewirkt werden können, welch letztere viel kleiner sind, als wenn sie zu demselben Zweck direkt an die Anode angelegt worden wären. Diesem Umstand allein ist es allerdings nicht unbedingt zuzuschreiben, daß wir es hier mit einem Verstärker zu tun haben, der irgendwelche besonderen Eigenschaften gegenüber — sagen wir — dem gewöhnlichen Hochspannungstransformator besitzt (Abb. 75). Auch hier könnten wir dieselbe Änderung von i_s erreichen, wenn wir bei X eine viel kleinere EMK einschalten, als wir sie bei Y benötigen; was aber den Leistungsverbrauch anbelangt, so ist dieser bei X genau so groß wie bei Y. Bei der Dreielektrodenröhre dagegen ist — wie wir gesehen haben — keine feste Beziehung zwischen Leistung im Anodenkreis und der am Gitter geleisteten Arbeit vorhanden, die die Leistung im Anodenkreis regelt. Der Gitterstrom wird nicht durch den Anodenstrom festgelegt; er kann tatsächlich praktisch auf Null gehalten werden, so daß in diesem Falle große Leistungen im Anodenkreis durch Spannungsschwankungen am Gitter gesteuert werden, ohne daß damit ein Leistungsverbrauch am Gitter verknüpft wäre[1]).

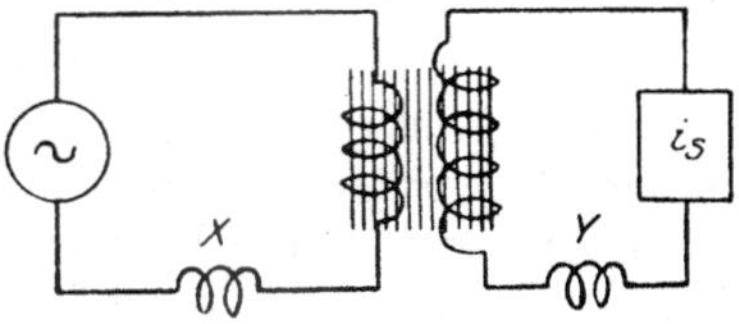

Abb. 75.

[1]) Die Steuerung von Energiemengen, wie sie hier durch das negative Gitter einer Hochvakuumröhre ausgeübt wird, stellt vielleicht den am vollkommensten zu verwirklichenden physikalischen Vergleich mit der Tätigkeit des Willens dar, der darüber bestimmt, ob jemand dies oder das mit der ihm innewohnenden Energie tun soll. Da weder das Gitterpotential noch — wie wir annehmen können — der Wille in den Energiegleichungen enthalten ist.

Die experimentell aufgenommenen Kennlinien zwischen Anodenstrom i_a und Anoden- bzw. Gitterspannung (v_a bzw. v_g) machen einen guten Teil des theoretischen Ausdrucks

$$i_a = A' (v_a + \mathfrak{v} \cdot v_g)^{\frac{3}{2}}$$

aus, dank verschiedener untergeordneter Erwägungen, die bei der vereinfachten Theorie weggelassen sind. Dazu gehören die Kantenwirkung der Elektroden, das unvermeidlich ungleichförmige Potential der durch den hindurchfließenden Strom erhitzten Kathode, die nicht vernachlässigbare und ungleichmäßige Emissionsgeschwindigkeit der ausgestrahlten Elektronen, und schließlich die ungleichmäßige Temperatur des Heizdrahtes, die letzten Endes vielleicht von allem am meisten zu beachten ist. Nichtsdestoweniger hat sich gezeigt, daß die Gleichung

$$i_a = f (v_a + \mathfrak{v} \cdot v_g)$$

für einen großen Bereich recht wohl gilt, obwohl die Form des Ausdruckes unter f nicht der früher festgestellten theoretischen Form entspricht. Der Verstärkungsfaktor $\mathfrak{v}$ stellt daher weiter die Beziehung von Änderungen des Anoden- und Gitterpotentials dar, die ein und dieselbe Änderung des Anodenstroms bewirken.

8. Die typische kleine Hochvakuum-Dreielektrodenröhre.
(Verstärkerröhre.)

Die erste Dreielektrodenröhre, L. de Forests „Audion", ist in Abb. 76 unter *B* dargestellt. Der Heizdraht war ein haarfein ausgezogener Wolframdraht. Das Gitter, ein grober, zickzackförmiger Draht, und die Anode waren parallel zum Heizdraht angeordnet. Es war eine weiche Röhre, und dies mag wohl auch die Ursache dafür gewesen sein, daß einige unfruchtbare Jahre von der Zeit ihrer Erfindung bis zu einer angemessenen Entwicklung der Theorie und Anwendung der Dreielektrodenröhre vergingen. Auch die Dreielektrodenröhre von Round (Abb. 76 *C*) war eine weiche Röhre. Bei ihr war der Heizdraht mit einer Mischung von Barium- und Kalziumoxyd überzogen, das die Eigenschaft besitzt, auch bei einer verhältnismäßig sehr niedrigen Temperatur reichlich viel Elektronen auszuschicken[1]). Gitter und Anode waren konzentrische Zylinder, die den Heizdraht umgaben. Man beachte hier die moderne Form der Dreielektrodenröhre mit praktisch vollkommenem Vakuum, das Verdienst von

[1]) Oxydkathoden können nicht als Heizdraht bei Hochvakuumröhren verwendet werden, da sie nicht in der Lage sind, bei der Evakuierung dem Ionen-Trommelfeuer Widerstand zu bieten.

J. Langmuir und der General Electric Company von Amerika; besonders sei auf eine Anordnung hingewiesen, die früh von den

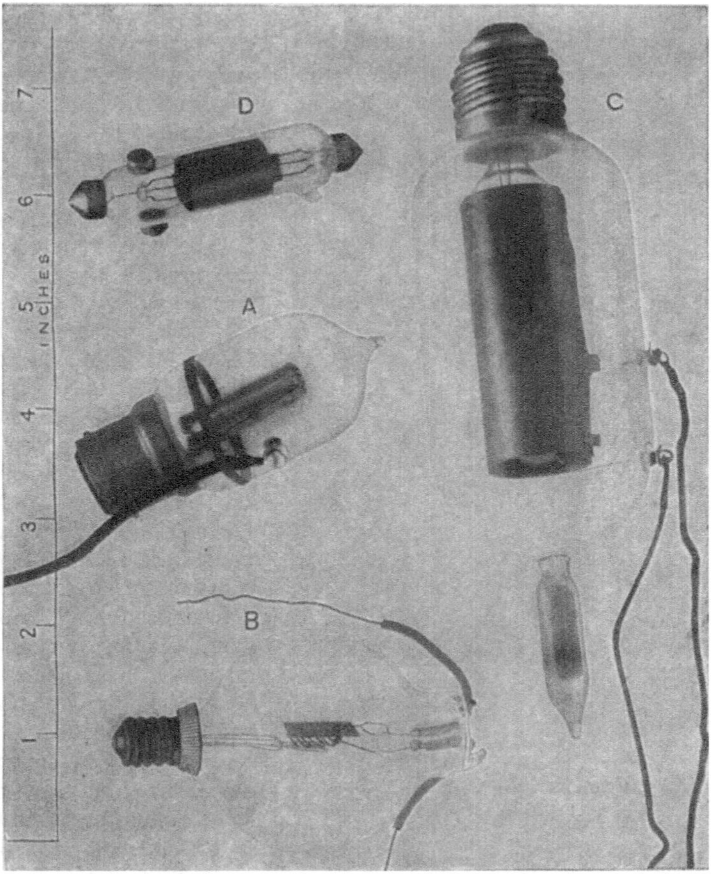

Abb. 76.

A Fleming-Röhre (S. 100). *C* Macroni-„N“-Röhre (S. 101 u. 106).
B De Forest-„Audion“ (S. 106). *D* Marconi-„Q“-Röhre (S. 115).

Franzosen im Weltkrieg eingeführt wurde und in Abb. 77 dargestellt ist.

Hierin bedeutet *F* den Heizdraht, einen ausgespannten Wolframdraht, der von einem Strom von etwa 0,7 A aus einer 4- oder 6 V-Batterie in helle Weißglut versetzt wird. *G* ist das Gitter, eine offene Spirale aus Nickeldraht, die konzentrisch zu dem Heizdraht verläuft; *A* ist die Anode, ein konzentrischer Nickelzylinder, der sich weiter außen befindet. Alles ist auf einem einfachen Glasfuß in einem luftleeren Glasgefäß befestigt. Derartige Röhren gelangen gewöhnlich mit Anodenspannungen von 30 ÷ 300 V und Emissionsströmen von 5 ÷ 50 mA zur Verwendung. Sie waren so konstruiert, daß sie sich gut für die verschiedensten Zwecke eigneten, unter besonderer Berücksichtigung leichter Herstellbarkeit. Der Verbrauch an derartigen Röhren mag bei dem französischen und englischen Heere in die Hunderttausende gegangen sein. Großer Dank gebührt dem General Ferrié und den Wissenschaftlern bei der Télégraphie Militaire, die unter seiner Leitung arbeiteten, für die frühzeitige Erkennung der Bedeutung der Röhre und für die frühe Herstellung dieses so praktischen Modells.

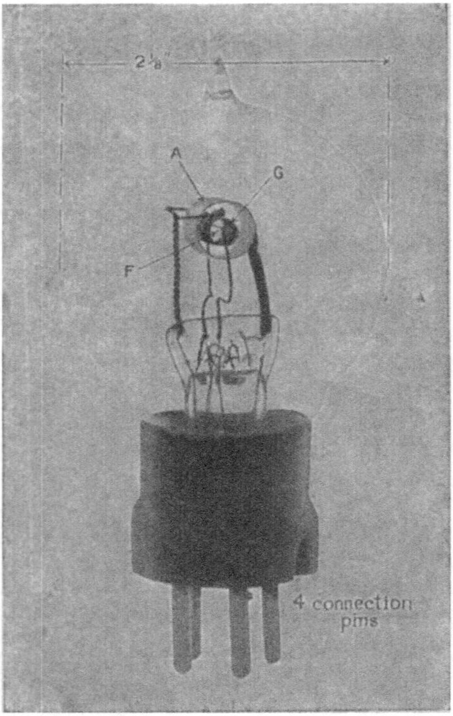

Abb. 77. Französische oder Heeres-„R“-Röhre.

Das Vakuum ist in diesen Röhren sehr hoch, und liegt gewöhnlich in der Nähe von 1 ÷ 10 Millionstel cm Quecksilbersäule, wobei die letzten Stufen der Evakuierung mit der mechanischen Molekularpumpe von Gaede oder mit der Quecksilberdampfpumpe von Langmuir unter Zuhilfenahme der Temperatur flüssiger Luft erreicht werden. Außerdem wird große Sorgfalt auf die Entfernung von Gasspuren verwendet, die in die Glashülle und die Metallelektroden eingeschlossen sind oder sonstwie durch sie festgehalten werden, da plötzlich freiwerdendes Gas zu der Zerstörung der Röhre führen würde. Während diese sich unter der Pumpe befindet, wird das Glas beinahe bis zum Schmelzpunkt erhitzt. Auch die Anode wird durch ein Elektronen-Trommelfeuer bei sehr hohem Anodenpotential und überhitztem Heizdraht mehr erhitzt, als es je im Gebrauchsfall üblich ist. Durch diese Behandlung werden die noch übrigen Gasreste ein für allemal auf einen derartig niedrigen Druck gebracht, daß Zusammenstöße zwischen den aus dem Heizdraht ausgesandten Elektronen und den Molekülen der Gasreste so selten und weit voneinander entfernt vorkommen, daß sie keinen wahrnehmbaren Einfluß auf das Verhalten der Röhre ausüben. Infolgedessen werden auch die bekannten Nachteile der weichen Röhre (infolge ihres unstetigen Verhaltens) ausgeschieden. Die Dreielektrodenröhren können in großen Mengen mit größter Genauigkeit und genau denselben Eigenschaften hergestellt werden. Auch lassen sich große Gruppen zusammen verwenden, ohne daß eine besondere Einzelregulierung elektrischer Art oder tatsächlich eine Regulierung im allgemeinen notwendig wäre.

9. Kennlinien der Dreielektrodenröhre.

Eine Anzahl typischer Kennlinien, die experimentell bei einer derartigen Röhre erhalten wurden, ist in Abb. 78 wiedergegeben. Jede dieser Kurven zeigt, wie der Anodenstrom i_a (oder in dem einen Falle der Gitterstrom i_g) sich ändert, wenn die Anodenspannung konstant gehalten und die Gitterspannung geändert wird. Aus einer genügend vollzähligen Kurvenschar dieser Art kann das ganze Verhalten der Röhre berechnet werden. Dasselbe würde man natürlich erreichen, wenn man eine Kurvenschar aufnehmen würde, bei der die Gitterspannung konstant gehalten, während die Anodenspannung geändert wird.

Die Bedeutung des Verstärkungsfaktors $\mathfrak{v}$ kann wie folgt an Hand der Kurven in Abb. 78 näher erläutert werden. Fassen wir z. B. einen Anodenstrom $i_a = 5$ mA ins Auge. Die Kurven zeigen, daß derselbe Strom bei entsprechenden zusammengehörigen Werten der Anoden- und der Gitterspannung entsteht,

Tabelle 3.

v_a	500	310	139	86	58	35	10
v_g	— 32	—12,5	+ 3,5	+ 9,5	+ 13,5	+ 16,5	+ 26
$v_a + 10 v_g$	180	185	174	181	193	200	270

wie sie in die erste und zweite Reihe von Tabelle 3 eingetragen sind. Wenn die Gleichung

$$i_a = f(v_a + \mathfrak{v} \cdot v_g)$$

gilt, so kann für $\mathfrak{v}$ ein Wert gewählt werden, der für jedes Wertepaar von Anodenspannung und zugehöriger Gitterspannung denselben Ausdruck $(v_a + \mathfrak{v} \cdot v_g)$ liefert. Die dritte Reihe obiger Tabelle zeigt, daß die Summe $(v_a + 10 \cdot v_g)$ annähernd konstant ist, ausgenommen bei sehr niedrigem Anodenpotential. Wir können daher hieraus schließen, daß auf diese Röhre die Gleichung i_a

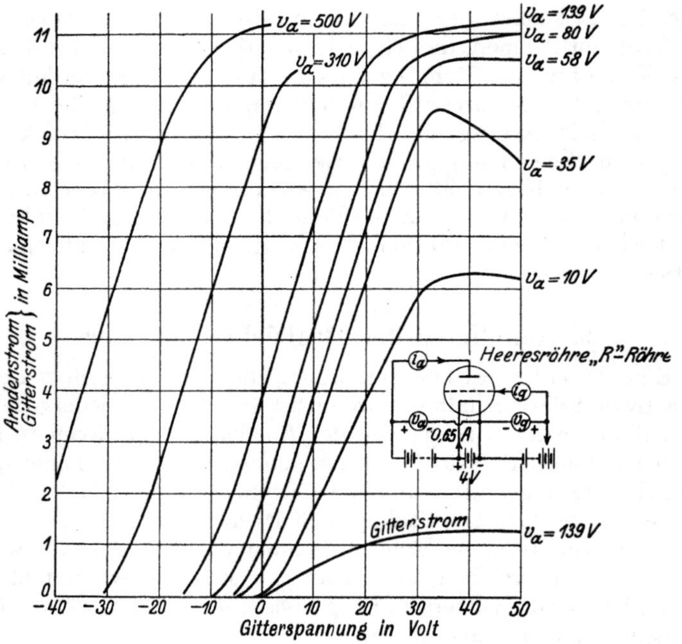

Abb. 78. Kennlinien einer kleinen Kathodenröhre.

$= f(v_a + \mathfrak{v} \cdot v_g)$ annähernd zutrifft, und daß der Verstärkungsfaktor $\mathfrak{v} = 10$ ist.

Es ist zu beachten, daß über einen großen Teil ihrer Länge die Kurven nahezu geradlinig und parallel verlaufen. Innerhalb dieses Bereiches ist die Funktion

$$f(v_a + \mathfrak{v} \cdot v_g)$$

augenscheinlich eine lineare Funktion, und wir können schreiben

$$i_a = A + B(v_a + \mathfrak{v} \cdot v_g).$$

Die Steilheit der Kurven, d. h. das Verhältnis von Änderung des Anodenstroms zur Änderung der Gitterspannung, die wir g

schreiben wollen, ist daher

$$g \equiv \frac{\partial i_a}{\partial v_g} = B \cdot \mathfrak{d}.$$

In ähnlicher Weise ist das Verhältnis von Änderung des Anodenstromes zur Änderung der Anodenspannung, das wir mit a bezeichnen wollen,

$$a \equiv \frac{\partial i_a}{\partial v_a} = B.$$

Der Verstärkungsfaktor ist daher auch

$$\mathfrak{d} = \frac{B \cdot \mathfrak{d}}{B} = \frac{g}{a}.$$

Jeder der Parameter g und a hat die Dimension der Leitfähigkeit; man kann sie deshalb auch als die Leitfähigkeit von Gitter gegen Kathode bzw. Anode gegen Kathode bezeichnen. Sie können getrennt aus den Kurven in Abb. 78 berechnet werden und sind — wie man sieht — annähernd

$$g = 0{,}33\ {}^{\text{M-A}}/_{\text{V}} = \frac{1}{3000}\ {}^{1}/_{\Omega},$$

$$a = 0{,}033\ {}^{\text{M-A}}/_{\text{V}} = \frac{1}{30000}\ {}^{1}/_{\Omega}.$$

Wenn, wie es häufig der Fall ist, wir nur an kleinen Änderungen interessiert sind, wie sie durch ein Zeichen oder sonstwie hervorgerufen werden, so können wir die ständigen Werte von Strom und Spannung, denen diese Änderungen oder Wechselgrößen überlagert werden, vernachlässigen und können für den praktisch geradlinigen Teil der Kurven schreiben

$$\delta i_a = a \cdot \delta v_a + g \cdot \delta v_g.$$

Fassen wir noch einmal unsere Ergebnisse über den geradlinigen Bereich der Kennlinien in Abb. 78 zusammen: finden in einem Stromkreis, der die Strecke zwischen Anode und Kathode (Heizdraht) innerhalb der Röhre umfaßt, Änderungen des Stromes statt, so kann diese Strecke als ein Leiter mit einem Widerstand von 30000 Ω angesehen werden; und die Röhre verhält sich innerlich so, daß die Wirkung irgendeiner Änderung der Gitterspannung genau so groß ist, wie wenn sie in dem Anodenkreis (Anode—Heizdraht) durch eine zehnmal so große EMK hervorgerufen worden wäre.

Ein Vergleich der experimentell aufgenommenen Kennlinien mit den theoretisch nach der Formel

$$i_a = A' (v_a + \mathfrak{d} \cdot v_g)^{\frac{3}{2}}$$

berechneten Kurven ergibt, daß die konkaven, unteren Enden recht gut übereinstimmen. Die konvexen, oberen Enden neigen sich infolge der Sättigung einwärts und haben allmähliche statt scharfe Biegungen infolge des Einflusses der Enden der Elektroden. Die auffallende Geradlinigkeit des mittleren Teils scheint ein recht glücklicher Zufall zu sein, was in der Hauptsache davon herrührt, daß die Enden des Heizdrahtes, die ja auch beträchtlich zu der gesamten Emission beitragen, kühler sind als der mittlere Teil. Infolgedessen beginnt die Sättigung an den Enden bei ganz kleinem Strom und schleicht sich längs des Heizdrahtes ein, bis der Strom größer wird.

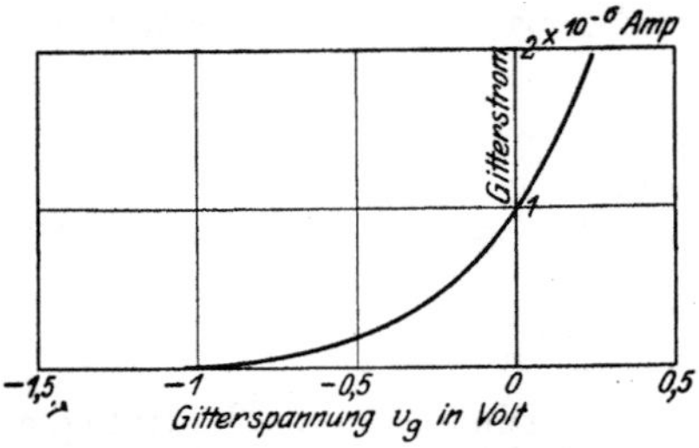

Abb. 79. Anfang der Gitterstrom-Kennlinie.

Die Kurve des Gitterstroms in Abb. 78 gehört genau zu einer Anodenspannung von 139 V. Bei dieser ziemlich grobgittrigen Röhre wird der Gitterstrom etwas durch die Anodenspannung beeinflußt, jedoch nicht sehr stark, so daß die Kurve annähernd den Gitterstrom bei einer bestimmten Anodenspannung anzeigt. Wie physikalisch zu erwarten ist, müßte der Gitterstrom annähernd gleich Null sein, wenn das Gitter nicht ein höheres Potential besitzt als irgendein Teil der Kathode. Er wird jedoch erst dann ganz zu Null, wenn die Gitterspannung v_g schwach negativ wird, wie es die in ihrem unteren Ende stark vergrößerte Gitterstromkurve in Abb. 79 zeigt. Es rührt dies von der nicht ganz vernachlässigbaren Emissionsgeschwindigkeit der Elektronen her; denn die Anfangsgeschwindigkeit eines Elektrons genügt zur Erreichung des Gitters, sofern sich dort nicht ein so großes Gegenfeld befindet, daß die Geschwindigkeit des Elektrons vernichtet wird, noch bevor es so weit geflogen ist.

Siebentes Kapitel.

Die Dreielektrodenröhre als Verstärker.

1. Elementare Verstärkung durch eine einzige Röhre.

In dem in Abb. 80 dargestellten Kreis hat eine Zunahme des Anodenstroms einen Abfall der Anodenspannung zur Folge, der so groß ist wie die Zunahme des Ohmschen Spannungsabfalls in R, d. h. es ist

$$\begin{aligned}\delta v_a &= -R\delta i_a\\ &= -R\,(a\cdot\delta v_a + g\cdot\delta v_g)\quad\text{(s. Seite 111).}\end{aligned}$$

Hieraus folgt

$$\delta v_a\,(1+R_a) = -R_g\cdot\delta v_g,$$

$$\delta v_a = -\delta v_g\frac{R_g}{1+R_a}.$$

Eine derartige Anordnung kann als Spannungsverstärker angesehen werden, wobei eine Erhöhung der Gitterspannung um eine Einheit einen Abfall der Anodenspannung um $\frac{R_g}{1+R_a}$ Einheiten hervorruft. Bei diesem Verstärker ist keine nennenswerte Zeitverzögerung oder Zeitkonstante vorhanden. Infolge der kleinen Masse der beweglichen Teile, der Elektronen, ist ihre Geschwindigkeit sehr groß: jede Änderung der Gitterspannung ruft meist augenblicklich die entsprechend vergrößerte Änderung der Anodenspannung hervor[1]). Daher stellt diese einfachste Form eines Röhrenverstärkers, bei dem die einzigen Widerstände in den einzelnen Kreisen rein Ohmsche Widerstände sind, eine wirklich aperiodische Anordnung dar, die zur Verstärkung von Gleich- und Wechsel-EMKen jeder Frequenz zu verwenden ist. Seine Wirksamkeit kann direkt mit Gleichspannungen geprüft werden, indem man die Änderungen des Ausschlages eines an Anode und Heiz-

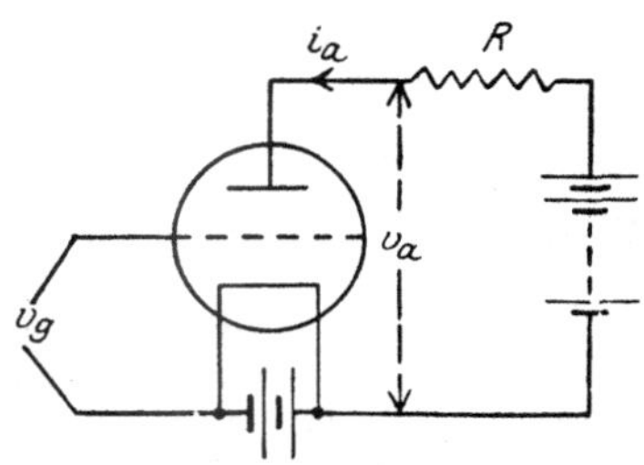

Abb. 80.

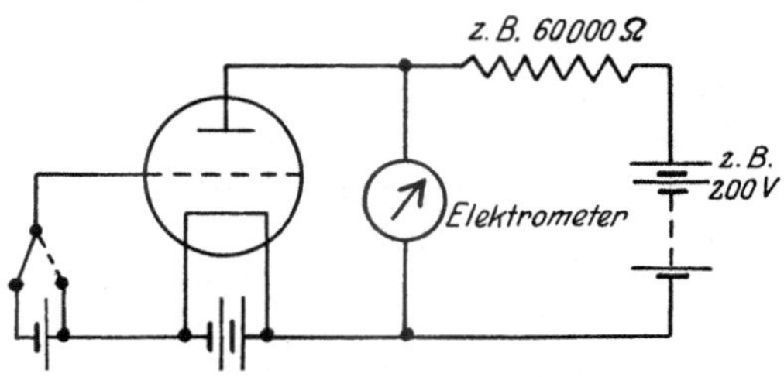

Abb. 81. Verstärkungsmessung mit dem Spannungsmesser.

[1]) Fliegt ein Elektron vom Heizdraht zur Anode, so nimmt es bei einer Spannung von beispielsweise 70 V eine Geschwindigkeit von $5\cdot 10^8$ cm/sec an. Ist also beispielsweise die Anode 0,5 cm von dem Heizdraht entfernt, so beträgt die Zeit, die das Elektron zum Durchfliegen des Vakuums braucht, etwa $2\cdot 10^{-9}$ sec.

draht angeschlossenen Elektrometers beobachtet, wenn die Gitterspannung um einen bekannten Betrag (z. B. 1 oder 2 V) geändert wird, wie es in Abb. 81 angedeutet ist.

2. Größe der erreichbaren Verstärkung.

Die Verstärkung beträgt bei dieser Anordnung

$$\frac{Rg}{1+Ra} = \mathfrak{v} \cdot \frac{R}{R+1/a}.$$

Sie ist kleiner als Eins — d. h. die an der Anode abgenommene Spannung ist kleiner als die am Gitter angelegte —, wenn $R < \frac{1}{a} \cdot \frac{1}{\mathfrak{v}-1}$ ist; sie nähert sich jedoch assymptotisch dem Werte $\mathfrak{v} = \frac{g}{a}$, sobald R auf einen sehr großen Wert im Vergleich zu dem Anodenwiderstand $1/a$ vergrößert wird. Die höchst erreichbare Verstärkung ist daher so groß wie der Verstärkungsfaktor $\mathfrak{v}$. Dieser beträgt, wie wir gesehen haben, ungefähr 10 für die in den Abb. 77 und 78 dargestellte Röhre. Wenn R beispielsweise nur zweimal so groß ist wie $1/a$, wie in Abb. 81, so ist die Verstärkung statt 10 gleich

$$10 \frac{2/a}{2/a + 1/a} = 6{,}7.$$

Die nächstfolgenden Fragen sind die:

Besteht irgendein praktisches Hindernis, wenn die Verstärkung nahezu gleich dem theoretischen Maximum $\mathfrak{v}$ gemacht werden soll; oder wenn Röhren mit viel größeren Werten von $\mathfrak{v}$ als 10 wie bei dieser besonderen Art konstruiert werden sollen? Die Antwort auf jede dieser Fragen ist verneinend unter der einzigen Voraussetzung, daß eine Anodenbatterie mit genügend hoher Spannung zur Verfügung steht. Die Bedingung zur Erreichung der praktisch höchsten Leistungsabgabe der Röhre ist, wie wir gesehen haben

$$R \gg 1/a,$$

und ist für diese Röhre auf dem steilen geradlinigen Teil der Kennlinie $1/a = 30000\ \Omega$. Wir wollen nun annehmen, daß R viel größer gemacht wird, sagen wir, gleich $300000\ \Omega$. Bei einem Strom von nur $\frac{2}{3}$ mA würde an diesem Widerstand selbst ein Spannungsabfall von vollen 200 V verfügbar sein, so daß der Anodenstrom weniger als $\frac{2}{3}$ mA betragen muß. Jedoch zeigt Abb. 78, daß der steile geradlinige Teil der Kurven nicht eher erreicht wird, als bis der Anodenstrom nicht größer als 1,5 oder 2 mA ist, so daß z. B. unter 1,5 mA jede Zunahme von R eine solche von $1/a$ zur Folge hat, und der Versuch, $R \gg 1/a$ zu machen, sich selbst zu vereiteln sucht. Wenn nun die Anodenspannung von 200 auf — sagen wir — 600 V erhöht wird, so können wir einen Anodenstrom erhalten, der größer als 1,5 mA ist, ohne daß wir hierzu eine positive Gitterspannung verwenden. So zeigen die Kurven, daß bei $R = 300000\ \Omega$ und einer Batteriespannung von 600 V der Anodenstrom ungefähr 1,7 mA betragen würde, wenn das Gitter eine Spannung von etwa — 1 V hat. Da R nun zehnmal so groß ist wie $1/a$, so würde die Verstärkung nahe an den Höchstwert $\mathfrak{v}$ heranreichen.

Ändern wir die geometrischen Abmessungen der Röhre, besonders wenn wir das Gitter feinmaschiger ausbilden, so kann $\mathfrak{v}$ nach Wunsch größer gemacht werden. Z. B. unterscheidet sich die Heeres-„B“-Röhre (die als kleine Senderöhre benutzt wurde) sehr wenig von der „R“-Röhre, ausgenommen, daß auf den Zentimeter für das Gitter zweimal soviel Windungen kommen. Bei dieser Röhre ist $\mathfrak{v} = \sim 18$. Bei der „Q“-Röhre (Abb. 76D) der Marconi-Gesellschaft wiederum sind die Gittermaschen sehr fein und der Anodendurchmesser groß; hier ist $\mathfrak{v} = 60 \div 80$. Jedoch ist bei diesen Röhren der innere Anodenwiderstand viel höher und und bei feineren Gittermaschen neigt sich für jede bestimmte Anodenspannung v_a die ganze Kurve $i_a = f(v_g)$ vollständig nach rechts, so daß eine Verstärkung, die dem Verstärkungsfaktor $\mathfrak{v}$ nahezu gleichkommen würde, nur durch Verwendung eines sehr hohen R und hoher Spannungen erreicht wird.

Nun bedeutet aber der Bedarf einer hohen Spannung in einem Verstärker einen großen Übelstand in praktischer Hinsicht; obwohl also die Verstärkung einer einfachen Röhre theoretisch noch so sehr gesteigert werden könnte, so wäre doch eine solche in ihrem Gebrauch sehr unbequem.

3. Kaskaden-Verstärker.

Wenn hohe Verstärkungsgrade verlangt werden, so ist der beste Weg der, daß man zwei oder mehr Röhren in Kaskdenschaltung verwendet, wobei die Spannungsschwankungen an der Anode einer Röhre dem Gitter der nächsten aufgedrückt werden. Es wird demzufolge bei n Röhren, wenn jede $m$mal verstärkt, die gesamte Verstärkung gleich m^n sein. Ist z. B. $m = 8$ und $n = 3$, so ist $m^n = 512$.

In Abb. 82 sind zwei Röhren, die jede wie in Abb. 80 und 81 verstärken, in Kaskadenschaltung angeordnet. Die Batterie b_2

dient dazu, das Gitter der zweiten Röhre auf einem geeigneten mittleren Potential zu halten — oder dem Gitter eine geeignete Vorspannung zu geben —, ohne natürlich die Spannungsschwankungen zu beeinflussen, denen das Gitter unterworfen wird, sobald die Spannungsschwankungen v_{g1} und damit v_{a1} auftreten. Die mit dieser 2-Röhrenanordnung erreichbare Verstärkung ist

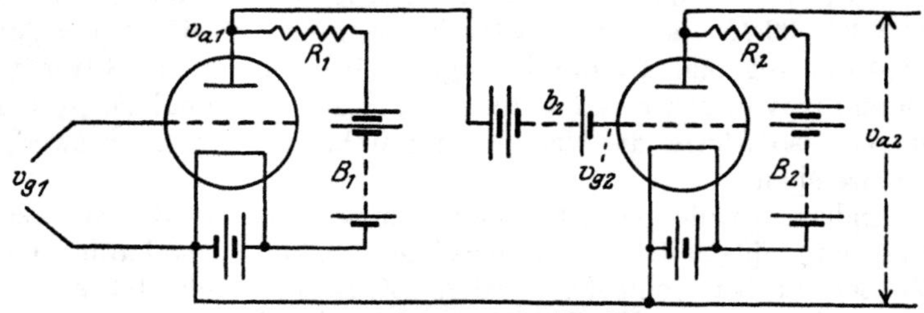

Abb. 82. Widerstands-Schaltung.

gleich dem Quadrat der Verstärkung jeder Einzelröhre. Bei Verwendung von „R“-Röhren mag die Verstärkung beispielsweise $8^2 = 64$ sein, d. h. wenn v_{g1} sich um $^1/_{10}$ V ändert, so ändert sich v_{a2} um 6,4 V; oder — ein mehr praktisches Beispiel — wenn v_{g1}

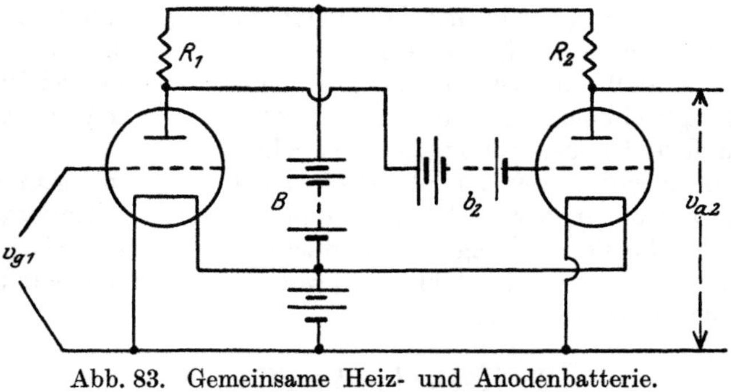

Abb. 83. Gemeinsame Heiz- und Anodenbatterie.

sich um 1 mV ändert, so tritt bei v_{a2} eine Änderung von 6,4 mV ein.

Durch Verwendung einer gemeinsamen Heiz- und Anodenbatterie läßt die in Abb. 82 dargestellte Schaltung sich vereinfachen (s. Abb. 83).

Es ist ohne weiteres zu erkennen, daß noch mehr Röhren mit gemeinsamer Heiz- und Anodenbatterie, jedoch mit besonderen Vorspannungsbatterien b_2, b_3, ... zugeschaltet werden können.

Die in den Abb. 80 ÷ 83 wiedergegebenen Schaltungen eignen sich, wie wir gesehen haben, zur Verstärkung von Zeichen (d. h. Spannungsschwankungen) jeder Frequenz, einschließlich quasistationärer Spannungsänderungen. In der drahtlosen Telegraphie und Telephonie treten die zu verstärkenden Zeichen gewöhnlich in Form von Wechselströmen auf, entweder als Hochfrequenzströme mit zehn, hundert oder vielen tausend Perioden in der Sekunde, oder aber mit Tonfrequenz mit einigen hundert oder tausend Perioden pro Sekunde. Durch Verwendung von Transformatoren und Kondensatoren kann bei derartigen Zeichen das Gleichstromglied von den ihm überlagerten Zeichenströmen auf äußerst einfache und praktische Art getrennt werden. So ist

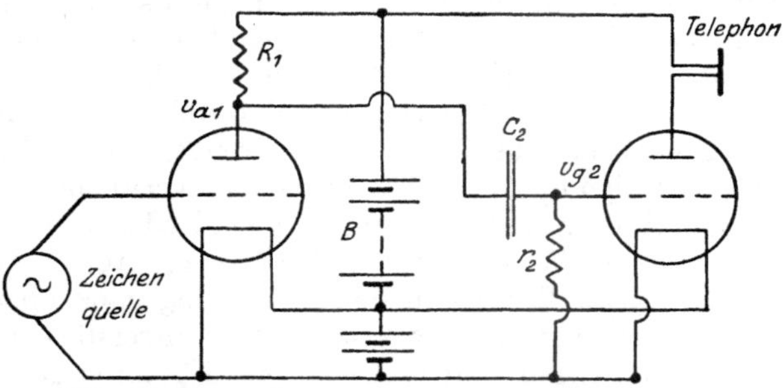

Abb. 84. Kapazitäts- und Widerstandsschaltung.

z. B. in Abb. 84 eine zweckmäßige Schaltung zur Verstärkung gewöhnlicher Sprechströme wiedergegeben, wo — wie man sehen wird — die Einschaltung der Vorspannungsbatterie b_2 nicht mehr nötig ist.

Wir wollen zunächst von dem Vorhandensein des hohen Widerstandes r_2 absehen. Das Gitter 2 kann nicht dauernd positiv sein, da die Elektronen dauernd von dem Heizdraht zu dem Gitter fliegen und dabei seine positive Ladung so lange fortnehmen würden, bis es schwach negativ geladen wäre. Es ist daher bei einem unbestimmt großen, negativen Potential des Gitters die Spannung an dem Kondensator C_2 gleich dem Potentialunterschied zwischen Potential am Gitter und dem an der Anode 1. Jeder Änderung von v_{a1} entspricht dann eine genau so große von v_{g2}. Soll diese Änderung von v_{g2} wirksam werden, so muß v_{g2} einen solchen Wert haben, daß der Arbeitspunkt eine passende Stellung auf der Arbeitskennlinie $[i_a = f(v_g)]$ einnimmt, wie bereits schon dargelegt wurde. Um diese Bedingung zu erfüllen, wird der „Gitterableitungs-Widerstand" r_2 — gewöhnlich

1 oder mehrere $M\Omega$ — eingeschaltet. Dieser sucht das mittlere Gitterpotential auf dem gewünschten Wert zu halten, er wirkt aber infolge seiner Größe nicht sonderlich auf die Schwankungen des Gitterpotentials ein. Einem geeigneten Wert von C_2 ist keine obere Grenze gezogen, da die ganze Tätigkeit von C_2 darin besteht, das Gitter 2 vor einer Gleichstromkomponente des Potentials der Anode 1 zu schützen, während den Sprechströmen der Weg offensteht. Daraus folgt, daß jede Kapazität hierzu geeignet ist, deren kapazitiver Widerstand klein ist gegen den inneren Widerstand der Röhre zwischen Gitter und Heizdraht und den Überbrückungswiderstand r_2 (d. h. vor allem gegen r_2).

Der Vorteil dieser Selbsteinstellung des mittleren Gitterpotentials tritt besonders dann hervor, wenn mehr als 2 oder 3 Röhren in Kaskadenschaltung miteinander verbunden sind. Bei Verwendung derartiger Ableitungswiderstände können die Spannungen der Batterien sich erheblich ändern, ohne daß üble Folgen eintreten; werden dagegen in einem Mehrfachröhrenverstärker Gittervorspannungsbatterien $b_2, b_3, \ldots$ wie in Abb. 83 verwendet, so würde die geringste Änderung der Spannung von B oder $b_2, b_3, \ldots$ eine derartig verstärkte Wirkung zur Folge haben, daß die Gitterpotentiale der letzten Röhren in der Anordnung ganz ungeeignete Werte annehmen würden. Es sind Vielröhrenverstärker (besonders in Frankreich) mit fünf und noch mehr Röhren gebaut worden, die nach dieser Kapazitäts- und Widerstandsschaltung geschaltet sind. Ein weiterer Vorteil dieser Verstärker ist der einfache und gedrängte Bau derselben, denn R, r und C können leicht so ausgeführt werden, daß sie nur wenig Platz einnehmen und brauchen nicht auf ganz genaue Werte abgeglichen zu werden.

4. Transformator-Schaltungen.

Im allgemeinen besteht die Aufgabe des Widerstandes R im Anodenkreis der nur weitläufig erörterten Verstärker darin, daß er Änderungen des Anodenstromes Widerstand leistet und dadurch das dem Gitter aufgedrückte Zeichen in Gestalt der größten erreichbaren Spannungsschwankung an der Anode wieder auftritt.

Daß der Widerstand R auch dem Gleichstrom einen Widerstand bietet, ist ein Zufall, der es aber ungünstigerweise mit sich bringt, daß eine Anodenbatterie mit höherer Spannung benötigt wird. Bei Wechselstromzeichen kann daher R vorteilhaft durch eine Drosselspule mit induktivem Widerstand (Abb. 85) ersetzt werden. Noch besser ist es, wenn an Stelle der Drossel die Primärwicklung eines Transformators, wie in Abb. 86, tritt. Das schließt den doppelten Vorteil in sich, daß einerseits C_2 und r_2 überflüssig sind, und andererseits unter Verwendung eine Transformators mit geeignetem Übersetzungsverhältnis Schwankungen des Gitterpotentials v_{g2} hervorgerufen werden, die viel größer sind als die Spannungsschwankungen von v_{a1}.

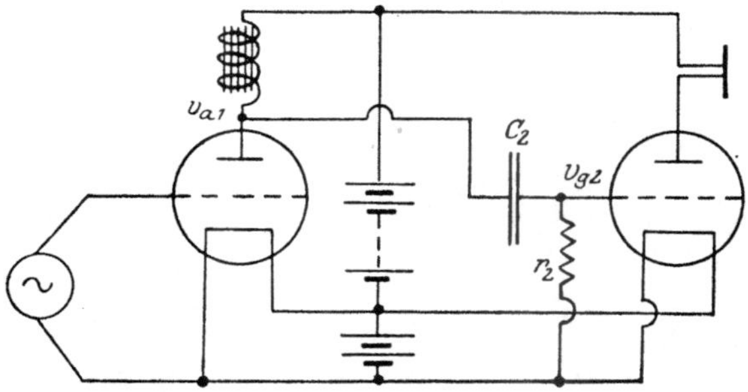

Abb. 85.

Wir sind nun auch nicht länger auf das theoretische Maximum $\mathfrak{v}$ der Verstärkung, d. h. auf den Verstärkungsfaktor der Röhre als solcher, beschränkt. Da der von der Sekundärseite des Transformators gelieferte Gitterstrom vernachlässigt werden

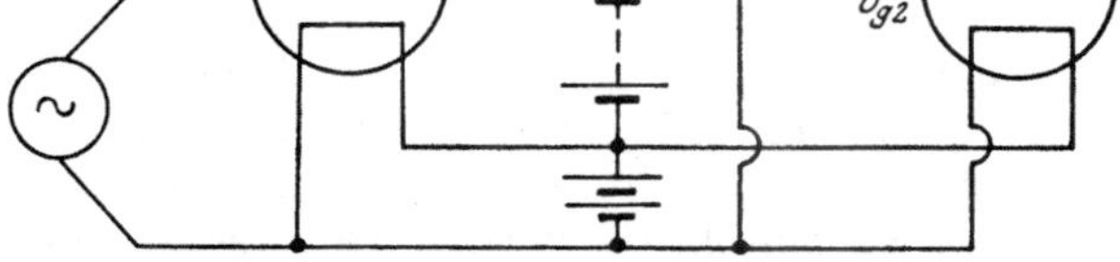

Abb. 86. Transformator-Schaltung.

kann, so ist es denkbar, daß Transformatoren mit sehr großem Übersetzungsverhältnis in bezug auf Primär- und Sekundärspannung gebaut werden könnten; aber hier werden durch die unvermeidliche Eigenkapazität der Transformatorwicklung strenge Grenzen gezogen, so daß in der Praxis bei Tonfrequenz kaum ein höheres Übersetzungsverhältnis als 1 : 4 verwendet wird. Selbst in diesem Falle erreicht der Verstärkungsgrad einer einzelnen Röhre, hauptsächlich infolge der Eigenkapazität — die wie ein Nebenschluß wirkt —, nicht ganz die theoretische Grenze 4 · 𝔳.

Die Größe des Zwischentransformators ist von beträchtlichem Interesse, kann aber hier im einzelnen nicht näher untersucht werden. Wir müssen uns mit der Feststellung begnügen, daß der Widerstand der Wicklung kaum in Frage kommt, da die Feinheit des Drahtes durch Herstellungs- und Bedienungsschwierig-

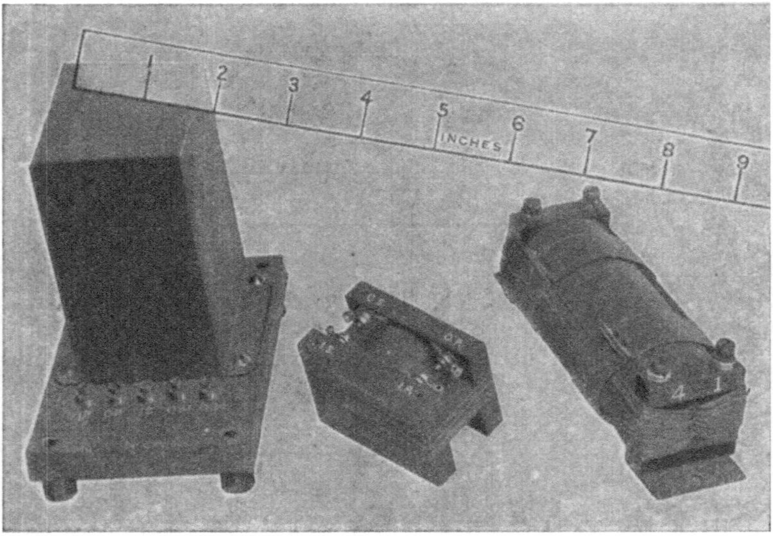

Abb. 87. Verstärkertransformatoren für Niederfrequenz.

keiten begrenzt ist. Der Größe der noch zulässigen Selbstinduktion ist durch die verschiedenen — bereits erwähnten — Eigenkapazitäten ebenfalls eine Grenze gezogen. Bei den sehr kleinen Zeichenströmen ist, obwohl sie sogar großen Gleichströmen überlagert werden, die Permeabilität $\frac{dB}{dH}$ des (lamellierten) Eisengestells sehr niedrig, etwa um 200. Abb. 87 veranschaulicht drei Ausführungsarten von Verstärkertransformatoren, die in weitem Maße zur Verwendung gelangten (besonders der kleine in der Mitte). Bei diesem bestehen Primär- und Sekundärwicklung aus 4000 bzw. 16000 Windungen eines Kupferdrahtes mit einem Durchmesser von 2 mil. = $^2/_{1000}$ engl. Zoll (= ~ 0,05 mm). Bei unbestimmt kleinen Stromschwankungen, wie sie schwachen Zeichen entsprechen, beträgt die Selkstinduktion der Sekundärseite etwa 100 H.

Niederfrequenz-(Tonfrequenz-)Verstärker dieser Bauart stellten die erste bedeutende und weitausgedehnte Verwendungsart der neuen Hochvakuumröhre dar. Sie werden viel mit 2 bis 4 Röhren in Kaskadenschaltung zur Verstärkung der gleichgerichteten Ströme in Empfängern benutzt, bevor diese Ströme dem Telephon zugeführt werden. Die Schaltung eines derartigen Verstärkers ist in Abb. 88 wiedergegeben. Die Transformatoren T_2, T_3 sind Zwischentransformatoren der beschriebenen Bauart. T_1 wäre an die Zeichenquelle anzuschließen; werden die drahtlosen Zeichen von

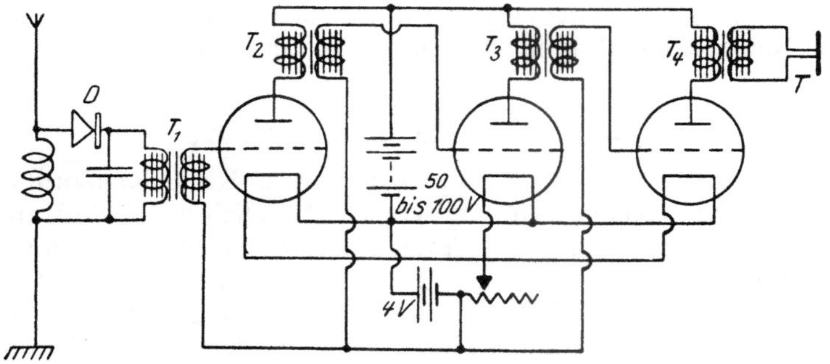

Abb. 88. Niederfrequenz-Verstärker.

einem Kristall- oder anderen Detektor aufgenommen, wie in der Abbildung angedeutet, so kann T_1 ganz gut ebenso groß wie T_2 und T_3 sein. T_4 ist ein Transformator, der heruntertransformiert, und dazu dient, das Telephon T vor dem Anodengleichstrom zu schützen[1]).

Für den Heizstrom ist eine gemeinsame Regulierung*) vorgesehen, während die Anodenbatterie mit Abzweigkontakten versehen ist; jedoch ist keine dieser Regulierungen unbedingt notwendig.

Man pflegt nicht mehr als drei oder vier Röhren auf diese Art miteinander zu verbinden, hauptsächlich wegen der Entstehung von Verstärkergeräuschen („Pfeifneigung" des Verstärkers). Diese rühren in der Hauptsache von kleinen Unstetigkeiten in der ersten Röhre her, die anscheinend zu einem großen Teil von der Reinheit oder dem Zustand des Heizdrahtes abhängen.

---

[1]) Wie auf Seite 85 erwähnt.

*) Besser ist die Einzelregulierung des Heizstromes jeder Röhre. Gl.

Derartig willkürliche Schwankungen verursachen nach ihrer Verstärkung durch die — sagen wir — beiden folgenden Röhren ein lautes, störendes Knacken und Krächzen im Telephon und machen so eine weitere Verstärkung nutzlos. Gewöhnlich besteht die Aufgabe dieser Verstärker nicht in der starken Verstärkung eines an sich hörbaren Zeichens als vielmehr darin, ein sonst unhörbares Zeichen wahrnehmbar zu machen. In dem Maße als immer empfindlichere Verstärker verfügbar wurden, wurden sie auch immer mehr dort zum Suchen nach Zeichen verwendet, wo diese bis dahin noch gänzlich unwahrnehmbar waren. Wenn einmal diese Tiefen so weit ausgelotet sein werden, daß die ankommenden Zeichen nicht stärker sind als die willkürlichen Störungen, die in den Kreisen der ersten Röhre ihren Ursprung haben, dann wird eine weitere Verstärkung keinen Vorteil mehr mit sich bringen.

5. Hochfrequenzverstärker.

Wir haben zwei Schaltungsarten für in Kaskadenanordnung aufeinanderfolgende Röhren untersucht, nämlich die Widerstandskapazitätsschaltung und die Transformatorschaltung, die beide zur Verstärkung von Zeichen mit Tonfrequenz geeignet sind. Unter der Voraussetzung, daß die in den Schaltungen verwendeten Widerstände — Ohmsche Widerstände in dem einen Fall und der Wechselstromwiderstand der Transformatorwicklung in dem anderen Fall — für die Zeichenströme geeignet sind, kann die Frequenz derselben mehrere Hunderttausend statt Hunderte betragen; und genau dieselben Schaltungen, die für Tonfrequenzverstärker beschrieben wurden, können beim Bau von Hochfrequenzverstärkern verwendet werden. Jedoch erfordert die Zunahme der Frequenz eine bedeutende Abänderung in bezug auf die Wechselwiderstände.

Es ist schon im ersten Kapitel hervorgehoben worden, daß das Merkmal, wodurch die drahtlose Nachrichtentechnik sich besonders auffallend von der gewöhnlichen (niederfrequenten) Wechselstromtechnik unterscheidet, die Bedeutung ist, die sehr kleinen Kapazitäten zukommt. Eine Kapazität, deren kapazitiver Widerstand für den Wechselstrom, wie er in Lichtnetzen vorhanden ist, unter allen Umständen nahezu unendlich groß ist, kann für einen Wechselstrom mit einer Wechselzahl von einer Million Per/sec einen sehr bequemen Weg darstellen. Wenn man also große ohmsche oder induktive Widerstände für Hochfrequenzkreise baut, so liegt die Schwierigkeit darin, die Streukapazitäten genügend klein zu halten, damit der Hochfrequenzstrom nicht über diese fließen kann. So würde z. B. bei dem in Abb. 84 dargestellten Widerstandsverstärker, wenn der Widerstand R_1 im Anodenkreis 100000 Ω beträgt und dieser Widerstand zufällig von einer Kapazität von nur einem Millionstel μF (= ~ 1 cm) überbrückt würde, über diese Kapazität bei einer Wellenlänge von $\lambda = 1000$ m ein ebenso großer Strom fließen wie in dem Widerstand R_1 selbst. Es ist also ganz klar, daß bei derartigen Frequenzen die gewöhnlichen Spulen mit Widerstandsdraht unbrauchbar sind; sie müssen durch Widerstände ersetzt werden, die frei von Eigenkapazität sind.

Die Anodenkreiswiderstände (R_1 in Abb. 84) werden für Hochfrequenzverstärker dieser Art manchmal in Gestalt eines dünnen Platinhäutchens hergestellt, das sich als Niederschlag auf einer Glasplatte von ein paar cm² Flächengröße befindet, wobei das Häutchen in einen langen, zickzackförmigen Leiter durch feinlinierte Ritzen geteilt wird, wie Abb. 89 zeigt. Die Gitterableitungswiderstände (r_2 in Abb. 84), die sehr kleinen Spannungen ausgesetzt sind und nur ebensolche Ströme zu führen haben, werden oft als Bleistift- oder Tuschestrich auf einem Streifen Papier hergestellt. Eine mehr zufriedenstellende Ausführungsart, die wir S. R. Mullard zu verdanken haben, besteht aus einem teilweise verkohlten Zellulosefaden, der in ein Schutzrohr eingeschlossen ist. Eine Schwierigkeit, die bei allen hochohmigen Widerständen, die in gedrängter Bauform aus einem Material mit geringem spezifischen Widerstand (wie Platin oder Kohle) hergestellt werden, vorkommt, ist die, daß der Querschnitt des Leiters außerordentlich klein gehalten werden muß, wenigstens in bezug auf den Platz. Infolgedessen verliert der Leiter leicht seinen Zusammenhang und kann so krächzende, mehr oder minder mikrophonähnliche Kontaktgeräusche verursachen — eine recht störende Ursache von Verstärkergeräuschen.

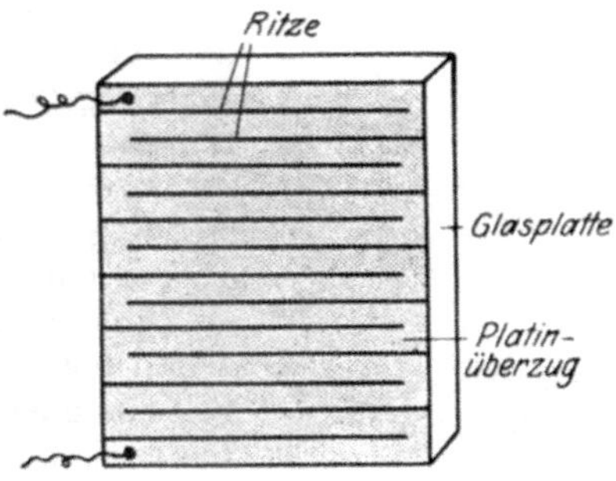

Abb. 89. Platinwiderstand.

Nicht nur die Eigenkapazität der Widerstände muß klein gehalten werden, es müssen auch Vorkehrungen getroffen werden, um die verwerflichen Parallelkapazitäten der Drahtführungen, Schalter, Klemmen, Spulen usw. ja sogar die der Röhrensockel und der Röhren selbst auf ein Minimum zu beschränken. So werden z. B. in Hochfrequenzverstärkern dieser Bauart bei sehr kurzen

Wellen — sagen wir unter 1000 m — besondere Röhren wie die französische „gehörnte“ Röhre (Abb. 90) oder die Marconi-„V 24“ (die wie die Röhre in Abb. 76*D* ausgeführt ist) verwendet, um die Kapazitäten zwischen Anode, Gitter und Heizdraht zu vermeiden, die bei dem nahen Abstand der Kontaktstifte der „R“-Röhre (Abb. 77) vorhanden sind.

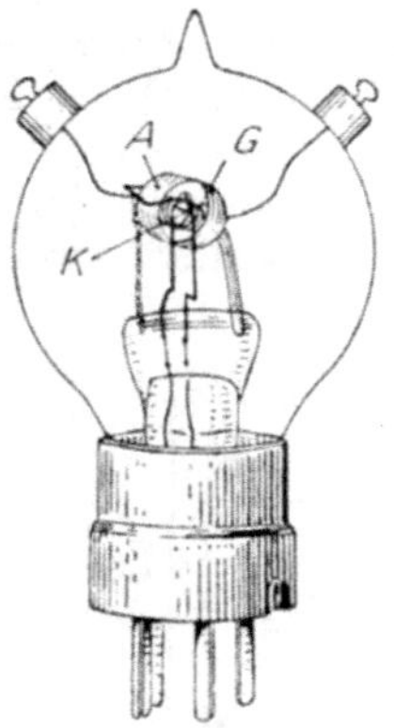

Abb. 90. „Gehörnte“ Elektrodenröhre.

Unter Beachtung dieser Vorsichtsmaßregeln können Verstärker in Widerstandskapazitätsschaltung sehr wirksam bei langen Wellen gemacht werden. Jedoch nimmt ihr Wirkungsgrad mit abnehmender Wellenlänge ab, da die Streukapazitäten nicht ganz entfernt werden können und die Nebenschlußwirkung derselben der Wellenlänge umgekehrt proportional ist.

Wenden wir uns nun der Transformatorschaltung in Abb. 86 zu, so tritt da dieselbe Schwierigkeit mit den Streukapazitäten auf, die auch hier wieder bekämpft werden muß. Die eisenhaltigen Transformatoren werden beim Hochfrequenzverstärker durch eng miteinander gekoppelte Spulen ersetzt, wie diese gewöhnlich in Hochfrequenzkreisen verwendet werden. — Die Spulen können z. B. einlagig gewickelt sein oder aber in „Seibt“-Wicklung[1]) ausgeführt werden; oder Primär- und Sekundärwicklung werden in getrennten Abteilungen gewickelt, die abwechselnd in einer Anzahl ganz enger Rillen untergebracht werden, welch letztere in einen Hartgummizylinder eingedreht sind. Aber auch hier verhindert wiederum — ausgenommen bei sehr langen Wellen — die Nebenschlußkapazität, daß bei einer Röhre Verstärkungsgrade erreicht werden, die nahezu so groß sind wie der Verstärkungsfaktor $\mathfrak{v}$; ausgenommen ist ferner der Fall, in dem die Frequenz beinahe gleich der Eigenfrequenz wird, bei der der Wechselstromwiderstand von Induktivität und der dazu im Nebenschluß liegenden Eigenkapazität infolge der Resonanzwirkung (Stromresonanz) sehr

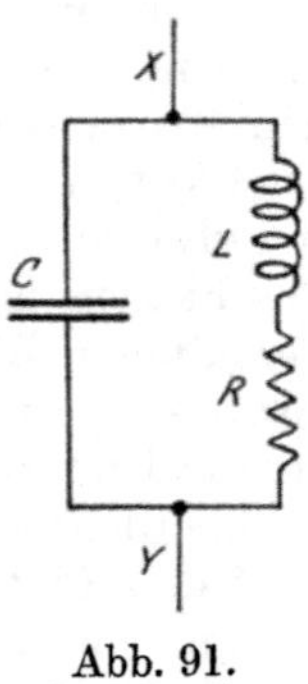

Abb. 91. Sperrkreis.

[1]) Bei der Seibt-Wicklung (engl.: pile-winding) sind die Spulen mehrlagig, jedoch so gewickelt, daß die Eigenkapazität sehr niedrig ist. Die in bb. 66 sichtbaren Spulen sind mit einer Seibt-Wicklung versehen.

groß wird. So ist z. B. in Abb. 91 bei einem stationären Wechselstrom mit der Frequenz $\frac{\omega}{2\pi}$ der Wechselstromwiderstand zwischen den Punkten X und Y gleich

$$\frac{R^2 + \omega^2 L^2}{R + j\omega^2 (C R^2 + \omega^2 C L^2 - L)},$$

worin $j = \sqrt{-1}$; er erreicht einen sehr hohen Widerstandswert, nämlich $\frac{\omega^2 L^2}{R}$, wenn $\omega L = \frac{1}{\omega C}$ ist, sofern $R \ll \omega L$ ist.

In der Praxis wird die Wirkung eines derartigen „Sperrkreises" ganz allgemein nutzbar gemacht. Die Induktionsspulen, Drahtführungen usw. werden möglichst kapazitätsfrei ausgeführt. Jedoch wird soviel Draht auf die Spulen gewickelt, daß die Sperrkreiswirkung möglichst bei der Wellenlänge auftritt, für die der Verstärker am meisten verwendet wird. Die Schaltung eines dreifachen Hochfrequenzverstärkers mit Lufttransformatoren ist in Abb. 92 wiedergegeben, zum Vergleich mit den Niederfrequenzverstärker in Abb. 88. Wie man sieht, sind zu jedem Paar der eng gekoppelten Spulen Kondensatoren parallel geschaltet; es ist aber zu beachten, daß letztere nur die unvermeidliche Eigenkapazität der betr. Spulen darstellen. Das mittlere Potential an den Gittern kann etwas positiv gemacht werden, nämlich dadurch, daß der Schleifkontakt des Spannungsteilers von dem rechten Ende weggeschoben wird. Diese Regulierung dient dazu, daß das ganze System veranlaßt werden soll, sich wie ein Generator mit Selbsterregung zu verhalten. Nach Behandlung der kapazitiven Rückkopplung von Anode und Gitter (s. Kapitel IX und X) wird dies klar werden[1]).

Diese Art von Verstärkern mit Lufttransformatoren kann für ganz kleine Wellenlängen gebaut werden, obwohl notwendigerweise die Schwierigkeiten, große Verstärkungen zu erhalten — von einem ganz engen Wellenbereich abgesehen — zunehmen, sobald die Wellenlänge kleiner gemacht wird.

Hochfrequenzverstärker haben gegenüber den Niederfrequenzverstärkern einen Vorteil in bezug auf die willkürlichen Störgegeräusche, die bereits (auf Seite 121) erwähnt wurden und die die Zahl der Röhren bei einem Niederfrequenzverstärker auf drei beschränken. Diese Störungen, die ihren Ursprung in den Röhren selbst und unter Umständen auch in den Batterien*) und Wider-

[1]) Siehe besonders X. Kapitel, 4. Abschnitt.

*) Hier durch Polarisationsströme, die besonders bei zu großer Belastung der Anodenbatterie auftreten. Gl.

ständen haben, besitzen einen langsamen Charakter, der akustischen Schwingungen ähnlich ist. Sie werden daher durch die verschiedenen Stufen eines Hochfrequenzverstärkers nicht unter großer Verstärkung hindurchgeleitet, da die Verbindungskondensatoren und Transformatoren die Hochfrequenzströme viel besser leiten als die Niederfrequenzströme. Wird z. B. bei einem Hochfrequenzverstärker mit Widerstandkapazitätsschaltung der Verbindungskondensator C_2 so klein gehalten als es die Wechselzahl der Hochfrequenzströme gestattet — obwohl C_2 jede beliebig große Kapazität nach oben haben kann, ohne daß dadurch die Empfindlich-

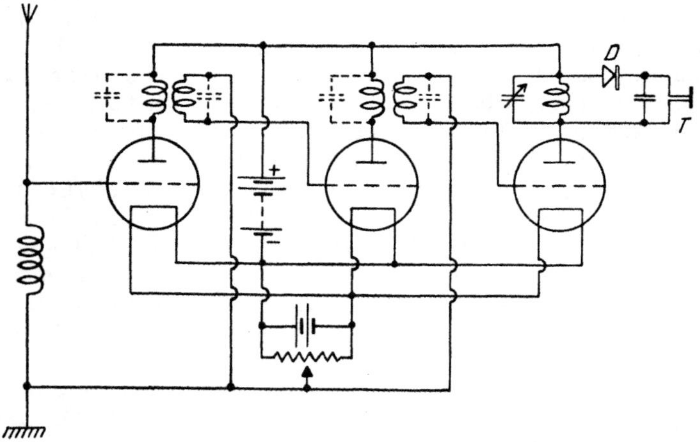

Abb. 92. Hochfrequenzverstärker.

keit für drahtlose Zeichen beeinträchtigt wird —, so überträgt dieser Kondensator die Störungsschwankungen mit ihrer wesentlich niedrigeren Frequenz nicht besonders wirksam.

Mit Vorteil können deshalb Hochfrequenzverstärker mit einer großen Zahl Röhren in Kaskadenanordnung ausgestattet werden; und H. J. Round hat betont[1]), daß er einen Hochfrequenzverstärker für kurze Wellen verwendete, der 22 Röhren in Kaskadenschaltung enthielt. Die Abb. 93 und 94 zeigen Außen- und Innenansicht eines 7-Röhren-Hochfrequenzverstärkers mit Transformatorschaltung, der für Wellenlängen von 500 $\div$ 1200 m ge-

[1]) Diskussion der Abhandlung von C. L. Fortescue: „Der Entwurf von Mehrfachverstärkern unter Verwendung der Dreielektrodenröhre" („The design of multi-stage amplifiers using three-electrode thermionic valves") Journal Inst. Elect. Engineers, Band 58, Januar 1920.

Abb. 93. Hochfrequenzverstärker für 500 ÷ 1200 m.
(Marconi's Wireless Telegraph Co., Ltd.)

Abb. 94. Innenansicht des Hochfrequenzverstärkers Abb. 93.
(Marconi's Wireless Telegraph Co., Ltd.)

eignet ist. Die sechs Hochfrequenztransformatoren sind klar in Abb. 94 zu erkennen. Die Schlußröhre zur Linken in Abb. 93

arbeitet als Detektor. An sie ist ein Niederfrequenztransformator angeschlossen, der das gleichgerichtete Zeichen entweder an ein Kopfdoppeltelephon oder an einen besonderen Niederfrequenzverstärker weitergibt.

Achtes Kapitel.

Die Röhre als Gleichrichter (Detektor).

1. Anodengleichrichtung.

Elektronenströme wurden zum erstenmal in der drahtlosen Telegraphie von J. A. Fleming benutzt, um die aufgenommenen

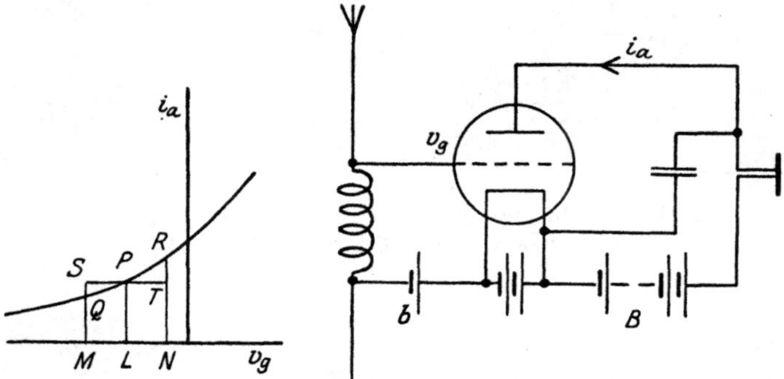

Abb. 95. Anodengleichrichtung.

hochfrequenten Zeichen gleichzurichten und so in dem Telephon wahrnehmbare Ströme hervorzurufen. Die Fleming-Röhre beruht wie der Kristalldetektor auf der Krümmung der Kennlinie, die den Strom in Abhängigkeit von der Spannung darstellt. Diese Krümmung, die wir bereits bei der Zweielektrodenröhre untersucht haben, rührt von der Raumladung her. Wir haben ferner gesehen, daß bei der Dreielektrodenröhre eine ähnliche Krümmung am Fuße der Kennlinie vorhanden ist, die den Anodenstrom in Abhängigkeit von der Gitterspannung darstellt. Wenn also an das Gitter eine hochfrequente EMK angelegt wird, so tritt, noch bevor das Telephon in den Anodenkreis geschaltet ist, eine Art Gleichrichtung auf. So kann z. B. in Abb. 95 — die man mit der Detektorgleichrichtung der Abb. 60 und 61 und mit der Gleichrichtung durch Zweielektrodenröhren in Abb. 72 vergleichen möge — der Arbeitspunkt P durch Einregulierung der Gittervorspannung b oder der Anodenspannung B an eine Stelle der Kennlinie $i_a = f(v_g)$ gebracht werden, wo die Neigung stark zunimmt. Eine derartig verwandte Dreielektrodenröhre liefert in das Telephon den gleichgerichteten Zeichenstrom $\frac{e^2}{4} \cdot \frac{d^2 i_a}{d v_g^2}$[1]). Die Dreielektrodenröhre ist ein empfindlicherer Detektor, da $\frac{d^2 i_a}{d v_g^2}$ bei der Dreielektrodenröhre größer ist als $\frac{d^2 i_a}{d v_a^2}$ bei der Zweielektrodenröhre, wobei ein in jedem Fall passender Bereich der Kennlinie gewählt werden soll. Wird eine Dreielektrodenröhre, die mit negativer Gittervorspannung arbeitet, in einen Hochfrequenzkreis geschaltet, so hat dies den weiteren Vorteil, daß aus dem Schwingungskreis keine Energie entnommen wird. Hingegen müssen der Kristalldetektor und die Zweielektrodenröhre aus ihm Energie entnehmen und vergrößern so die Dämpfung des Schwingungskreises.

2. Gleichrichtung durch Aufladung des Gitters.

Ein anderes und noch wirksameres Verfahren, die Röhre als Gleichrichter zu benutzen, macht von der Krümmung der Kennlinie des Gitterstromes (vgl. Abb. 79) Gebrauch. Durch Einstellung des Spannungsteilers (Abb. 96) kann das mittlere Gitterpotential auf jeden Wert gebracht werden, wie er bei der Kennlinie in Abb. 79 vorhanden ist. Wenn nun dieses mittlere Gitterpotential auf einen Wert gebracht wird, der kleiner ist als ungefähr — 1 V, so fließt kein Strom über das Gitter; jedoch fließt ein solcher — wenn auch ein sehr kleiner — bei höherem Wert des Gitterpotentials. Und da die Kennlinie gekrümmt ist, so wird eine Wechsel-EMK in der Antenne einen gleichgerichteten Strom zwischen Gitter und Heizdraht hervorrufen. Derselbe ist sehr klein und durchfließt auf keinen Fall das Telephon. Irgendein gleichgerichteter Strom in dem Telephon muß daher wie zuvor (Abb. 95) von der Krümmung der Kennlinie des Anodentsromes abhängen.

Wir wollen nun aber einmal das Gitter mit Hilfe des Kondensators C isolieren· (Abb. 97) und wollen — wie es schon in ähnlicher Weise bei den Verstärkern mit Widerstandkapazitätsschaltung geschehen ist — auch hier einen hohen Ableitungswider-

[1]) Siehe Theorie der Gleichrichtung im V. Kap., 2. Abschn.; die an der Spitze der Kennlinie infolge der Sättigungswirkung einsetzende Krümmung kann natürlich auch zur Gleichrichtung benutzt werden.

stand r einschalten, damit das Gitter daran verhindert wird, irgendein unbestimmt großes, negatives Potential anzunehmen. Der gleichgerichtete Strom wird nun bis zu einem gewissen Maß gesammelt werden, um auf dem Kondensator C eine Ladung zu bilden. Hierdurch wird bewirkt, daß das Gitterpotential immer mehr absinkt, solange die Gleichrichtung unter dem fortgesetzten Einfluß des ankommenden Zeichens weiter stattfindet. Das mittlere Gitterpotential nimmt also während eines Zeichens dauernd ab; und wenn r unendlich groß wäre, so würde tatsächlich nach einem kräftigen Zeichen das Gitter ein stark negatives Potential besitzen, wodurch der Anoden- und Telephonstrom dauernd verkleinert worden wäre.

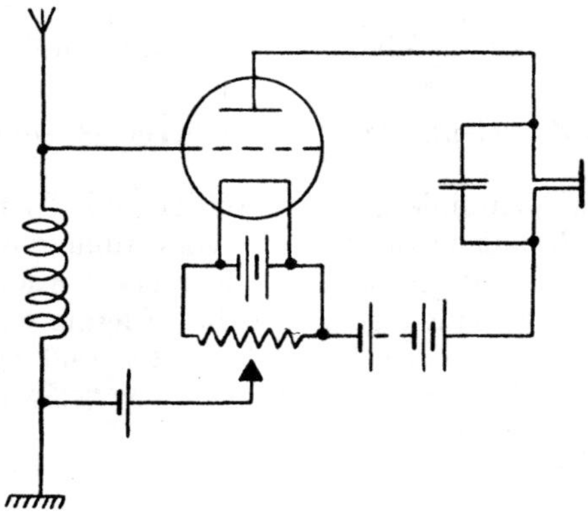

Abb. 96.

Die Wirkung des Ableitungswiderstandes r ist nun etwa die, daß er allmählich das Werk der Zeichenströme vernichtet, indem er die auf der Gitterseite des Kondensators C angehäuften Elektronen ableitet. Infolgedessen wird nach dem Aufhören eines Zeichens der Telephonstrom wieder allmählich zu dem Wert anwachsen, den er vor dem Einsetzen des Zeichens hatte. Die entsprechenden Abmessungen für C und r ergeben sich aus der Bedingung, daß C wegen seines kapazitiven Widerstandes gegenüber der gebräuchlichen Frequenz groß sein muß, damit dieser kapazitive Widerstand viel kleiner ist als der Widerstand des Gitters und seines

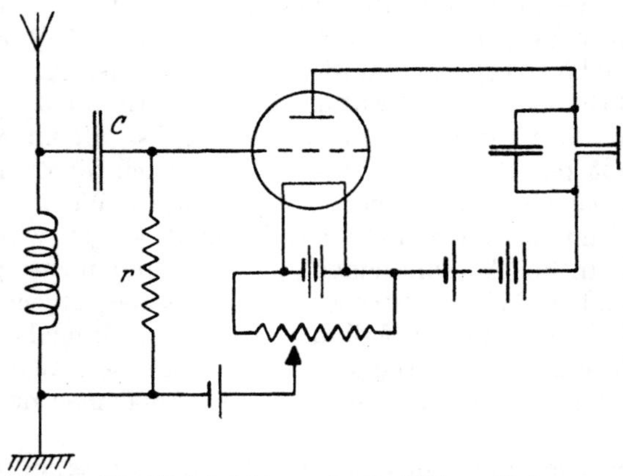

Abb. 97. Gleichrichtung durch Gitteraufladung.

Nebenschlusses r; andererseits sollte C noch so klein sein, daß auch in nennenswerter Weise die volle Spannung genügend schnell unter dem Einfluß des Zeichens erreicht wird. Das Verhalten einer auf die Art als Detektor arbeitenden Röhre ist in dem oberen Teil von Abb. 98 dargestellt.

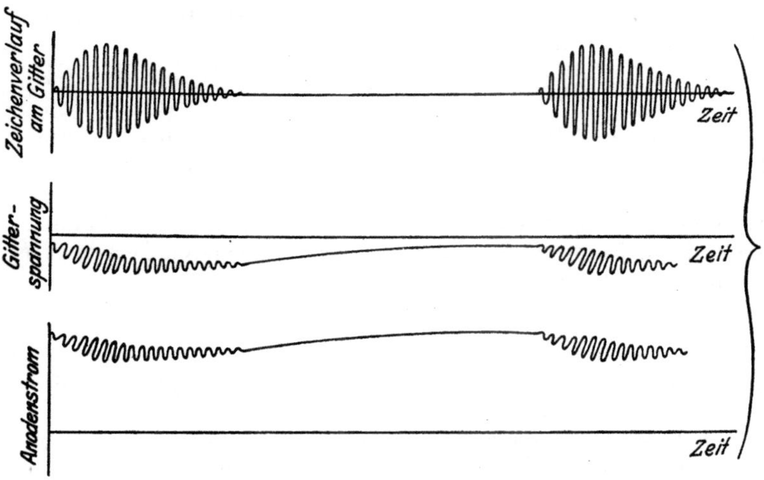

a

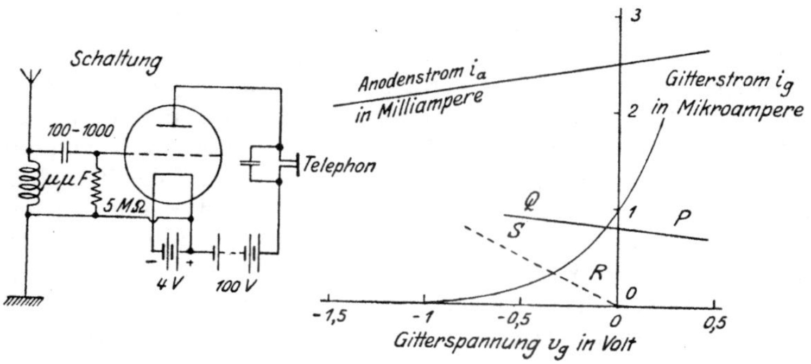

b

Abb. 98.

Wird das Gitter über einen hohen Widerstand (z. B. etwa 5 MΩ) mit einem Punkt verbunden, der ein positives Potential von nur wenig Volt besitzt (z. B. das positive Ende des Heizdrahtes), so nimmt das Gitter automatisch ein passendes Potential ganz in der Nähe von Null an, wo der Strom zwar sehr klein ist, sich aber sehr stark bei zunehmender Spannung ändert. Eine

Einstellung mittels Spannungsteiler ist dann unötig. In dem unteren Teile der Abb. 98 ist eine Röhrendetektorschaltung dieser Art zusammen mit den diesbezüglichen Teilen der Röhrenkennlinie in stark vergrößertem Maßstab wiedergegeben. Das von dem Gitter bei Zeichenlosigkeit angenommene Potential ist durch den Schnitt der Gitterstromkennlinie mit der Geraden PQ gegeben, für die die Gleichung

$$i_g = \frac{4 - v_g}{r}$$

gilt, worin $r = 5\,\mathrm{M}\Omega$ ist. Wäre statt des an das positive Ende des Heizdrahtes angeschlossenen Widerstandes von $5\,\mathrm{M}\Omega$ ein solcher von $1\,\mathrm{M}\Omega$ aber diesmal an das negative Heizdrahtende angeschlossen worden, so würde die Gitterspannung durch den Schnittpunkt der Gitterstromkennlinie mit der gestrichelten Geraden RS gegeben sein, für die die Gleichung

$$i_g = \frac{0 - v_g}{r}$$

gilt, worin r gleich $1\,\mathrm{M}\Omega$ ist. Jeder dieser Schnittpunkte würde eine gute Gleichrichtung des Gitterstromes liefern.

Sobald ein Zeichen ankommt, nimmt das mittlere Gitterpotential ab, und die dementsprechende Abnahme des Anodenstromes in dem Telephon wird um so größer sein, je stärker die Neigung der Kennlinie des Anodenstromes ist. Es ist daher wünschenswert, die Anodenspannung so zu wählen, daß dadurch der Arbeitspunkt auf den steilen, geradlinigen Teil der Kennlinie verlegt wird. Jede Konkavität nach oben (im unteren Teil der Kennlinie) bedeutet nicht nur eine kleinere Neigung, sondern bringt es auch mit sich, daß eine Anodengleichrichtung eintritt, die auf das Telephon entgegengesetzt einwirkt, wie die Gleichrichtung durch das Gitter.

Derartig verwendet stellt die Röhre einen viel empfindlicheren Detektor als jeder Kristalldetektor oder der Röhrendetektor mit einfacher Anodengleichrichtung (wie in Abb. 95) dar; und obwohl sie gegenüber dem letzteren nicht den theoretischen Vorteil besitzt, aus dem Schwingungskreis **keinen** Strom zu entnehmen, so ist doch der innere Gitterwiderstand so hoch (etwa $^1/_2\,\mathrm{M}\Omega$), daß er praktisch keinen Einfluß auf die Dämpfung des Schwingungskreises ausübt[1]).

---

[1]) Wenn es möglich wäre, Schwingungskreise mit einen unbeschränkt großen Verhältnis $\frac{L}{C}$ herzustellen, so würde das Leitvermögen des Detektors eine große Bedeutung erlangen, selbst wenn es nicht so klein wäre. Das durch den hohen Ableitungswiderstand R eines Kondensators in einen Schwin-

3. Die Beziehung zwischen dem gleichgerichteten Strom und der Zeichenstärke.

Die im V. Kapitel, 2. Abschnitt für den Kristalldetektor aufgestellte quantitative Theorie der Gleichrichtung läßt sich ohne Abänderung auch auf den Fall der Röhrengleichrichtung durch die Krümmung der Anodenstromkennlinie anwenden. Der in dem Anodenkreis auftretende Zeichenstrom ist bei einer an das Gitter angelegten hochfrequenten EMK mit der Amplitude e sinngemäß gleich

$$\frac{e^2}{4} \cdot \frac{d^2 i_a}{d v_g{}^2}.$$

Die Theorie der Gleichrichtung durch Aufladung des Gitters ist nicht so einfach wie die der Gleichrichtung durch einfache Krümmung der Kurve; aber es könnte gezeigt werden, daß der gleichgerichtete Strom in dem Telephon — d. h. die Änderung des Anodenstromes — die von einer dauernd angelegten Zeichenspannung e herrührt, gleich

$$\left(\frac{e^2}{4} \cdot \frac{d i_a}{d v_g}\right) : \left(\frac{1}{r} + \frac{d i_g}{d v_g}\right) \cdot \frac{d^2 i_g}{d v_g{}^2}$$

ist, worin $\frac{d i_a}{d v_g}$ die Neigung der Anodenstromkennlinie darstellt und $\frac{d i_g}{d v_g}$ wie $\frac{d^2 i_g}{d v_g{}^2}$ die Neigung bzw. das Differential der Neigung der Gitterstromkennlinie (Abb. 98) bedeuten. Obwohl hieraus hervorgeht, daß die Gleichrichtung durch Aufladung des Gitters viel wirksamer ist als die des Detektors oder der Zweielektrodenröhre infolge der Krümmung der Anodenstromkennlinie, so nimmt doch auch hier der Wirkungsgrad sehr ab, sobald die Stärke der Zeichen nachläßt.

Diese Eigenschaft der Detektoren hat in weitem Maße zu der Bedeutung der Hochfrequenzverstärker beigetragen. Eine — sagen wir — zehnfache Verstärkung **vor** der Gleichrichtung ist ebensoviel wert als eine hundertfache Verstärkung nach der Gleich-

---

gungskreis gebrachte Dekrement ist $\delta = \frac{1/R}{2 \nu C} = \frac{1}{R} \cdot \pi \sqrt{\frac{L}{C}}$ (vgl. das Dekrement infolge eines kleinen Widerstandes R', der mit einem Kondensator in Serie geschaltet ist, $\delta' = \frac{R'}{2 \nu L}$, III. Kap., 2. Abschn.). Jedoch legt die Eigenkapazität der Spulen dem Konstrukteur praktische Einschränkungen auf, sobald er $\frac{L}{C}$ sehr groß zu machen sucht.

richtung der Hochfrequenzströme. Obwohl die auf eine Röhre praktisch erreichbare Verstärkung in einem Hochfrequenzverstärker nicht so groß ist wie bei dem Niederfrequenzverstärker — besonders bei kurzen Wellen —, so erlaubt der Hochfrequenzverstärker daher doch, mit drahtlosen Zeichen zu arbeiten, die auf der Empfangsseite so schwach sein können, daß sie ohne Hochfrequenzverstärkung überhaupt nicht aufgenommen werden können.

4. Schwebungsempfang (heterodyne reception).

Das zum Empfang ungedämpfter Wellen benutzte Schwebungsverfahren ist schon im V. Kapitel, 2. Abschnitt beschrieben worden. Es wurde von R. A. Fessenden vorgeschlagen, bevor noch die Röhre erfunden worden war, gelangte aber erst zur allgemeinen Verwendung, als diese erschienen und es möglich war, mit ihr stetige und geeignete Schwingungen an Ort und Stelle zu erzeugen. Die Röhre als Schwingungserzeuger wird der Gegenstand des nächsten Kapitels sein; jedoch ist eine weitere Erörterung des Schwebungsverfahrens hier wegen der im letzten Abschnitt untersuchten Frage der Gleichrichterwirksamkeit angebracht.

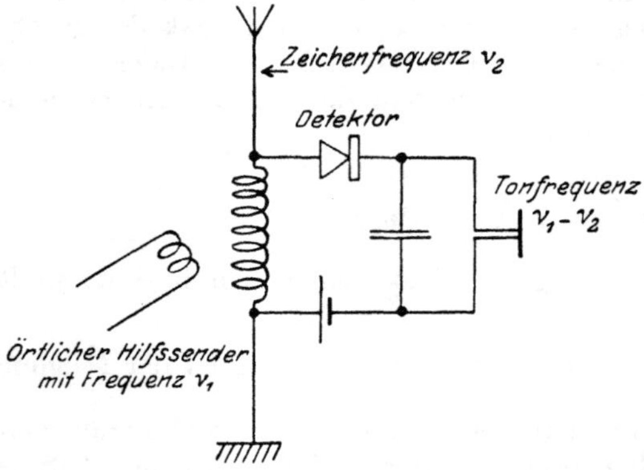

Abb. 99. Überlagerungsempfang.

Abb. 99 veranschaulicht die am einfachsten ausführbare Schwebungs- oder Überlagerungsschaltung. Gewöhnlich ist der Gleichrichter eine Röhre — der Einfachheit halber ist hier ein einfacher Kristalldetektor eingezeichnet. Die Ausführung des Schwingungserzeugers — in der Praxis immer eine Röhrenanordnung — braucht uns hier nicht zu beunruhigen. In Abb. 100 bedeutet

a) die lokale Schwingung mit der Amplitude OA, die dem Gleichrichter (Detektor) überlagert wird;

b) die von dem aufgenommenen Zeichen herrührende Schwingung mit der Amplitude OB;

c) die in dem Gleichrichter-(Detektor-)Kreis auftretende resultierende Schwingung (Schwebung) mit Amplituden, die zwi-

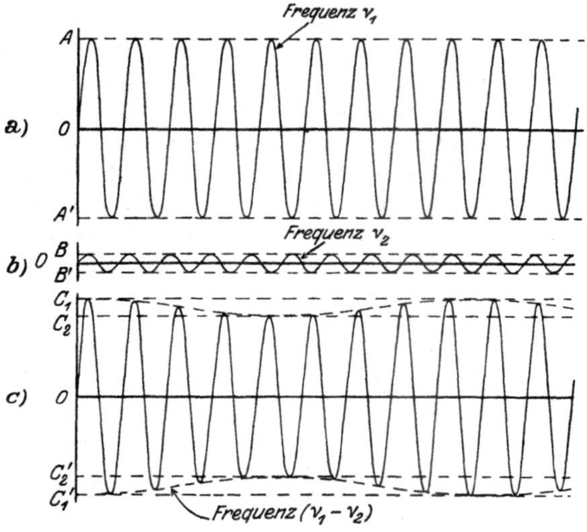

Abb. 100.

schen dem Maximum $OC_1 = OA + OB$ und dem Minimun $OC_2 = OA - OB$ schwanken, wobei jede beliebige Tonfrequenz möglich ist.

Die Abbildung stellt in graphischer Form die goniometrische Summierung auf Seite 87 dar.

Abb. 101. Überlagerungs- oder Schwebungsempfang.

Die örtliche Schwingung dient außer zur Erzeugung hörbarer Tonschwankungen im Telephon auch noch zu einem anderen Zweck: sie verbessert obendrein die Wirksamkeit des Gleichrichters. Daß dem so ist, kann man aus der Gleichrichter-(Röhren-)Kennlinie in Abb. 101 erkennen, die aus einem horizontalen und einem geradlinigen, geneigten Teil besteht, welche durch ein Kurvenstück miteinander verbunden sind, und die den unteren Teil der Gitter- oder Anodenstromkennlinie der Röhre darstellen mag. Wir wollen annehmen, daß — wie es sein sollte — die örtliche Schwingung groß genug ist, um die ganze Kennlinie von dem wirklich horizontalen Gebiet zur Linken bis zu dem steilen, wirklich geradlinigen Gebiet auf der rechten Seite zu überdecken[1]). Dann ändern sich die negativen Spitzen des Stromes, da dieser gleich Null ist, überhaupt nicht unter dem Einfluß des Zeichenstromes, während dagegen die positiven Spitzen (mit Tonfrequenz) zwischen den Werten $C_1 L$ und $C_2 M$ schwanken. Wenn keine örtliche Schwingung vorhanden gewesen wäre, würde das Zeichen positive Zeichenstromspitzen BR und negative Zeichenstromspitzen $B'Q$ hervorgerufen haben. Auf diese Art kann man sich eine grobe Vorstellung von dem infolge Verwendung einer

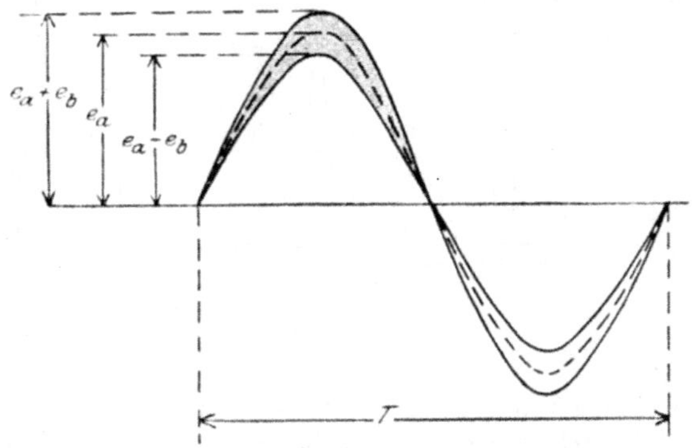

Abb. 102.

örtlichen Schwingung herrührenden Gewinn machen, wenn man LN mit $(RT - QS)$ vergleicht.

Um annähernd die Größe des „Zeichenstromes“ — die hier der Größe der Schwankung des Telephonstromes entspricht — zu berechnen, können wir folgendermaßen vorgehen: die Amplitude der Hochfrequenzspannung an dem Gleichrichter (Detektor) schwankt zwischen $(e_a + e_b)$ und $(e_a - e_b)$ worin e_b die Amplitude der ankommenden Zeichenspannung bedeutet. Eine Periode der Spannung, die gerade dieser Amplitude entspricht, ist in Abb. 102 wiedergegeben (ebenso auch eine Periode der dazwischen befindlichen Amplitude e_a, wenn kein Zeichen empfangen wird). Absolut genommen, weichen die Ordinaten natürlich in dem mittleren Teil jeder Halbperiode am meisten voneinander ab, d. h. wenn das Gitterpotential in der Nähe von A und A' (s. Abb. 101)

[1]) D. h. der gewissermaßen nicht ausgewertete Rückstand $(a - b) \sin \omega t$ der örtlichen Schwingung ist groß.

liegt. Wenn nun die örtliche Schwingung groß genug ist, um einen großen Bereich des horizontalen und des geradlinigen, geneigten Teils der Kennlinie zu bedecken, so muß daher die Differenz der Elektrizitätsmengen, die unter dem Einfluß dieser beiden Spannungen — nämlich der Amplituden $(e_a + e_b)$ und $(e_a - e_b)$ — durch das Telephon geflossen sind, während der negativen Halbperiode annähernd gleich Null sein und während der positiven ungefähr gleich der schraffierten Fläche multipliziert mit der Neigung m des geradlinigen, geneigten Teils der Kennlinie. Daraus ergibt sich annähernd die Größe des „Zeichenstromes" im Telephon zu

$$m \cdot \frac{1}{T} \int_0^{T/2} \left[(e_a + e_b) \sin \frac{2\pi t}{T} - (e_a - e_b) \sin \frac{2\pi t}{T} \right] dt = \frac{2m}{\pi} \cdot e_b .$$

Was in diesem Ausdruck besonders wichtig ist, ist die Tatsache, daß der Zeichenstrom in dem Telephon jetzt der Amplitude e_b des ankommenden Zeichens direkt proportional ist, und nicht mehr dem Quadrat der Amplitude, wenn keine örtliche Schwingung vorhanden ist. Hieraus folgt, daß bei schwach ankommenden Zeichen die Schwebung in weitem Maße die Empfindlichkeit des Gleichrichters (Detektor oder Röhre) vergrößert. Dieser Eigenschaft des Schwebungsverfahrens ist es zu verdanken, daß eine Reihe umwälzender Fortschritte festgestellt werden konnten, nachdem man vom Funkensender zum ungedämpften Sender übergegangen war. Dabei kommen diese Fortschritte in viel größerem Maße der höheren Empfindlichkeit der beim Empfang ungedämpfter Zeichen verwendeten Detektoranordnung zu, als bei irgendeiner geheimnisvollen Übertragung der Überlegenheit ungedämpfter über gedämpfte Wellen.

Diese überaus nützliche Eigenschaft des Schwebungsempfangs macht die Zeichengebung mit ungedämpften Wellen von dem Hochfrequenzverstärker unabhängiger als eine Zeichengebung mit Funkensendern; und wenn bei einem Niederfrequenzverstärker praktisch so viele Röhren in Kaskadenschaltung verwendet werden könnten wie beim Hochfrequenzverstärker, so würde es viel besser sein, die gesamte Verstärkung **nach** der Gleichrichtung vorzunehmen. Jedoch bleibt die der Niederfrequenzverstärkung auferlegte Beschränkung — begründet durch die Verstärkergeräusche — immer noch bestehen, so daß man sogar beim Schwebungsempfang ebenso gut vor wie nach der Gleichrichtung zu verstärken pflegt.

5. Rechnerischer Vergleich der verschiedenen Detektormöglichkeiten.

In diesem Kapitel wurden bis jetzt die Detektorschaltungen der Dreielektrodenröhre untersucht und zwar:

a) die Anodengleichrichtung (1. Abschnitt);

b) die Gleichrichtung durch Aufladung des Gitters (2. Abschnitt);

c) dasselbe, jedoch in Verbindung mit Überlagerungsempfang (4. Abschnitt).

Bei den Hochvakuumröhren kann die Gleichrichterwirkung in Ausdrücken untersucht werden, die sich aus der Gestalt der betreffenden Kennlinien ergeben; für jede dieser Anordnungen ist ein Ausdruck abgeleitet oder angeführt worden, der zeigt, wie der Zeichenstrom in dem Telephon von dem ankommenden Zeichen abhängt. Um die verschiedenen Anordnungen miteinander vergleichen zu können und den Unterschied zwischen einer Gleichrichtung mit und einer solchen ohne Überlagerung einer örtlichen Schwingung (Schwebungsempfang) hervorzuheben, wird man der besseren Anschaulichkeit halber den algebraischen Ausdrücken zweckmäßig Zahlenwerte zufügen, die aus der Kennlinie der „R"-Röhre entnommen werden sollen. Wir wollen mit s das Zeichen im Telephon bezeichnen, d. h. es soll s die gesamte Änderung des Anodenstroms in dem Telephon darstellen; für das ankommende Zeichen wollen wir e wählen, wobei e die Amplitude der hochfrequenten Spannung an Gitter und Heizdraht bedeuten soll. Der Strom soll in A, die Spannung in V ausgedrückt sein. Bei der Schaltung a) ist

$$s = \frac{e^2}{4} \cdot \frac{d^2 i_a}{d v_g{}^2}.$$

Eine Untersuchung des vergrößerten unteren Teils der Anodenstromkennlinie wie derjenigen in Abb. 78 ergibt, daß der maximale Wert für $\frac{d^2 i_a}{d v_g{}^2}$ ungefähr 0,0004 A/V/V beträgt[1]). Hieraus ergibt sich

$$s = \sim 10 \cdot e^2 \times 10^{-6}\,\mathrm{A}.$$

In Schaltung b) war

$$s = \left(\frac{e^2}{4} \cdot \frac{d i_a}{d v_g}\right) : \left(\frac{1}{r} + \frac{d i_g}{d v_g}\right) \frac{d^2 i_g}{d v_g{}^2}.$$

---

[1]) Siehe die Kurven in Abb. 6 in der Abhandlung von Turner über das Elektronenrelais („The Oscillatory Valve Relay") Journal Inst. Elect. Engineers, Band 57, April 1920.

Für den Fall, daß $r = 5\,\mathrm{M}\Omega$ an das positive Ende des Heizdrahtes angeschlossen wird, ergibt sich unter Bezugnahme auf Abb. 98 annähernd

$$\frac{d i_a}{d v_g} = 0{,}33 \cdot 10^{-3}\ \mathrm{A/V}.$$

$$\frac{d i_g}{d v_g} = 2{,}5 \cdot 10^{-6}\ \mathrm{A/V}.$$

Hieraus ergibt sich

$$\frac{1}{r} + \frac{d i_g}{d v_g} = 2{,}7 \cdot 10^{-6}\ \mathrm{A/V}$$

$$\frac{d^2 i_g}{d v_g^2} = 4 \cdot 10^{-6}\ \mathrm{A/V/V},$$

daraus folgt

$$s = \frac{e^2}{4} \cdot \frac{0{,}33 \cdot 10^{-3}}{2{,}7 \cdot 10^{-6}} \cdot 4 \cdot 10^{-6}\ \mathrm{A}$$

$$s = \sim 100 \cdot e^2 \times 10^{-6}\ \mathrm{A}.$$

Für Schaltung c) galt

$$s = \frac{2\,m}{\pi} \cdot e.$$

Aus der Gitterstromkurve in Abb. 78 folgt

$$m = 0{,}05 \cdot 10^{-3}\ \mathrm{A/V},$$

daraus ergibt sich

$$s = \sim 30 \cdot e \times 10^{-6}\ \mathrm{A}$$

e Volt des ankommenden Zeichens rufen also in dem Telephon

$10\,e^2 \times 10^{-6}$ A bei Schaltung a)
$100\,e^2 \times 10^{-6}$ A bei Schaltung b)
$30\,e \times 10^{-6}$ A bei Schaltung c) hervor.

In der Praxis schwankt der Wert von e mit und ohne Überlagerung in sehr weiten Grenzen. In der Tabelle 4 sind zur Erläuterung für e die Werte 10^{-6}, 10^{-4} und 10^{-2} V angenommen worden.

Tabelle 4.

Ankommendes Zeichen	Zeichenstrom im Telephon in Schaltung		
	a	*b*	*c*
Volt	$\times 10^{-6}$ A	$\times 10^{-6}$ A	$\times 10^{-6}$ A
10^{-6}	10^{-11}	10^{-10}	$3 \cdot 10^{-5}$
10^{-4}	10^{-7}	10^{-6}	$3 \cdot 10^{-3}$
10^{-2}	10^{-3}	10^{-2}	$3 \cdot 10^{-1}$

Experimentelle Messungen, um diese theoretischen Ergebnisse irgendeiner genauen ja sogar nur vergleichenden Nachprüfung zu unterziehen, sind nicht vorhanden. Mancher Experimentator wird die 10fache Überlegenheit der Schaltung (b) über die Schaltung (a) bezweifeln, obwohl wahrscheinlich alle experimentellen Erfahrungen dafür sprechen, daß der praktische Wert zwischen — sagen wir — 1 und 20 liegt. Es muß sogar daran erinnert werden, daß im Gegensatz zu der Schaltung (a), nach welcher der Gleichrichter in den Schwingungskreis keine nennenswerte Dämpfung bringt (oder zu bringen braucht), selbst wenn hier die praktisch größte Spannungserhöhung zwischen Gleichrichter und Antenne auftritt, bei der Schaltungsart (b) eine wesentliche Dämpfung in dem Kreis durch den Gleichrichter hervorgerufen wird, so daß bei derselben Zeichen-EMK in der Antenne e in Schaltung (b) kleiner sein würde als in Schaltung (a).

Die Überlegenheit der Schaltung (c) über die Schaltung (b) hängt natürlich von dem Wert von e ab. Die große Überlegenheit des Überlagerungsempfanges bei der Aufnahme sehr schwacher Zeichen war an früherer Stelle schon klar erläutert worden. Es mag vonInteresse sein, hier noch auf einige Versuche von L. W. Austin[1]) hinzuweisen, die sich gerade mit diesem Punkt befassen: „Die Zeichen waren gerade noch hörbar bei einer Empfangsleistung (in der Antenne) von $12 \cdot 10^{-6}$ W. Das ist mehr als das $6 \cdot 10^5$-fache bei dem normalen Empfang von Summerzeichen."

Unsere Formeln

$$s = 100 \cdot (e_b)^2$$

und

$$s = 30 \cdot e_{(c)}$$

würden zu diesem Leistungsverhältnis $6 \cdot 10^5$ führen, wenn

$$(e_b)^2 = 6 \cdot 10^5\, e_{(c)}^2$$

und

$$100 e_{(b)}^2 = 30 \cdot e_{(c)}$$

wäre. Hieraus ergibt sich

$$6 \cdot 10^5 \cdot e_{(c)}^2 = 0{,}3\, e_{(c)}$$

oder

$$e_{(c)} = \frac{0{,}3}{6 \cdot 10^5} = 5 \cdot 10^{-6}\ \mathrm{V}$$

und

$$e_{(b)} = \sqrt{6 \cdot 10^5}\, e_{(c)} = 4 \cdot 10^{-3}\ \mathrm{V}.$$

Hiernach wäre also zu folgern, daß ohne Überlagerungsempfang eine ankommende Zeichenspannung von 4 mV nötig ist, um im Telephon gerade noch einen Ton wahrzunehmen, während bei Verwendung des Überlagerungsempfangs bereits $5 \cdot 10^{-3}$ mV hierzu ausgereicht hätten.

[1]) „Die Messung radiotelegraphischer Zeichen mit dem Schwingaudion" (the measurement of radio-telegraphic signals with the oscillating audion) Proc. Inst. Radio Engineers, 1907.

Neuntes Kapitel.

Die Röhre als Schwingungserzeuger.

1. Eigenschwingung in einem vereinfachten Fall.

Wie in einem Kreise (Abb. 103) unter gewissen Bedingungen Schwingungen auftreten müssen, geht aus der Kenntnis des Rückkopplungsprinzipes hervor, das der Röhre als Schwingungserzeuger zu Grunde liegt. *LRC* stellt einen Schwingungskreis mit geringer Dämpfung dar, der zwischen Gitter und Heizdraht geschaltet ist und mittels gegenseitiger Induktion *M* mit einer kleinen Spule gekoppelt wird, die zwischen Anode und Heizdraht liegt.

Wir wollen annehmen, daß die Batteriespannungen so gewählt sind, daß der Arbeitspunkt sich im Punkte *P* der Kennlinie des

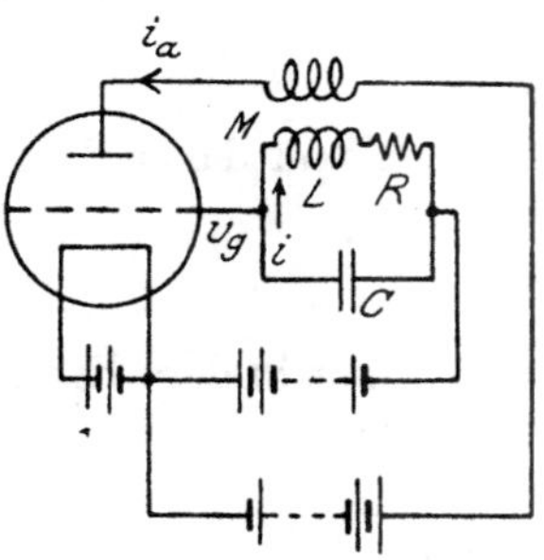

Abb. 103.

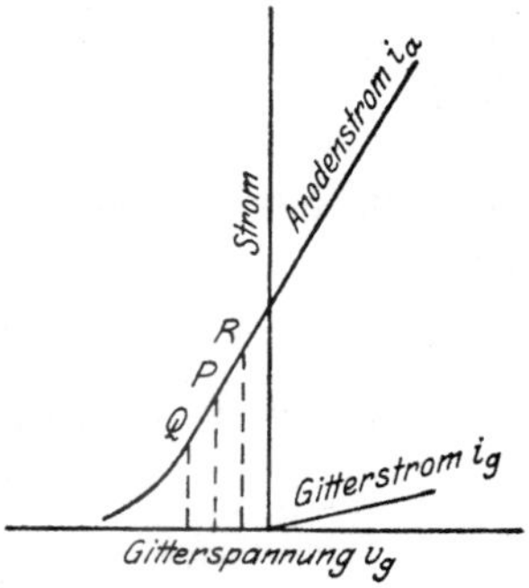

Abb. 104. Selbstschwingender Kreis.

Anodenstroms befindet, wo diese annähernd geradlinig verläuft und der Gitterstrom gleich Null ist (s. Abb. 104).

Irgendwie soll nun der Schwingungskreis *LRC* angestoßen worden sein und mit seiner Eigenfrequenz schwingen, die durch

$$\omega = 2\pi \cdot \nu = \sim \frac{1}{\sqrt{LC}}$$

gegeben ist. Infolgedessen schwingt *P* zwischen *Q* und *R*; und wenn *J* den Effektivwert und *i* den Augenblickswert des Stromes in *LRC* bedeutet, so ist die Energie, die von dem Kreis verbraucht wird, gleich $R \cdot J^2$. Wird ferner keine EMK von außen aufgedrückt, die den Ohmschen Spannungsabfall an *R* ausgleicht, so wird die Schwingungsamplitude gemäß dem Dämpfungsfaktor $\varepsilon^{-\frac{R}{2L}t}$ abnehmen. Infolge des induktiven Spannungsabfalls an der Gitterspule *L* treten am Gitter Wechselspannungen v_g von dem Effektivwert $J \cdot \omega L$ auf, die um 90^0 hinter dem Strom zurückbleiben. Unter der Annahme, daß die Selbstinduktion und daher auch die EMK in der Anodenspule sehr klein ist, folgt der Anodenstrom i_a annähernd phasengleich den Spannungsänderungen v_g, so daß in der Anodenspule ein Wechselstrom $g \cdot J \cdot \omega L$ fließt[1]), der hinter dem Strom in L um 90^0 zurückbleibt. Dieser Strom in der Anodenspule induziert in der Gitterspule eine EMK $\omega M \cdot g \cdot J \cdot \omega L$, die mit dem Strom i in Phase liegt oder gegen ihn 180^0 phasenverschoben ist, je nachdem M pasitiv oder negativ ist. Wenn M sich so verhält, — d. h. wenn Gitter- und Anodenspule in Bezug auf ihre magnetischen Felder so zueinander stehen —, daß eine Erhöhung des Anodenstromes eine EMK induziert, die das Gitterpotential zu erhöhen sucht — wie es in Abb. 103 bei den dort gezeichneten Verbindungen und Windungssinn, falls beide Spulen koaxial sind, der Fall ist —, so wird in dem Kreis LRC eine EMK

$$\omega^2 g \cdot M \cdot L \cdot J$$

induziert, die mit dem Strom in Phase ist und daher dem Kreis die Energie

$$\omega^2 g M L \cdot J^2$$

zuführt.

Der Nettoverlust an Energie beträgt daher in dem Kreis LRC

$$R \cdot J^2 - \omega^2 g M L J^2$$

oder

$$J^2 (R - \omega^2 g M L)$$

Die Größe der Schwingungsabnahme wird also verkleinert; wenn aber der zweite Ausdruck summarisch größer ist als der erste, so ist die Größe der Schwingungsabnahme negativ und die Amplitude der Anfangsschwingung nimmt zu statt ab. Das bedeutet also: Sobald ein derartiger Kreis angestoßen wird, sei es durch das Einschalten des Heizdrahtes oder durch die festere Kopplung der beiden Spulen, wird eine Schwingung entstehen und sich selbst bis zu einer gewissen endlichen Amplitude ausbilden. Den Endwert brauchen wir hier nicht zu erforschen.

Die Grenzbedingung für das Entstehen einer Schwingung ist, wie aus dem Obigen klar zu ersehen ist,

$$R - \omega^2 g M L = 0$$

d. h.
$$R = \frac{g \cdot M}{C}, \text{ da } \omega^2 = LC$$

---

[1]) $g = \frac{\partial i_a}{\partial v_g}$, wie im VI. Kapitel, 9. Abschnitt und folgende.

oder
$$M = \frac{RC}{g}.$$

Sobald also $M \geqq \frac{RC}{g}$ ist, ist Unstabilität vorhanden und der Kreis fängt von selbst zu schwingen an.

2. Mathematische Untersuchung des Kreises.

Es gibt eine ganze Reihe von Verbindungsarten einer Röhre mit einem Schwingungskreis, um in dem letzteren eine dauernde (ungedämpfte) Schwingung hervorzurufen. Bei allen ist natürlich der Grundgedanke der, den Schwingungsstrom das Gitter so anspornen zu lassen, daß in den Kreis ein Energiezuschuß aus der Energiequelle im Anodenkreis, — nämlich der Hochspannungsbatterie — gebracht wird. Das ist der Grundgedanke der sog. Rückkopplung. Wir wollen hier etwas genauer eine einfache Schaltung untersuchen, die sehr oft verwendet wird und in Abb. 105 dargestellt ist. In dieser Schaltung ist der Schwingungskreis mit der Anode in Serie geschaltet, statt mit dem Gitter wie in Abb. 103. Der Widerstand R des Schwingungskreises stellt natürlich nicht nur den gewöhnlichen Ohmschen Widerstand der Spule dar, sondern er bedeutet den gesamten Verlustwiderstand des Kreises für alle Energieverluste, wie Kondensatorverluste und Verluste infolge der Kopplung des Kreises mit einem anderen Kreis, in dem eine gewisse Arbeit geleistet werden soll. Es kommt nicht darauf an, an welcher Stelle des Schwingungskreises sich R befindet. Der Einfachheit halber ist R als ein Teil der Induktionsspule eingezeichnet und auch, weil man gewöhnlich von letzterer aus einem äußeren Kreis Energie zuführt.

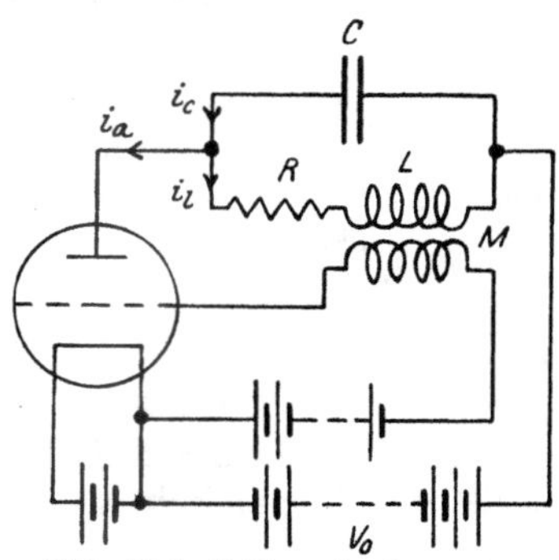

Abb. 105. Selbstschwingender Kreis.

Es mögen i_c, i_l die Augenblickswerte des Stromes in C und L bedeuten; ferner seien i_a, v_g, v_a die Augenblickswerte des Anodenstromes, der Gitter- und Anodenspannung, alles **Änderungen** der entsprechenden Gleichstromgrößen[1]).

[1]) Wir beschäftigen uns mit den Gleichstromwerten nur indirekt, insofern wir den Bereich der Kennlinie bestimmen, in dem die Röhre arbeitet.

Dann ist

$$i_c + i_l = i_a = g \cdot v_g + a \cdot v_a.$$

Es ist aber

$$v_g = M \frac{di_l}{dt}$$

und

$$v_a = -R \cdot i_l - L \frac{di_l}{dt}$$

und

$$i_c = C \frac{dv_a}{dt} = C \cdot R \frac{di_l}{dt} + C \cdot L \frac{d^2 i_l}{dt^2}.$$

Setzen wir diese Größen in die erste Gleichung ein, so erhalten wir

$$C \cdot R \frac{di_l}{dt} + C \cdot L \frac{d^2 i_l}{dt^2} + i_l = g \cdot M \frac{di_l}{dt} - a R i_l - a L \frac{di_l}{dt}$$

oder

$$C \cdot L \frac{d^2 i_l}{dt^2} + (C \cdot R + a \cdot L - g \cdot M) \frac{di_l}{dt} + (1 + a \cdot R) i_l = 0.$$

Wenn

$$(CR + aL - gM) < 4\, CL\, (1 + aR),$$

sind die Wurzeln der Hilfsgleichung unreell und der Strom i_l wird oszillatorisch, nämlich

$$i_l = \bar{J}_l \cdot \varepsilon^{bt} \sin \omega t,$$

worin

$$b = -\frac{CR + aL - gM}{2CL}$$

und

$$\omega = \sqrt{\frac{1 + aR}{CL} - \frac{(CR + aL - gM)^2}{4 C^2 L^2}} = \sqrt{\frac{1 + aR}{CL} - b^2}$$

ist. Je nachdem b negativ, Null oder positiv ist, d. h. je nachdem

$$gM \lesseqgtr (CR + aL)$$

ist, wird die Schwingungsamplitude mit der Zeit abnehmen, konstant bleiben oder zunehmen.

Die erste Bedingung $gM < (CR + aL)$ gelangt, wie wir im X. Kapitel sehen werden, bei rückgekoppelten Verstärkern zur Anwendung, wo die Rückkopplung zwischen Anode- und Gitterkreis dazu dient, die Dämpfung des Schwingungskreises zu verringern, ohne aber dabei Eigenschwingungen zu erzeugen. Die dritte Bedingung

$$gM > (CR + aL)$$

ist die Bedingung dafür, daß die Schwingungsamplituden zunehmen; sie mag als „Zunahmebedingung“ bezeichnet werden. Die zweite oder die dazwischen befindliche Bedingung

$$gM = (CR + aL)$$

ist die „Unterhaltungsbedingung“ oder „Zustandsbedingung“ für die in ihrer Amplitude unveränderlichen Schwingungen.

Die Frequenz der Schwingung liegt gewöhnlich ganz in der Nähe der Eigenfrequenz des Schwingungskreises, d. h. sie ist annähernd gleich $\omega = \frac{1}{\sqrt{CL}}$. Der Ausdruck aR kann gewöhnlich gegen 1 vernachlässigt werden, so daß tatsächlich ω ziemlich kleiner als $\frac{1}{\sqrt{CL}}$ ist, d. h. die Wellenlänge der durch die Röhre erzeugten Schwingung ist bedeutend größer als diejenige des freien Schwingungskreises.

3. Anwendungsgebiete des Röhrensenders.

In der drahtlosen Telegraphie stehen der Röhre als Schwingungserzeuger zwei Hauptgebiete offen[1]). Einerseits eignet sie sich zur Erzeugung der beim Schwebungsempfang ungedämpfter Wellenzeichen benötigten, sehr schwachen, örtlichen Schwingung, wozu kleine Empfangsröhren (Abb. 77) mit einer Anodenbatterie von nur ungefähr 50 V verwendet werden. Andererseits wird sie dazu benutzt, kräftige Schwingungen in der Antenne eines ungedämpften Senders für Telegraphie und Telephonie zu erzeugen. In diesem Falle gelangen eine oder mehrere verschieden große Röhren mit einer Anodenspannung, die Tausende von Volt betragen kann, zur Anwendung. Abb. 106 zeigt eine große Senderöhre, bekannt unter der Bezeichnung „T4A“, die von der Signal School (Navy) in England entwickelt wurde. Diese Röhre gelangt mit einer Anodenspannung von etwa 3000 V zur Verwendung und kann $^3/_4$ kW in die Antenne liefern.

Bei den kleinen Schwingungserzeugern, die beim Schwebungsempfang verwendet werden, ist es unwichtig, große Leistungen oder hohen Wirkungsgrad zu erhalten; aber bei den eigentlichen Röhrensendern ist dies der Fall. Wir gehen nunmehr dazu über, den Schwingungszustand zu untersuchen, der eintritt, wenn die zur Schwingungserzeugung notwendigen Bedingungen erfüllt sind.

[1]) Abgesehen von Hochfrequenzmessungen im Laboratorium, wo die Röhre unschätzbare Dienste leistet.

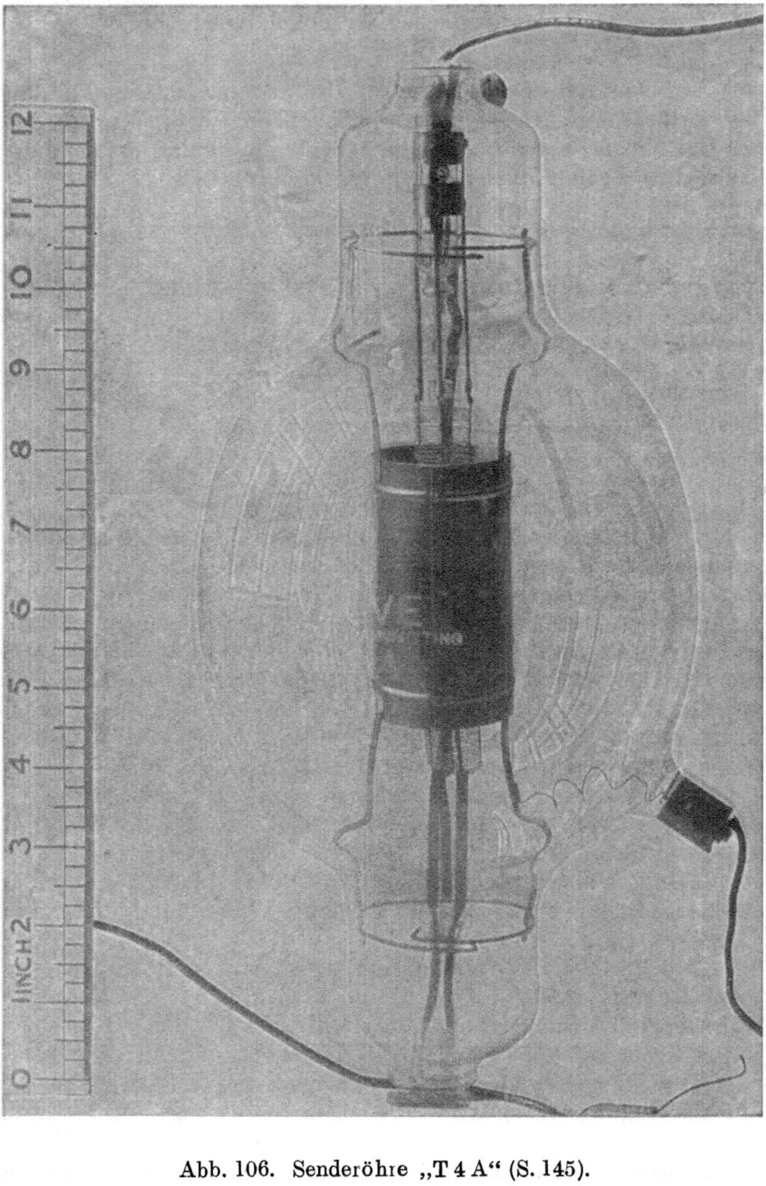

Abb. 106. Senderöhre „T 4 A“ (S. 145).

4. Die Amplitude der erhaltenen Schwingung.

In der vorausgegangenen Untersuchung wurde der Gitterstrom als vernachlässigbar angesehen. Solange nur der Anfang der Schwingung betrachtet wird, ist dies ohne weiteres unter passenden Arbeitsbedingungen gestattet; denn, wenn wir es so einrichten, daß das Anfangspotential des Gitters (wie in Abb. 104) negativ ist, wird dadurch der Gitterstrom tatsächlich gleich Null. Wenn aber die Schwingung zunimmt, gibt es Zeitpunkte, in denen das Gitter ein positives Potential hat und demzufolge ein Gitterstrom fließt (um anzuzeigen, ob Schwingungen einsetzen, wird manchmal ein Milliamperemeter in den Gitterkreis geschaltet). Trotzdem ist der Gitterstrom so viel kleiner als der Anodenstrom, und ist die am Gitter verbrauchte Leistung noch viel kleiner als diejenige im Anodenkreis, so daß man die Leistung des Gitterstromes sogar bei starken Schwingungen vernachlässigen kann. Das soll im folgenden geschehen, wenn wir untersuchen, was in der Schaltung von Abb. 105 eintritt, sobald die Schwingung begonnen hat.

Die „Zunahmebedingung“[1]) — d. h. die Bedingung für ein Zunehmen der Amplituden der Schwingungen — lautet:

$$g \cdot M > (CR + aL).$$

Hat einmal eine Schwingung eingesetzt, so nimmt sie daher in ihren Amplituden so lange zu, bis diese Bedingung nicht länger gilt. Tatsächlich dauert dies so lange, bis die Ausdrücke in dieser Bedingungsgleichung solche Werte annehmen, daß die „Zustandsbedingung“[1])

$$g \cdot M = (CR + aL)$$

eintritt. Die Ausdrücke, die sich mit zunehmenden Amplituden ändern, sind die Leitfähigkeiten g und a der Röhre. Die erreichte Endamplitude ist daher durch diese Ausdrücke bestimmt.

Wir wollen die „Zunahmebedingung“ in der abgeänderten Form

$$\frac{g}{a} M > \left(L + \frac{1}{a} CR\right)$$

schreiben.

Nun ist aber $\frac{g}{a}$, der Verstärkungsfaktor der Röhre, ziemlich konstant, sogar in den Krümmungen der Kennlinie. Hingegen ist $\frac{1}{a}$, der innere Anodenwiderstand der Röhre, ein Minimum über

---

[1]) Siehe Abschnitt 2 dieses Kapitels.

dem mittleren geradlinigen Teil der Anodenstromkennlinie, nimmt aber gegen Unendlich über die Krümmungen an beiden Enden zu. Nehmen wir z. B. an, daß in Abb. 107 der Arbeitspunkt sich in P befindet, bevor die Schwingung einsetzt und dann längs der Kennlinie über diese Stelle hin- und herwandert. Er kann zwischen Q_1 und R_1 hin- und herpendeln, ohne daß $\frac{1}{a}$ sich viel ändert; aber bei einer größeren Ausdehnung, wie Q_2 R_2, bewegt er sich in Gebieten, wo $\frac{1}{a}$ — an einer oder beiden Umkehrstellen — außerordentlich stark zunimmt und demzufolge die Zunahmebedingung weniger gut erfüllt wird[1]). Nimmt das Wanderungsgebiet noch weiter zu, so wird schließlich eine Amplitude erreicht, wo die „Zustandsbedingung"

$$\frac{g}{a} M = L + \frac{1}{a} C R$$

erreicht wird und das System stetige Schwingungen mit dieser Amplitude aufrechterhält.

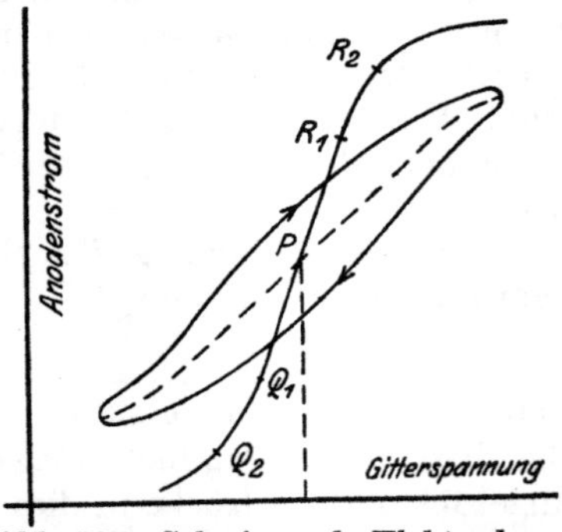

Abb. 107. Schwingende Elektrodenröhre (mit gewöhnlicher Kennlinie).

Tatsächlich aber bewegt sich der Arbeitspunkt so nicht auf einer einzigen Kennlinie auf und ab; denn jede dieser Kurven ist eine Kurve mit konstantem Anodenpotential, während aber dieses während einer Schwingungsperiode ebenfalls Schwankungen unterworfen ist[2]). So ist, wie wir gesehen haben

$$v_g = M \cdot \frac{d i_l}{dt},$$

$$v_a = - R \cdot i_l - L \frac{d i_l}{dt}.$$

Schreiben wir

$$i_l = \bar{J}_l \cdot \sin \omega t,$$

---

[1]) Wenn a sich während einer Periode ändert, so müssen wir $\frac{1}{a}$ in der Zunahme- bzw. Zustandsbedingung als Mittelwert für eine Periode einsetzen.

[2]) Gerade um die Vereinfachung mit dem konstanten Anodenpotential einzuführen, wurde im 1. Abschnitt die Selbstinduktion der Anodenkreisspule als sehr klein angenommen.

so erhalten wir

$$v_g = \omega M \cdot \bar{J}_l \cdot \cos \omega t$$
$$v_a = -R\bar{J}_l \sin \omega t - \omega L\bar{J}_l \cos \omega t.$$

Da nun ωL im Vergleich mit R sehr groß ist, so geht aus diesen Ausdrücken hervor, daß v_a einen großen Spannungswert $\omega L \cdot \bar{J}_l$ enthält, der um 180° gegen v_g phasenverschoben ist und einen kleinen Spannungswert $R \cdot \bar{J}_l$, der v_g um einen kleinen Phasenwinkel, dessen Tangens gleich $\frac{R}{\omega L}$ ist, voraneilt.

Wäre dieser Winkel gleich Null, d. h. wäre der Widerstand R des Schwingungskreises gleich Null, so würde sich der Arbeitspunkt P in Abb. 107 auf der gestrichelten Linie auf- und abbewegen, deren geradliniger, mittlerer Teil gegeben ist durch die Gleichung

$$i_a = a \cdot v_a + g \cdot v_g$$
$$= -a\omega L\bar{J}_l \cdot \cos \omega t + g\omega M\bar{J}_l \cdot \cos \omega t$$
$$i_a = v_g\left(g - a\frac{L}{M}\right).$$

Da aber L nicht gleich Null ist, so ändert sich der Anodenstrom nicht ganz in Phase mit der Gitterspannung, und der Arbeitspunkt beschreibt in der Abbildung eine mehr oder minder elliptische, in sich geschlossene Kurve. Je kleiner der Widerstand des Schwingungskreises ist, desto mehr nähert sich diese geschlossene Kurvenbahn der einzelnen Linie, auf der sich P bewegen würde, wenn der Widerstand gleich Null wäre.

Die Schwingungsamplitude ist durch die Zunahme von $\frac{1}{a}$ begrenzt, sobald sich der Anodenstrom dem Null- oder Sättigungswert nähert. Sie nimmt daher so lange zu, bis wenigstens ein Ende der Kurvenbahn in eines dieser Gebiete fällt. Um daher eine größtmögliche Schwankung des Gitterpotentials nutzbar zu verwirklichen, sollte sich der Punkt P ungefähr in der halben Höhe der Kennlinie befinden; d. h. das mittlere Gitterpotential sollte derartig gewählt werden, daß der Anodengleichstrom (beim nichtschwingenden Zustand) ungefähr halb so groß ist wie der Sättigungsstrom. Da nun

$$v_g = \omega M\bar{J}_l \cdot \cos \omega t$$

ist, so wird die Schwankung der Gitterspannung die größten Amplituden des Schwingungsstromes J_l zur Folge haben, sofern die zur Rückkopplung dienende gegenseitige Induktion M so klein als möglich gemacht wird, d. h. nicht mehr als notwendig, um den Anodenstrom zwischen dem Null- und dem Sättigungswert hin- und herpendeln zu lassen. Wenn wir der Vereinfachung halber — wie es ja annähernd der Fall ist — die Annahme machen, daß die Kennlinien gerade Linien mit scharfen statt abgerundeten Ecken oben und unten darstellen, so treffen die in den vorhergehenden Abschnitten aufgestellten, dort annähernden Beziehungen, jetzt ganz genau zu, und wir erhalten so allgemein anwendbare, algebraische Resultate.

Für diesen Fall veranschaulicht Abb. 108 die Arbeitsbedingungen, um einen maximalen Schwingungsstrom zu erhalten. Bevor die zur Rückkopplung dienenden Spulen miteinander gekoppelt werden (d. h. $M = 0$), muß das Gitterpotential so eingestellt werden, daß der Arbeitspunkt auf der für die verwendete Anodenspannung gültigen Kennlinie an die mittlere Stelle kommt, wo der Anodenstrom halb so groß ist wie der Sättigungstrom J_s. Sobald dann M allmählich vergrößert wird und es den durch die Bedingungsgleichung

$$\frac{g}{a} M = L + \frac{1}{a} C R$$

gegebenen Grenzwert überschreitet, wird sofort die Schwingung einsetzen und die volle Amplitude erreichen, indem sie den Anodenstrom veranlaßt, zwischen Null und J_s zu schwanken, ohne aber seinen Mittelwert $^1/_2\, J_s$ zu ändern. Dabei bewegt sich der Arbeitspunkt auf der eingezeichneten Ellipse. Eine weitere Steigerung von M würde zwar die Schwankungen des Gitterpotentials vergrößern, jedoch verursachen, daß die Ellipsenspitzen durch die Null- und Sättigungsstromlinien abgeschnitten und der Wert von J_l kleiner würde.

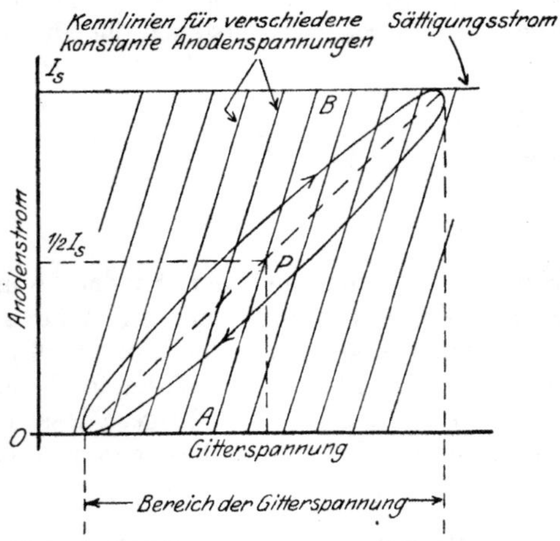

Abb. 108. Die Kathodenröhre als Schwingungserzeuger (mit idealen Kennlinien).

Um den maximalen Wert von J_l zu finden, bedienen wir uns der Gleichungen

$$i_a = g \cdot v_g + a \cdot v_a$$
$$= g \cdot M \frac{d i_l}{dt} + a\left(-R i_l - L \frac{d i_l}{dt}\right)$$
$$= (g \cdot M - aL) \frac{d i_l}{dt} - aR i_l$$
$$i_a = \omega \bar{J}_l (g \cdot M - aL) \cos \omega t - \bar{J}_l \cdot aR \cdot \sin \omega t,$$

daraus folgt

$$\bar{J}_a \equiv (i_a)_{\max} = \bar{J}_l \sqrt{\omega^2 (g M - aL)^2 + a^2 R^2}.$$

Wenn wir die Ersatzgleichungen

$$M = \frac{CR + aL}{g}$$

und $$\omega^2 = \frac{1}{CL}$$

einführen, so wird $$\bar{J}_a = \bar{J}_l \cdot R \sqrt{\frac{C}{L} + a^2};$$

da aber $$\bar{J}_a = \frac{1}{2} J_s,$$

so ist $$\bar{J}_l = \frac{Js}{2 R \sqrt{\frac{C}{L} + a^2}}.$$

Dies ist der größte, erreichbare Schwingungsstrom bei gegebenen Werten von L, R und C. Er ist direkt proportional dem Emissionsstrom J_s und umgekehrt proportional dem Widerstande R des Schwingungskreises. Aus der Gleichung geht auch hervor, daß der Schwingungsstrom mit jeder Abnahme von C oder Zunahme von L größer wird. Und da in praktischen Fällen

$$a^2 \ll \frac{C}{L}$$

ist, so folgt, daß der Schwingungsstrom sehr stark gesteigert werden könnte. Wir werden jedoch im folgenden sehen, daß dies nicht immer der Fall ist.

5. Begrenzung des Schwingungsstromes infolge Unzulänglichkeit des Anodenpotentials.

Die Formel für den höchsten erreichbaren Schwingungsstrom $\bar{J}_l$ war unter der Annahme abgeleitet worden, daß alle Anodenstromkennlinien, die für den (durch die Ellipse bedeckten) Schwingungsbereich in Frage kommen, schließlich in dem Sättigungsstrom J_s endigen (s. Abb. 108). Aber von der früheren Untersuchung der Röhre her wissen wir ganz genau, daß bei einer sehr niedrigen Anodenspannung keine noch so starke Vergrößerung der Gitterspannung es bewirken kann, daß der Anodenstrom den Sättigungswert annimmt. Die in Abb. 78 wiedergegebenen experimentell aufgenommenen Kurven zeigen dies ganz deutlich. Wenn daher die Amplitude der Schwankung des Anodenpotentials sich der Spannung V_0 der Hochspannungsquelle nähert, so wird das obere Ellipsenende in Abb. 108 niedriger liegen als der Sättigungsstrom. Eine Zunahme der Schwingung ist dann sozusagen durch Mangel an Anodenspannung statt an Anodenstrom, wie in Abb. 108, verhindert. Eine andere obere Grenze für die Amplitude wird daher gegeben durch die Gleichung

$$V_0 = (v_a)_{\max}$$

annähernd

$$= \omega L \bar{J}_l$$

oder

$$V_0 = \sqrt{\frac{L}{C}}\, \bar{J}_l .$$

Daraus folgt, daß die Zunahme der Schwingung aufhört, entweder wenn

$$\bar{J}_l = \frac{J_s}{2R\sqrt{\frac{C}{L} + a^2}} = \sim \frac{J_s}{2R\sqrt{\frac{C}{L}}}$$

ist, oder wenn

$$\bar{J}_l = V_0 \sqrt{\frac{C}{L}}$$

ist, was immer zuerst eintrifft. Die Schwingungsamplitude wird also dann am größten werden, wenn diese beiden Grenzbedingungen zusammenfallen, d. h. wenn

$$\frac{C}{L} = \frac{J_s}{2R \cdot V_0}$$

ist, wobei

$$\bar{J}_l^2 = \frac{V_0 \cdot J_s}{2R}$$

wird.

6. Praktische Einstellungen zur Erreichung größter Leistungsabgabe.

Die praktischen Folgerungen aus der vorangegangenen mathematischen Untersuchung sind kurz folgende:

Es seien gegeben eine Hochspannungsquelle mit der Spannung V_0 für den Anodenstrom, eine Röhre mit einem gewissen Emissions-(Sättigungs-)Strom J_s und ein Schwingungskreis mit dem Widerstand R, in dem ein möglichst großer Wechselstrom mit einer ganz bestimmten Frequenz (oder Wellenlänge) auftreten soll. Wir gehen folgendermaßen vor:

1. Die beiden Spulen werden entkoppelt (d. h. es wird $M = 0$ gemacht).

2. Das Gitterpotential wird so eingestellt, daß der Anodenstrom den halben Wert des Sättigungsstroms J_s erreicht.

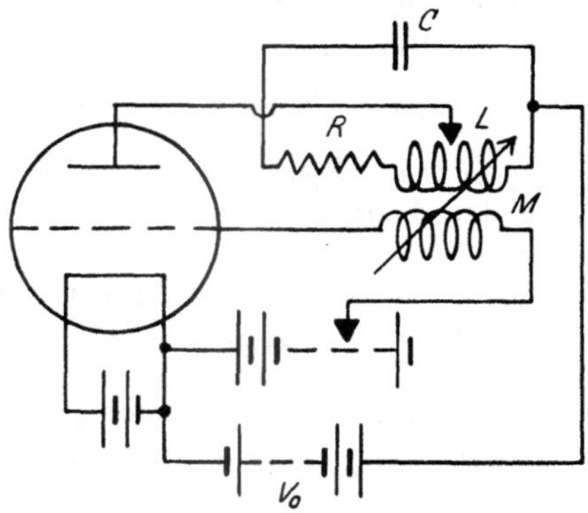

Abb. 109. Die Anodenkopplung.

3. Die Spulen werden so lange allmählich stärker miteinander gekoppelt, bis die Schwingung einsetzt. Der Sicherheit halber wird die Kopplung noch ein wenig stärker gemacht.

4. Indem das Produkt CL auf dem (der Wellenlänge bzw. Frequenz) entsprechenden Wert konstant gehalten wird, werden C und L so lange geändert, bis der Schwingungsstrom ein Maximum wird. Dabei wird in jedem Fall, wie unter 3., nachreguliert.

Gemäß der Theorie ist dann die Amplitude des Schwingungsstromes

$$\bar{J}_l = \sqrt{\frac{V_0 \cdot J_s}{2R}}.$$

Dieser Wert wird in Wirklichkeit wegen der Annahme bezüglich der Gestalt der Kennlinien etwas kleiner sein und auch deswegen, weil die obere Grenze, die wir für v_a angenommen haben, nämlich V_0, nie erreicht werden kann[1]).

In der Praxis wäre es sehr unzweckmäßig, die Einstellung der Amplituden der Anodenpotentialschwankung wie unter 4. durch

[1]) Jedoch ist bei hohen Werten von V_0 dieser Unterschied zwischen dem theoretischen und praktischen Wert von J_l, sofern er von der Grenze von v_a herrührt, nicht groß.

Änderung von C und L, unter gleichzeitiger Konstanthaltung des Produktes CL, vorzunehmen. Genau dasselbe Ergebnis erzielt man dadurch, daß man in dem Schwingungskreis ein für allemal ein zu kleines Verhältnis $\frac{C}{L}$ einstellt, und einen unveränderlichen Teil von L in den Anodenkreis legt, wie in Abb. 109 (sog. Anodenkopplung). Die Stelle, an der die Anode mit der Spule verbunden ist, wird oft die „Anodenabzweigung" genannt (engl.: anode tap). In Abb. 109 wird durch Verschieben des Anodenkontakts nach links dieselbe Wirkung erreicht, als wenn das Verhältnis $\frac{C}{L}$ verkleinert wird. So hat man statt zwei Einstellungen nur eine, wobei sich die Wellenlänge nur wenig ändert.

7. Leistungsabgabe und Wirkungsgrad.

Wenn das System — wie beschrieben — auf maximalen Schwingungsstrom eingestellt ist, so ist die in dem Schwingungskreis verbrauchte Leistung, d. h. die Leistungsabgabe des als Hochfrequenzgenerator angesehenen Systems gleich

$$R\left(\frac{J_l}{\sqrt{2}}\right)^2 = \frac{V_0 \cdot J_s}{4}.$$

Die von der Hochspannungsquelle zugeführte Leistung ist gleich

$$V_0 \cdot \frac{J_s}{2}.$$

Der Wirkungsgrad beträgt daher 50%.

Bei der Berechnung dieses Wirkungsgrades haben wir die gesamte Leistung als in den Schwingungskreis abgegeben angesehen, während natürlich nur ein Teil von R — wenn es auch in der Praxis ein großer Teil ist — als Nutzwiderstand anzusehen ist. Ferner haben wir die Hilfsleistung, die als Heizleistung in dem weißglühenden Heizdraht verbraucht wird, vernachlässigt. Je höher die Temperatur des Heizdrahtes und je höher die Spannung der Hochspannungsquelle ist, desto kleiner ist das Verhältnis zwischen Heizleistung und abgegebener Leistung. Bei großen Senderöhren ist unter praktischen Bedingungen dieses Verhältnis kleiner als 10%. Man muß beachten, daß bei Einstellung auf maximale Leistungsabgabe der mittlere Anodenstrom derselbe ist, ob die Röhre nun schwingt oder nicht. Von der zugeführten Leistung wird in der Röhre der volle Betrag in Wärme umgewandelt, wenn die Röhre nicht schwingt; tut sie das aber, so wird die Hälfte dieses Betrags in Wärme umgesetzt.

Da die maximale abgegebene Leistung des Schwingungserzeugers gleich $\frac{V_0 \cdot J_s}{4}$ ist, so kann theoretisch bei jeder Röhre die Leistung dadurch beliebig gesteigert werden, daß man die Spannung V_0 der Hochspannungsquelle steigert. Jedoch ist dem durch die Erwärmung der Anode in praktischer Hinsicht eine Grenze gesteckt. Man pflegt die Röhre so zu betreiben, daß die Anode in matte Rotglut gerät. Will man größere (abgegebene) Leistungen erzielen, so sind unbedingt entweder größere Senderöhren zu verwenden oder zwei oder mehrere Röhren parallel zu schalten, wobei Anode, Gitter und Heizdraht der Röhren in entsprechender Weise miteinander verbunden werden. Unter der Voraussetzung, daß die Röhren genau gleichartig sind, verhalten sich n-Röhren wie eine einzige mit den Leitfähigkeiten g und a und dem Sättigungsstrom J_s, alles multipliziert mit n. Bei entsprechender Einstellung der Kreise wären sowohl zugeführte wie auch abgegebene Leistung mit n zu erweitern; der Wirkungsgrad bleibt derselbe. Aber infolge des unvermeidlichen Unterschieds der einzelnen Röhren, ist es nicht praktisch, alle genau gleich einzustellen; daher werden die Werte von abgegebener Leistung und Wirkungsgrad etwas kleiner als die theoretisch berechneten Werte. Es ist auch nicht gebräuchlich, mehr als sechs Senderöhren parallel zu schalten.

Die Herstellung der großen Glashüllen, wie sie bei Röhren mit einer viel größeren Leistungsabgabe als der der 400 W-Röhre „T4A“ in Abb. 106 benötigt werden, ist sehr schwierig. Da zu Experimentierzwecken Großleistungsröhren mit Hüllen aus geschmolzenem Quarz hergestellt worden waren, so wird davon in verschiedenen chemischen Herstellungsprozessen häufig Gebrauch gemacht. Quarz ist natürlich in seiner Bearbeitung viel kostspieliger als Glas; und die Herstellung vakuumdichter Einführungen für die Zuführungsdrähte stellt ein recht ernstes Problem dar; aber ein Springen der Röhren bei Temperaturschwankungen, wie es bei Glashüllen vorkommt, wird hier gänzlich vermieden. Sehr wahrscheinlich werden große Quarzsenderöhren bald allgemein verwendet werden.

Wir haben nun die Bedingungen für maximale Leistungsabgabe des Schwingungserzeugers untersucht und haben gefunden, daß unter diesen Bedingungen alle Strom- und Spannungsschwankungen nahezu sinusförmig verlaufen, und daß der Wirkungsgrad nicht über 50% hinausgehen kann. Weicht man von diesen Bedingungen ab, so ist es möglich, eine kleinere Abgabeleistung bei einer verhältnismäßig noch viel kleiner gewordenen, zugeführten Leistung zu erhalten, d. h. man bekommt einen höheren Wirkungsgrad. Besonders mit Rücksicht auf einen hohen Wirkungsgrad arbeitet man vorteilhaft mit einem niedrigen mittleren Gitterpotential, indem der Arbeitspunkt an eine Stelle der Kennlinie verlegt wird, die recht nahe am Fuße derselben liegt, statt in halber Höhe des Sättigungswertes. Der Anodenstrom ist dann nicht mehr sinusförmig, aber während nahezu einer Halbperiode ist er gleich Null. Eine Gitterbatterie, so wie sie in Abb. 109 eingeschaltet ist, kann zu diesem Zweck benutzt werden. Der Anodenstrom ist dann bis zum Einsetzen der Schwingungen sehr klein. Eine andere Schaltung, bei der das Gitterpotential automatisch ohne Verwendung einer Gitterbatterie erniedrigt wird und die jede Änderung der Spannung der Hochspannungsquelle oder der Temperatur des Heizdrahtes in weitem Maße ausgleicht, ist in Abb. 110 wiedergegeben. Es ist eine ähnliche Schaltung, wie sie bei der Gleichrichtung durch Aufladung des Gitters in Abb. 98 benutzt wurde. R_g ist ein großer Widerstand — etwa 30000 Ω. Er ist durch einen Kondensator überbrückt, welcher dazu dient, die Hochfrequenzkomponente des Gitterstromes vorbeizuleiten. Infolge der Gleichrichterwirkung des Gitters stellt der durch R_g fließende mittlere Gitterstrom ein negatives mittleres Potential her, das mit zunehmendem Schwingungsstrom numerisch immer größer wird. Bei einem passenden Wert von R_g nimmt das Gitter von selbst das gewünschte negative Potential an, sobald die Schwingung einsetzt, d. h. sobald die Hochspannungszuführung

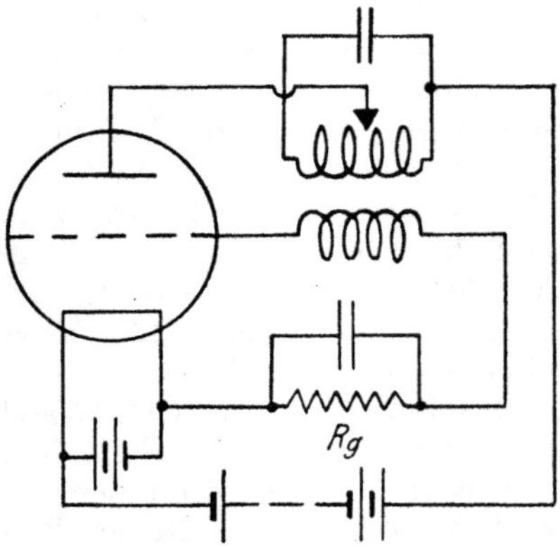

Abb. 110. Schwingungskreis mit Gitterwiderstand.

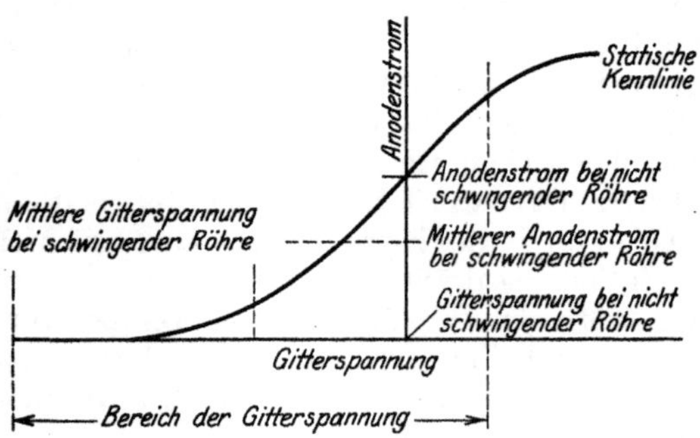

Abb. 111. Schwingung mit Gitterwiderstand.

zur Anode eingeschaltet wird. Dieser Vorgang ist in Abb. 111 dargestellt.

Auf diese Art kann man Wirkungsgrade bis zu 75% erhalten. Da aber die Schwankungen des Anodenstroms nichts weniger als sinusförmig verlaufen, so entstehen in dem Schwingungskreis, besonders wenn dieser eine Antenne ist, leicht kräftige Oberschwingungen[1]). Aus diesem Grunde wird gewöhnlich ein Betriebszustand gewählt, der einen Wirkungsgrad zwischen 50 und 75% liefert.

8. Der Röhrentelegraphiesender.

Wenn ein Röhrensender zur Erregung einer Antenne dienen soll, so kann diese als besonderer offener Schwingungskreis mit dem in den vorhergehenden Schaltungen eingezeichneten, geschlossenen Schwingungskreis *LC* gekoppelt werden. Eine derartige Schaltung ist in Abb. 112 wiedergegeben. In dieser sind zwei Schwingungskreise auf die Wellenlänge abzustimmen. Ferner sind einzustellen zwei gegenseitige Induktionen und die Anodenkopplung; die Leistung wird in diesem Fall zwei Schwingungskreisen zugeführt statt einem (wie z. B. in Abb. 109). Eine Vereinfachung führt man daher gewöhnlich in der Weise herbei, daß man den geschlossenen Schwingungskreis durch die Antenne selbst ersetzt wie in Abb. 113A. *K* stellt einen Hochfrequenzkurzschluß dar oder den Nebenschlußkondensator, der die Hochfrequenzkomponente des Anoden- bzw. Gitterstromes führt; er sollte eine genügend große Kapazität besitzen, um diesen Strömen keinen nennenswerten Widerstand zu bieten.

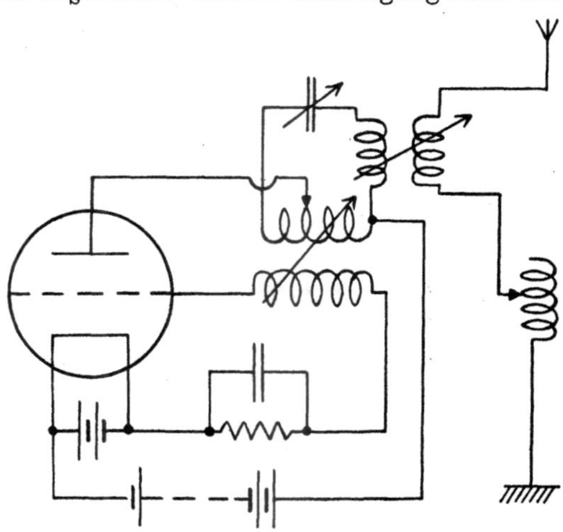

Abb. 112. Antenne mit unabhängigem Schwingungskreis.

[1]) Siehe den nächsten Abschnitt.

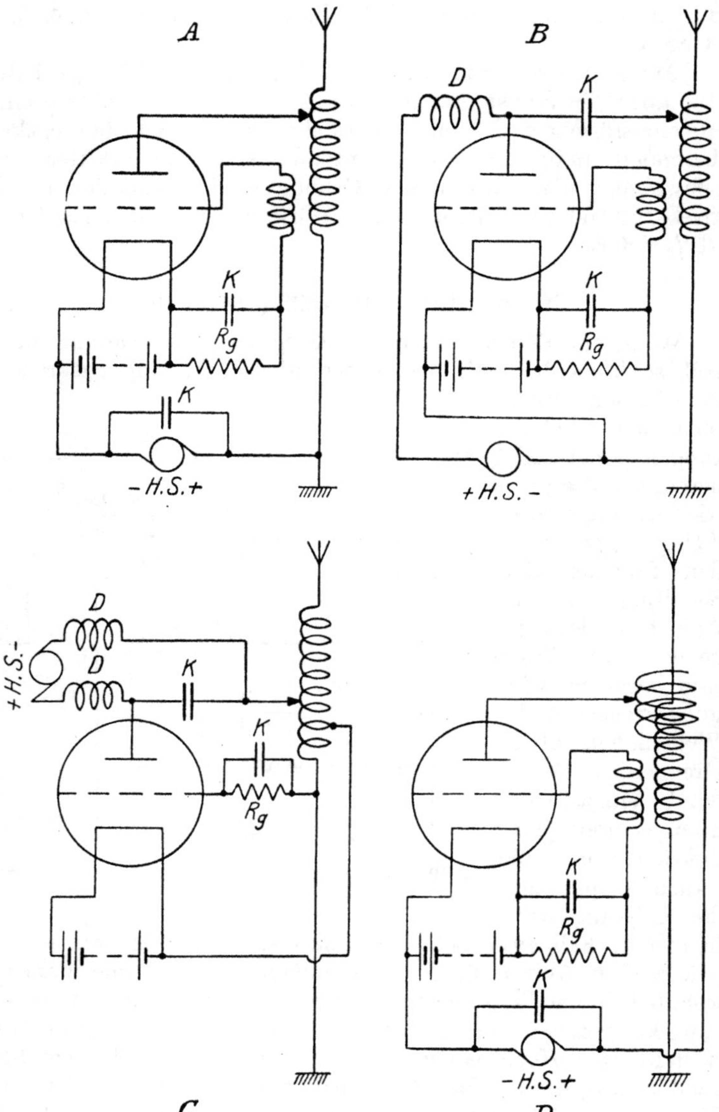

Abb. 113. Telegraphie-Sendeschaltungen.

Ungünstig in praktischer Hinsicht ist der Umstand, daß in Abb. 113 A das Potential der Heizbatterie von dem der Erde sich um den hohen Spannungswert V_0 unterscheidet. Schaltet man andererseits einen Kondensator in die Erdleitung und erdet die Heizbatterie, so kann man auch gegen diese Schaltung Einwände erheben, da die ganze Antenne gegenüber Erde ein mittleres Potential V_0 besitzt. Dies wird in der in Abb. 113 B dargestellten Abänderung vermieden, worin die Hochfrequenzdrossel D verhindert, daß die Hochfrequenzkomponente des Anodenstroms von der Antennenspule abgelenkt wird, zu der dieser Strom durch den Kondensator K fließt. Der induktive Widerstand der Drossel D sollte so groß sein, daß kein nennenswerter Hochfrequenzstrom sie durchfließt.

Abb. 113C stellt eine Abänderung dieser Schaltung dar, wobei die Gitterspule fortgelassen ist.

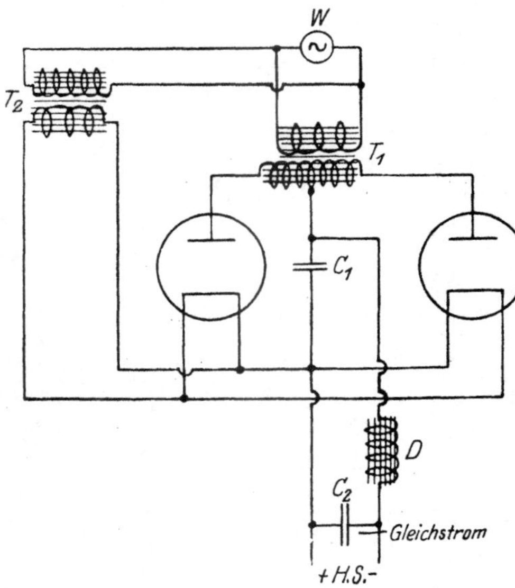

Abb. 114. Hochgespannter Gleichstrom aus einer Wechselstromquelle.

In außergewöhnlichen Fällen, wo es nicht angebracht wäre, eine so große Induktion in die Antenne zu schalten, wie es zur Herstellung der richtigen Anodenkopplung in den Schaltungen A, B, C in Abb. 113 notwendig ist, kann die Anodenspule eine besondere größere Induktion sein, die eng mit der Antennenspule gekoppelt wird, wie es Abb. 113D zeigt.

Bei Röhrensendern mit sehr kleiner Leistung, wo nur 2÷300 V verlangt werden, ist die Hochspannungsquelle gewöhnlich eine Batterie aus Trockenelementen, Akkumulatoren oder die Gleichstromlichtleitung. Bei größeren Sendeleistungen gelangt öfters eine Gleichstromdynamo zur Verwendung. Jedoch werden über ein paar tausend Volt die Schwierigkeiten, die infolge der Kommutierung und Isolation entstehen, bei einer Dynamo sehr groß. Man verwendet dann eine Wechselstromquelle mit Gleichrichterröhren (Ventilröhren), wie in Abb. 114. In dieser Schaltung erlauben die zwei Röhren,

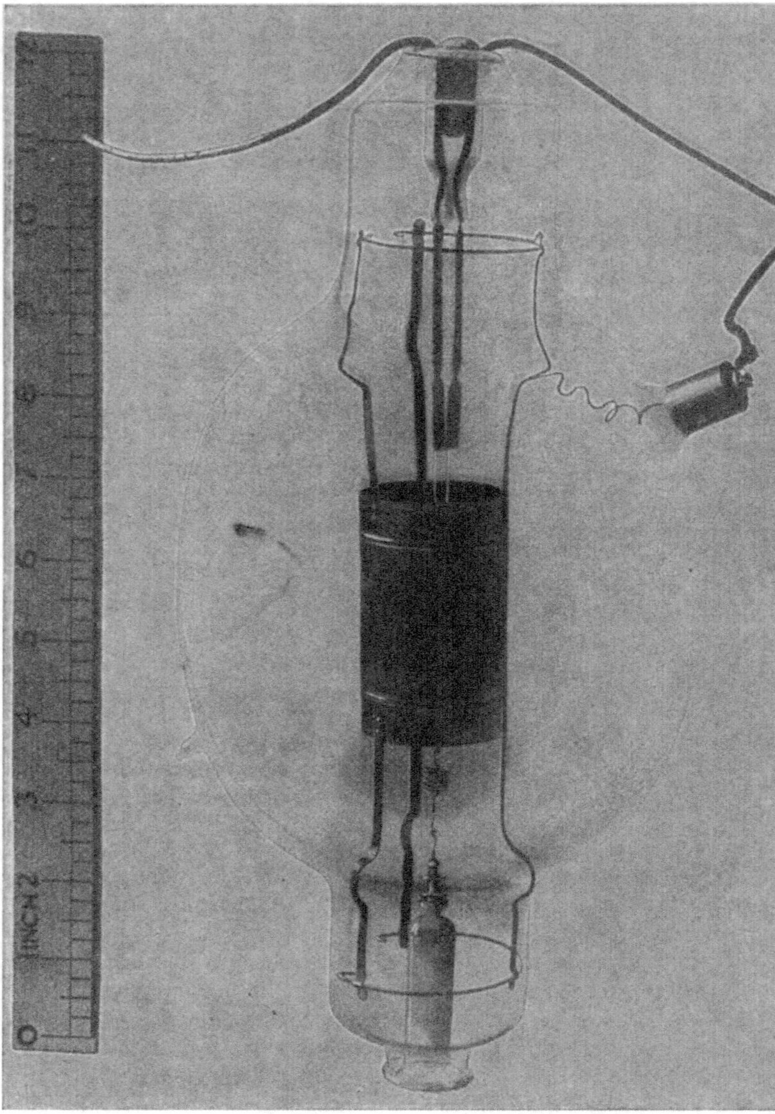

Abb. 115. Hochspannungsgleichrichter „U2“.

beide Halbperioden des Wechselstroms auszunutzen. T_1 ist ein Hochspannungstransformator, der aus der Wechselstromquelle W gespeist wird und abwechselnd Strom in die zwei Anoden liefert. Gleichgerichtete Stromimpulse gelangen mit der doppelten Generatorfrequenz zu dem Kondensator C_1, von da durch die Ausgleichdrossel D zu dem Kondensator C_2 und von hier in den Abnahmekreis*). Die Heizdrähte werden zweckmäßig von derselben Wechselstromquelle mittels eines kleinen Hilfstransformators T_2 (der die Spannung heruntertransformiert) geheizt. Abb. 115 zeigt die Photographie einer großen Gleichrichterröhre, die in H. M. Signal School zu diesem Zweck konstruiert wurde. Der Emissionsstrom beträgt mehr als $^1/_2$ A; denn kleineren Strömen als diesen setzt die Röhre in der Richtung Anode—Heizdraht eine Gegen-EMK, die etwas unter 300 V liegt, entgegen, während im entgegengesetzten Fall die Röhre einen Stromdurchgang in umgekehrter Richtung — Heizdraht—Anode — einen praktisch unendlichen Widerstand bietet.

Das Tasten eines Großkraftsenders ist ein sehr schwieriges Problem, wenn ein Funken-, Maschinen- oder Lichtbogensender verwendet wird. Bei den Röhrensendern dagegen macht das Tasten keine Schwierigkeiten**). Es gibt selbstverständlich eine ganze Anzahl Wege, um die Schwingungen mit Hilfe einer Morsetaste einsetzen und aufhören zu lassen. Bei kleinen Leistungen

*) Der Kreis $C_1 D C_2$ stellt einen Siebkreis dar, der den direkt aus den Gleichrichterröhren entnommenen, pulsierenden Gleichstrom dadurch ausgleicht, daß die Wechselkomponente dieses pulsierenden Stromes über die Kondensatoren fließt, während ihr die Drossel einen hohen, induktiven Widerstand bietet, dagegen das mittlere Gleichstromglied frei durchläßt. Wäre dieser Siebkreis nicht vorhanden, so würde man im Empfänger — ohne eine Überlagerung! — den doppelten Maschinenton des Gleichrichters hören. Gl.

**) Hier sei jedoch darauf hingewiesen, daß es sehr wichtig ist, den Heizstrom der Senderöhre unter allen Umständen — auch beim Tasten — kon-

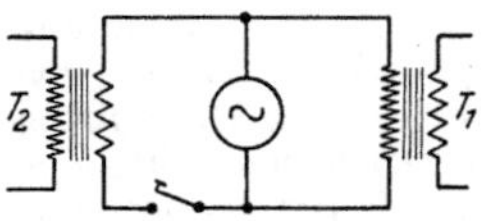

Abb. I.

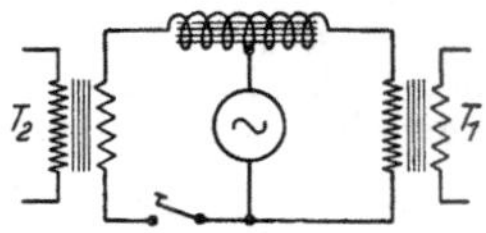

Abb. II.

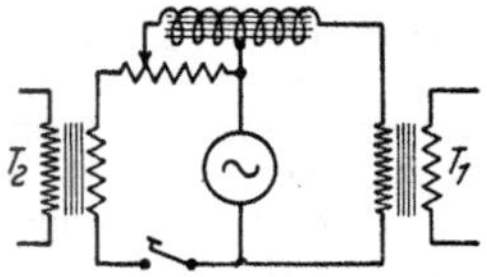

Abb. III.

stant zu halten. Nun wird aber bei dem modernen Röhrensender sowohl der Anodenkreis wie auch der Heizkreis der Röhre unter Zwischenschaltung eines Hochspannungstransformators und Gleichrichters bzw. eines Heiztransformators aus ein und derselben Wechselstromquelle gespeist. Wird nun z. B. in Abb. I getastet, so wird der Strom in dem Heiztransfor-

unterbricht man oft ganz einfach den Hochspannungskreis; bei großen Leistungen dagegen legt man vorzugsweise die Taste in den Gitterkreis. Z. B. können wir in jeder Schaltung der Abb. 113 die Verbindung zwischen dem Gitter und seiner Induktionsspule trennen, da in diesen Kreisen nur eine verhältnismäßig kleine Leistung geführt wird. Oder wir können den Kreis unterbrechen, in dem der hohe Widerstand R_g selbst liegt, der das Gitter mit dem Heizdraht verbindet und nur von einem schwachen Gleichstrom durchflossen wird. Infolge der verstärkten Gleichrichterwirkung sinkt dann das Gitterpotential gewöhnlich genügend ab, um die Schwingung zum Stillstand zu bringen.

Zehntes Kapitel.

Verstärkung und Gleichrichtung mit Rückkopplung.

1. Verringerung der Dämpfung durch die Rückkopplung.

Bei der Untersuchung der Schwingungsbedingungen eines rückgekoppelten Kreises sahen wir, daß in der Schaltung von Abb. 105 jeder Anstoß des Schwingungskreises LRC sich als zunehmende oder abnehmende Schwingung fortsetzt, indem

$$i = \bar{J}\varepsilon^{bt} \sin \omega t$$

ist, je nachdem b positiv bzw. negativ ist; und daß

$$b = -\frac{CR + aL - gM}{2CL}$$

$$b = -\left(\frac{R}{2L} - \frac{gM - aL}{2CL}\right)$$

ist. Es wird also der Dämpfungsexponent des Schwingungskreises infolge der Verbindung dieses Kreises mit einer Röhre in Bezug auf seinen eigentlichen Wert $\frac{R}{2L}$ um einen Betrag $\frac{gM - aL}{2CL}$ ver-

formator T_1 zurückgehen, da die Maschine jetzt noch durch den Hochspannungstransformator T_2 belastet wird, und demzufolge ihre Spannung absinkt. Schaltet man aber nach Hahn eine Regulierdrossel D in den Kreis, wie in Abb. II, so entstehen beim Tasten in den beiden Abschnitten der Drossel entgegengesetzte magnetische Felder; infolgedessen geht beim Tasten der induktive Widerstand des Drosselteiles im Heiztransformatorkreis zurück und der Heizstrom wird wieder größer. Durch passende Abmessung beider Drosselabschnitte läßt sich erreichen, daß der Heizstrom immer derselbe bleibt, ob die Taste nun gedrückt wird oder nicht. In Abb. III ist diese Regulierschaltung insofern verbessert worden (W. Glitsch), als hier zu dem einen Drosselteil ein Ausgleichwiderstand R dazugeschaltet ist. Durch Verschieben des Gleitkontaktes läßt sich der Heizstrom in bequemster und schärfster Weise regulieren (auch unter- und überregulieren). Gl.

kleinert und kann nahezu bis auf Null verringert werden, wenn dies verlangt wird, indem z. B. M vergrößert wird. Dasselbe Ergebnis liefert auch die Tatsache, daß gewissermaßen der Widerstand R des Schwingungskreises um einen Betrag

$$\frac{gM - aL}{C}$$

verkleinert wird. Jede andere Rückkopplungsschaltung, die sich zur Schwingungserzeugung eignet, z. B. die in Abb. 103, kann ebenso zur Verringerung der Dämpfung oder des (Dämpfungs-) Widerstands benutzt werden, sofern die Rückkopplung nicht so weit getrieben wird, daß die Röhre schwingt.

Wir haben also in letzterer ein Mittel, den Widerstand eines jeden Schwingungskreises bis auf irgendeinen Betrag zu verringern; und da in einem abgestimmten Schwingungskreis der durch eine andauernd isochrone Wechsel-EMK hervorgerufene Strom dem Widerstand des Kreises umgekehrt proportional ist, so ist es theoretisch möglich, endliche Stromänderungen unter dem Einfluß unendlich kleiner, aufgedrückter EMKe zu bewirken. So stellt z. B. in Abb. 116 LRC einen Schwingungskreis dar, in dem eine kleine EMK — sagen wir von $1 \cdot 10^{-6}$ V — durch ein dauerndes, ungedämpftes Zeichen in der Antenne mit der Frequenz ν induziert wird. Wenn die Abmessungen des Kreises $L = 5$ mH, $R = 100\ \Omega$ und $C = 0{,}508 \cdot 10^{-3}$ MF $= 457{,}2$ cm betragen und daher die Eigenschwingungszahl ungefähr gleich 10^5 Per/sec ($\lambda = 3000$ m) ist, so wird der Strom von einem kleinen Wert bis zu einem Maximum von $0{,}01 \cdot 10^{-6}$ A zunehmen und wieder abnehmen, sobald ν geändert wird, wie es die mit „$R = 100\ \Omega$" bezeichnete Resonanzkurve[1]) anzeigt. Wenn nun die in das gestrichelte Rechteck eingezeichnete Röhrenschaltung mit dem Schwingungskreis verbunden wird, so kann der Widerstand dieses Kreises auf einen gewissen Wert verkleinert werden, der viel kleiner ist als der eigentliche Wert von 100 Ω — sagen wir, er ist auf 10 Ω oder sogar auf 1 Ω verringert worden. Die daraus hervorgehende Steigerung der Abstimmschärfe und die Größenzunahme des durch dieselbe aufgedrückte EMK hervorgerufenen Resonanzstromes sind ohne weiteres aus den mit „$R = 10\ \Omega$" bzw. „$R = 1\ \Omega$" bezeichneten Resonanzkurven zu erkennen.

Da wir bei der auf diese Art erfolgenden Verkleinerung des Widerstands tatsächlich imstande sind, dabei über Null hinauszugehen, so möchte es auf den ersten Anblick scheinen, daß hier der Ingenieur innerhalb der experimentellen Grenzen die

[1]) Siehe III. Kapitel, 2. Abschnitt.

unendlichen Möglichkeiten mathematischer Folgerungen in Händen hat. Aber obwohl in der Praxis dieser Kunstgriff der Dämpfungsverminderung von größter Wirkung ist, so kann doch eine unendliche Empfindlichkeit aus den folgenden Gründen nicht erreicht werden:

a) Kleine, willkürliche Unregelmäßigkeiten der Röhren, Batterien usw. verlangen die Schaffung einer Stabilitätsgrenze zwi-

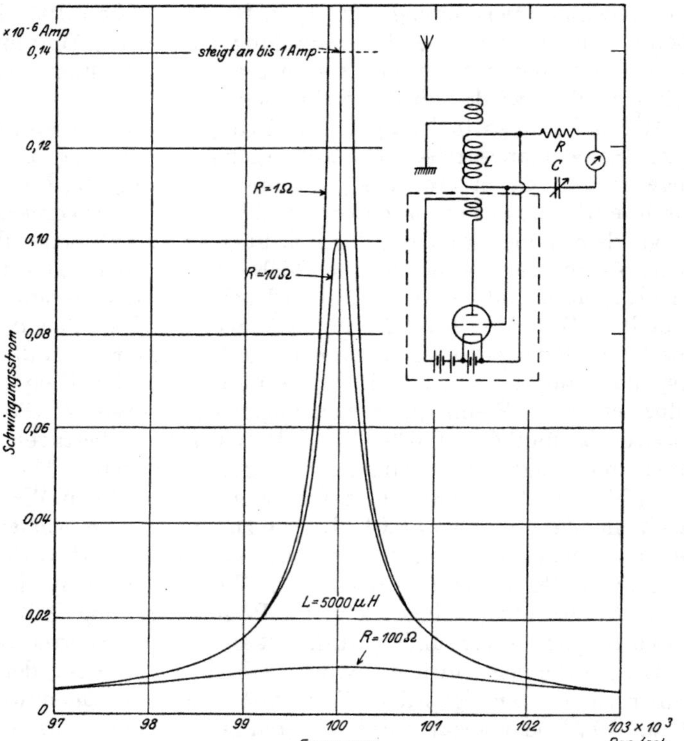

Abb. 116. Resonanzkurven.

schen dem tatsächlichen, effektiven Widerstand und dem Bereich der selbsterzeugten Schwingungen.

b) Die negative Komponente des gesamten Widerstandes — d. h. der durch die Rückkopplung eingeführte Teil — wird im allgemeinen selbst durch Änderungen des Gitter- und Anodenpotentials beeinflußt und diese ändern sich mit dem Strom in dem Schwingungskreis.

c) Äußerste Konstanz der Frequenz des ankommenden Zeichens ist notwendig, wenn der volle Nutzen bei der Dämpfungsverminderung erreicht werden soll.

d) Obwohl bei theoretisch erfüllten Bedingungen das Verhältnis zwischen Strom und aufgedrückter EMK unendlich groß wird, so verfließt doch eine unbeschränkt lange Zeit, bis dies Ergebnis erreicht wird. Bei Telegraphierzeichen aber ist die Zeitdauer eines Zeichens nicht größer, als die eines Morsestrichs[1]).

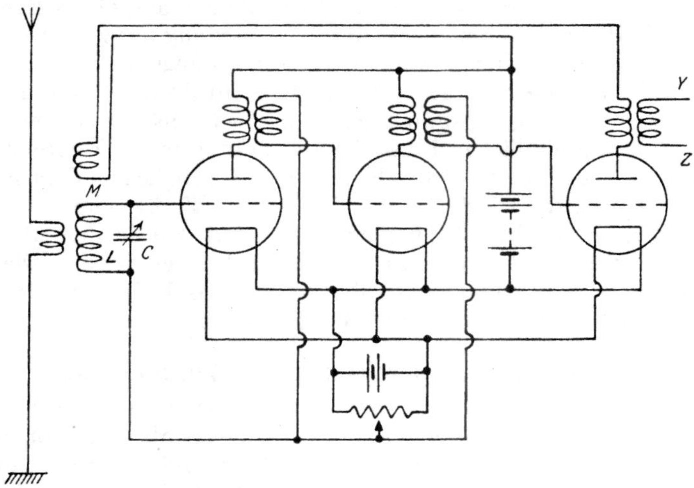

Abb. 117. Hochfrequenzverstärker mit Rückkopplung.

Um Schwingungskreise mit äußerst niedrigem Dekrement zum Zweck großer Selektivität (Abstimmschärfe) zu erhalten, mag die Rückkopplung besonders wertvoll sein, da keine noch so große Verstärkung dasselbe Ergebnis herbeiführen kann; außerdem hat sie den weiteren praktischen Vorteil, daß sie mit einer oder nur wenigen Röhren eine ebenso große Verstärkung liefert, wie wenn deren viele in Kaskadenschaltung, aber ohne Rückkopplung dazu benutzt worden wären. Um große Verstärkungen zu erhalten, ohne daß man dabei seine Zuflucht zu einem übertrieben kleinen Dekrement nimmt, kann man die Rückkopplungverstärkung mit der gewöhnlichen vereinigen. So kann z. B. die Röhrenschaltung, wie sie in Abb. 116 angegeben ist, zur Dämpfungsverminderung des Schwingungskreises benutzt werden, während ein besonderer,

[1]) Bei 125 Worten in der Minute dauert ein Morsestrich nur $^1/_{100}$ Sekunde. Noch viel schnellere Änderungen sind jedoch bei der drahtlosen Telephonie notwendig, so daß es hier keinen Zweck hat, die Rückkopplung sehr weit zu treiben.

nicht rückgekoppelter Ein- und Mehrstufenverstärker dazu geschaltet wird, um die Spannungsänderung an L und C zu verstärken. Oder man läßt bei einer ganzen Kette einzeln nicht rückgekoppelter Röhren die letzte mit Rückkopplung auf die ganze Kaskadenschaltung einwirken, wie in Abb. 117.

Wir wollen voraussetzen, daß in dieser Schaltung die Antenne lose mit dem Schwingungskreis LC gekoppelt ist, so daß ein von ersterer aufgenommenes Zeichen dem Kreis LC eine winzige EMK aufdrückt. Da der effektive (der Wirk-)Widerstand dieses Kreises so viel, als praktisch zulässig, durch Einstellung der gegenseitigen Induktion M verringert worden ist, so ist infolge der Einwirkung der Rückkopplung die an Gitter und Heizdraht der ersten Röhre angelegte Schwingung sowohl größer als auch schärfer abstimmbar. Nach der gewöhnlichen Kaskadenverstärkung in der Röhrenkette kann die vielfach verstärkte Kopie der ursprünglichen, dem Kreis LC aufgedrückten EMK an den Klemmen YZ abgenommen werden. Diese Art der Rückkopplung wird bei dem in den Abb. 93 und 94 dargestellten Hochfrequenzverstärker verwendet. Die induktive Rückkopplung wird hier durch Verschieben des in der Abbildung sichtbaren Handgriffes eingestellt.

2. Der Röhrendetektor mit Rückkopplung.

Der in den Kreis LRC der Abb. 116 eingeschaltete Strommesser wird natürlich in Wirklichkeit nicht als Detektor oder Meßgerät für Zeichenströme benutzt. Wenn keine spätere Hochfrequenzverstärkung eingeführt werden soll, wäre die Gleichrichtung und der Empfang der Hochfrequenzzeichen mit einem an L und C in der gewöhnlichen Art angeschlossenen Detektor oder einer Röhre und Telephon bewerkstelligt. Aber die in Abb. 116 dargestellte Schaltung zeigt, daß dieselbe Röhre sowohl zur Dämpfungsverminderung des Schwingungskreises als auch zur Gleichrichtung des hervorgerufenen Schwingungsstromes benutzt werden kann. In einer Röhre sind also die Aufgaben der Gleichrichtung und der Verstärkung vereinigt. Abb. 118 zeigt, welche Abänderungen notwendig sind, um die bloße Rückkopplungsschaltung der Abb. 116 in eine Schaltung zu verwandeln, die sowohl zur Rückkopplung als auch zur Gleichrichtung durch Aufladung des Gitters (wie die Schaltung in Abb. 98) dient.

3. Das Schwingaudion (autoheterodyne).

Beim Schwebungs- oder Überlagerungsempfang muß man, wie wir gesehen haben, dem Gleichrichter-(Röhren- oder Detektor-)Kreis eine stetige (ungedämpfte) Schwingung überlagern deren Frequenz sich von der des ankommenden Zeichens um einen passenden Betrag unterscheidet. Um einen selbständigen Röhrengenerator, der zur Erzeugung dieser Hilfsschwingungen dient und die damit verbundenen Umständlichkeiten zu vermeiden, kann man die Hilfsschwingung auch in der Schaltung von Abb. 118 selbst erzeugen. Die Rückkopplung wird genügend fest eingestellt, um eine kleine andauernde Schwingung in LC hervorzurufen; um nun eine Schwebung zu erhalten, wird der Kreis ein wenig gegen die Wellenlänge (oder Frequenz) des ankommenden Zeichens verstimmt (durch Änderung von C). Eine derartige Anordnung bezeichnet man als „Schwingaudion".

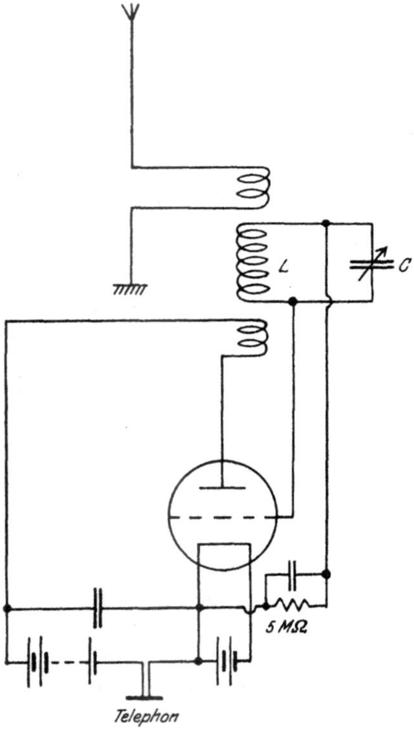

Abb. 118. Schwingaudion.

Bei langen Wellen kann die Empfindlichkeit des Empfängers durch das Verstimmen sehr beeinträchtigt werden; bei kurzen hingegen ist dies kaum der Fall. So muß z. B. bei einer Wellenlänge von 1000 m oder einer Frequenz von 300000 Per/sec, um einen Schwebungston von der Tonfrequenz 1000 Per/sec zu erhalten, der Empfänger um 1000 von 300000, d. h. um nur 0,033 $^0/_0$ verstimmt werden. In mancher Beziehung ist das Schwingaudion viel vorteilhafter als der gewöhnliche Überlagerungsempfang mit besonderem Röhrengenerator. Im ersten Fall ist nur eine Einstellung zur Abstimmung erforderlich; im zweiten müssen dagegen beide getrennte Kreise ganz genau eingestellt werden, bis irgendein Zeichen abgehört werden kann.

4. Kapazitive Rückkopplung.

Es ist ganz klar, daß jede Verbindungsart zwischen Anode und Gitter, sofern sie die Anodenschwingungen mit passender Phasenverschiebung dem Gitter aufzudrücken gestattet, sich dazu eignet, einen negativen Widerstand (oder eine Dämpfungsverminderung) herbeizuführen und, falls die Rückkopplung stark genug ist, Eigenschwingungen hervorzurufen. Bis jetzt haben wir nur die induktive Rückkopplung untersucht. Jedoch können Schwingungen auch durch eine kapazitive Verbindung von Anode und Gitter erzeugt werden — eine Erscheinung, die tatsächlich bei Vielfach-Hochfrequenzverstärkern erhebliche Störungen verursachen kann.

In Abb. 119 soll zwischen der Anodenspule L_1 und der Gitterspule L_2 keine gegenseitige Induktion bestehen. Jedoch soll eine Kapazität C_2 zwischen Gitter and Anode geschaltet sein. Die Schwankungen v_a des Anodenpotentials rufen in $C_2 L_2$ einen Strom i_2 hervor; dieser eilt der Spannung v_a vor oder bleibt hinter ihr um 90^0 zurück, je nachdem

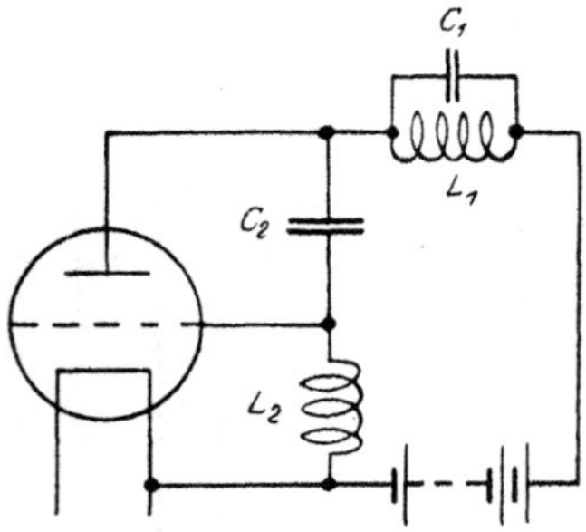

Abb. 119. Kapazitive Rückkopplung.

$$\frac{1}{\omega C_2} \gtrless \omega L_2$$

ist, d. h. je nachdem sich $C_2 L_2$ unter- oder oberhalb der Resonanzlage befindet. Im ersten Falle sind die Schwankungen des Gitterpotentials denen des Anodenpotentials um 180^0 phasenverschoben und werden um so größer, je mehr sich durch Vergrößerung von C_2 der Resonanzwert nähert. Wir haben im 2. und 4. Abschnitt des IX. Kapitels gesehen, daß diese Phasenverschiebung um 180^0 zwischen v_a und v_g zur Selbsterregung und damit zur Erzeugung von Eigenschwingungen behilflich ist.

Diese Art der Rückkopplung wird manchmal absichtlich zur Erzeugung schwacher Schwingungen, wie z. B. beim Überlagerungsempfang, benutzt. Von ganz besonderer Bedeutung aber ist der Umstand, daß die kapazitive Rückkopplung nie ganz vermieden werden kann, da die Kapazität zwischen Anode und Gitter innerhalb der Röhre und die der äußeren Zuleitungen immer einen unvermeidlichen Teil der in Abb. 119 mit C_2 bezeichneten Kapazität ausmacht. Die hierdurch verursachte Neigung zum Selbstschwingen nimmt mit der Zahl der kaskadenförmig geschalteten Röhren zu, besonders wenn diese durch Transformatoren miteinander verbunden sind. Es rührt dies von der kapazitiven Kopplung zwischen den ersten und letzten Röhren her, wobei in den Endröhren die Spannungsschwankungen verhältnismäßig sehr heftig erfolgen. Aus diesem Grunde ist in Abb. 92 eine Einregulierung des Gitterpotentials auf einen gewissen positiven Wert vorgesehen. Auf diese Weise wird das ganze System gerade noch genügend gedämpft, um ein Selbstschwingen zu verhindern. Wird in Abb. 92 durch Einstellen des Spannungsteilers das Gitterpotential gesteigert, so hat das dieselbe Wirkung, wie wenn in Abb. 117 die induktive Rückkopplung (M) kleiner gemacht oder umgekehrt wird. Bei dem schon erwähnten Hochfrequenzverstärker in den Abb. 93 und 94 ist der Gitterspannungsteiler zur Rechten in Abb. 93 zu erkennen. Im übrigen ist bei diesem Gerät eine induktive Rückkopplung vorgesehen, die mittels Gleitschieber eingestellt werden kann.

Die mathematische Behandlung des Vielfach-Hochfrequenzröhrenverstärkers ist nicht einfach. Sie ist durch C. L. Fortescue in seiner Abhandlung „The design of multi-stage amplifiers using three-electrode thermionic valves" (der Entwurf von Vielfachverstärkern unter Verwendung der Elektronenröhre) gut dargestellt worden.

5. Widerstandsrückkopplung.

Es ist klar, daß bei einer Kette von zwei oder mehr Röhren Schaltungen entworfen werden können, bei denen Widerstände den Platz von Spulen einnehmen, um die zur Erzeugung von Eigenschwingungen notwendige Rückkopplung zu bewirken. Der innere Widerstand der gemeinsamen Anodenbatterie kann eine solche herbeiführen und ist manchmal für das „Heulen" von Niederfrequenzverstärkern verantwortlich zu machen. Hat z. B. bei dem in Abb. 120 dargestellten Widerstandsverstärker die Anodenbatterie den Widerstand R, so ruft eine Änderung δi_3 des Anodenstroms in der dritten Röhre eine Änderung $-R \cdot \delta i_3$ des Anodenpotentials der ersten Röhre und damit auch des Gitterpotentials der zweiten hervor. Das verstärkt noch mehr die Änderung von i_3 und führt auf diese Weise zur Unstabilität. Ein großer Kondensator, der die Anodenbatterie und ihren Widerstand überbrückt, würde diese Rückkopplungswirkung verringern.

Die Widerstandsrückkopplung hat noch nicht viel Anwendung gefunden. Jedoch ist sie sehr interessant, da sie vollständig aperiodisch arbeitet, was bei Verwendung von Transformatoren und Kondensatoren nicht der Fall ist. So fand man z. B., daß die in Abb. 121[1]) wiedergegebene Zwei-Röhrenverstärkerschaltung eine

[1]) Siehe „The Kallirotron, an aperiodic negative-resistance triode combination" by L. B. Turner, Radio Review, Bd. I (1920) („Das Kallirotron, eine aperiodische Röhrenschaltung mit negativem Widerstand").

Verstärkung $\frac{E}{e_1}$ von etwa 2000 liefern konnte —, obwohl der Verstärkungsgrad einer Röhre allein ungefähr gleich drei war. Dabei kann die Zeichenspannung e_1 jede beliebige Form haben — sie

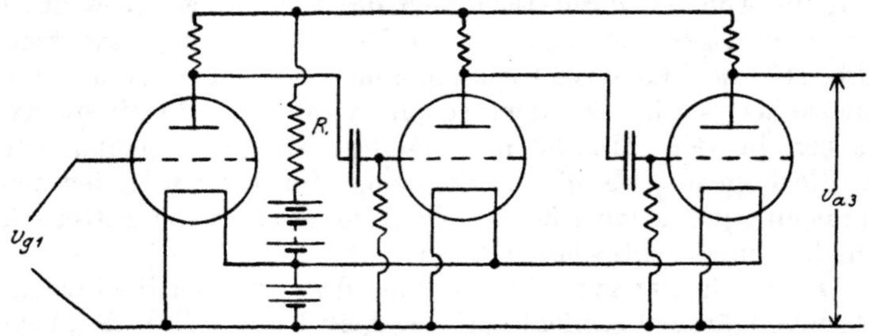

Abb. 120. Widerstand vor der gemeinsamen Anodenbatterie.

kann ebenso gut die quasistationäre Spannung eines langen Morsestriches in einem Unterseekabel sein. Die Wirkungsweise der

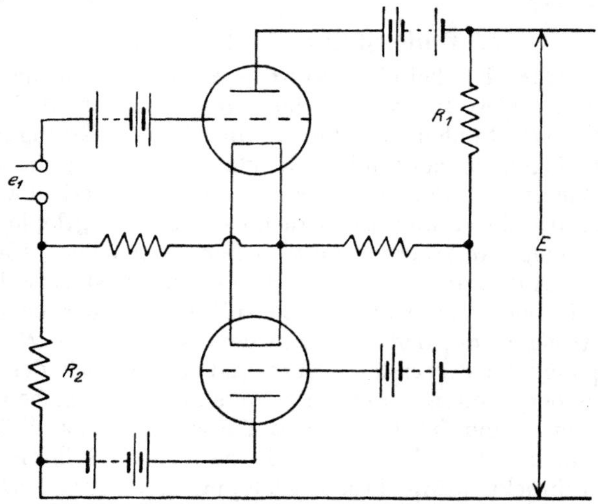

Abb. 121. Verstärker mit Widerstandsrückkopplung.

Widerstandskopplung ist leicht zu verstehen. Eine Erhöhung e_1 des Gitterpotentials in der oberen Röhre verursacht eine Zunahme des in R_1 fließenden Stromes und daher einen Spannungsabfall an dem unteren Gitter. Dadurch wird der Strom in R_2 verringert und sucht so das obere Gitterpotential zu erhöhen. Infolgedessen muß sich ein ankommendes Zeichen von selbst verstärken.

Elftes Kapitel.

Drahtlose Telephonie.

1. Vergleich von drahtloser Telephonie und Telegraphie.

Während im großen ganzen die drahtlose Telegraphie und Telephonie dieselben Grundzüge besitzen, so nehmen doch bei der drahtlosen Telephonie die kleineren Einzelheiten in Theorie und Praxis eine hervorragendere Stellung ein. Es treten größere, experimentelle Schwierigkeiten auf; ein Bedürfnis nach theoretischer Untersuchung ist hier viel schärfer ausgesprochen. So umfaßt in der Tat die Telephonie alles an Theorie und praktischen Schwierigkeiten — mit Ausnahme der Verwendung des Morsealphabets —, was uns in der Telegraphie schon begegnet ist, wozu noch vieles andere kommt. Die Bemerkung[1]), daß „der Unterschied zwischen drahtloser Telegraphie und Telephonie nicht weit von dem des Aufzeichnens einer Strichpunktlinie und der kargen, punktmäßigen Radierung einer Herbstlandschaft entfernt ist", ist recht wohl am Platze. Und während im großen ganzen die Verfahren der drahtlosen Telegraphie zu einem gewissen stabilen Abschluß gelangt sind, ist dagegen die drahtlose Telephonie in ihrer Entwicklung noch so unreif, und immer neue Verbesserungsvorschläge überstürzen sich hier so sehr, daß eine Aufzeichnung der heutigen allgemein praktischen Verfahren ebenso schwer durchführbar wie eine Voraussage der Verfahren und Vervollkommnung für die nächsten Jahre unmöglich ist.

Es kann aber heute kein Zweifel mehr darüber bestehen, daß die drahtlose Telephonie aus der untätigen Stellung, die sie noch in den Jahren vor Erscheinung des Röhrensenders innehatte, herausgetreten ist, wo ab und zu Entfernungen von etwa 100 Meilen (160 km) überbrückt wurden, ohne daß dabei eine Aussicht auf Anwendung im Nachrichtenverkehr vorhanden gewesen wäre. Was heute geradezu aufsehenerregend wirkt, ist die Überseetelephonie — und das mit Recht, da keine Aussicht bestand, mit Unterseekabeln jemals eine Kabeltelephonie durchführen zu können. Heute macht das drahtlose Telephonieren über Hunderte von Kilometern keine Schwierigkeit mehr, und das Tele-

[1]) A. M. Goldsmith, Radio-Telephonie (1918). Das Buch gibt einen guten, anschaulichen und reich illustrierten Bericht über die Entwicklung der drahtlosen Telephonie von Anfang an. Es ist kein Versuch zur mathematischen Untersuchung gemacht worden, jedoch kann das Buch zur nützlichen Einführung in ein tieferes Studium des Stoffes dienen. Siehe auch P. R. Courseys „drahtlose Telephonie" (1919), der eine reichliche Literaturangabe angeschlossen ist.

Abb. 122. Telephonie-Sender und Empfänger. (Marconi.)

phonieren zwischen Flugzeugen wurde noch vor dem Waffenstillstand 1918 praktisch möglich. Abb. 122 gibt eine vollständige Sende- und Empfangsstation für drahtlose Telephonie wieder.

Daß die drahtlose Telephonie in naher Zukunft ein wichtiges Nachrichtenmittel werden wird, ist sicher. Und daß die drahtlose Telephonie mit derjenigen auf Leitungen verkettet wird, ist wahrscheinlich. Obwohl umwälzende, technische Entwicklungen dreist erwartet werden dürfen, so wartet dennoch auch heute der Nachrichtendienst — wie man annehmen muß — nur auf Nachfrage und Organisation. Deswegen sind in diesem Buche die Verfahren der drahtlosen Telephonie nur skizziert worden, und es muß betont werden, daß nur eine gewisse willkürliche Auswahl getroffen worden ist, in der Absicht, den Leser in diesem Kapitel, wie auch sonstwo, in die betreffenden Grundzüge einzuweihen. Das Gebiet der drahtlosen Telephonie verlangt dringend nach theoretischen und experimentellen Untersuchungen; denn seine Literatur besteht in der Hauptsache aus Patentschriften, in denen noch der Weizen von der Spreu getrennt werden muß.

Als einer Unterabteilung der drahtlosen Telegraphie im weiteren — und berechtigten — Sinne kann man bei der drahtlosen Telephonie folgende Eigenschaften unterscheiden:

a) Der Sender muß ungedämpfte Schwingungen erzeugen können; oder wenn dies nicht der Fall ist, so muß die Zeitdauer der Amplitudenschwankungen — oder der Zeitunterschied zwischen aufeinanderfolgenden getrennten Wellenzügen in bezug auf einen etwa wahrzunehmenden Ton — so klein sein, daß vorzugsweise eine unhörbar hohe Tonhöhe eintritt oder wenigstens dieselbe höher ist als die höchste, wesentliche Sprachfrequenz.

b) Die Amplitude oder die Frequenz der Schwingungen in der Sendeantenne muß durch irgendein sprachempfindliches Mikrophon — an Stelle der Morsetaste — gesteuert werden können.

c) Der Empfänger muß zur Wahrnehmung der Sprechströme ein Telephon[1]) enthalten.

d) Der Schwebungs- oder Überlagerungsempfang muß hier nicht verwendet werden. Jedoch kann zur Verbesserung der Gleichrichterwirkung eine schwache Überlagerung stattfinden, aber so, daß keine Eigenschwingungen entstehen (siehe VIII. Kapitel, 4. Abschnitt).

Das einzige, was uns unter diesen vier Punkten noch nicht bekannt ist, ist die Steuerung der Amplituden oder der Frequenz der Sendeschwingungen mit dem Mikrophon. Dieselben Generatoren zur Erzeugung hochfrequenter, ungedämpfter Schwin-

---

[1]) Im Englischen in diesem Fall der drahtlosen Telephonie zum Unterschied beim Empfang von drahtlosen Morsezeichen „telephone sounder" genannt.

gungen — wie der Lichtbogen, die Hochfrequenzmaschine oder die Röhre — gelangen sowohl in der drahtlosen Telegraphie wie auch Telephonie zur Anwendung. Und der Empfangsapparat für drahtlose Telegraphie enthält praktisch immer Gleichrichter und Telephon. Obwohl in diesem Falle das Telephon eher auf eine Periodenzahl von 1000 in der Sekunde ansprechen als die Stimme gut wiedergeben soll, so ist es doch meistens für Telephoniezwecke brauchbar. Daraus folgt, daß jeder zum Empfang gedämpfter Zeichen dienende Apparat — der ja ohne Überlagerung arbeitet — auch als Empfänger für drahtlose Telephonie verwendet werden kann, da der im Telephon wahrnehmbare, gleichgerichtete Strom mit den Mikrophonschwankungen im Sender zu- und abnimmt. Wir werden uns daher in diesem Kapitel hauptsächlich mit den Mitteln befassen, die dazu dienen, durch die Stimme die Schwingungen der Sendeantenne zu steuern.

2. Steuerung des Senders durch das Mikrophon.

Das früheste und einfachste Verfahren, mittels eines Mikrophons die Amplituden der ausgesandten Wellen zu modulieren, bestand darin, daß das Mikrophon in die Antenne selbst oder in einen mit derselben gekoppelten Kreis, wie in Abb. 123, geschaltet wird, wo *M* das Mikrophon und *G* irgendeinen Schwingungserzeuger bedeutet. In diesem Falle ändert sich der Widerstand des Antennenkreises und damit auch die Amplitude der in der Antenne fließenden Hochfrequenzströme im Takte der Sprechschwankungen. Die maximale Änderung der Antennenenergie kann hierbei nicht sehr weit über die mittlere, im Mikrophon in Form von Wärme verbrauchten Leistung hinausgehen. Solange jedoch die Mikrophonleistung nicht größer als ein paar Watt ist, erzielt man auf diese Art mit dem gewöhnlichen Mikrophon, wie es bei der Leitungstelephonie benutzt wird, ausgezeichnete Ergebnisse. Ein leichte Abänderung besteht darin, das Mikrophon in einen Zwischenkreis zwischen Generator und Antenne, wie in Abb. 124, zu schalten; aber auch hier ist dieselbe Leistungsbegrenzung vorhanden.

Wird das Mikrophon von dem Hochfrequenzstrom durchflossen, so muß es sich natürlich ganz in der Nähe der Antenne befinden. Und unter gewissen Umständen ist dies unzweckmäßig oder überhaupt unmöglich.

Um größere Leistungen steuern zu können, müssen außergewöhnliche Mikrophonschaltungen verwendet werden. Lange Zeit diente der Poulsen-Lichtbogensender zur Erzeugung verhältnismäßig großer Antennenleistungen, und der einzige Hinderungsgrund für eine drahtlose Telephonie auf weite Entfernungen war der Mangel an irgendeinem Mikrophon, mit dem große Leistungen bei guter Sprachübertragung gesteuert werden konnten. Man bemühte sich, leistungsfähige Zusammenstellungen der gewöhnlichen

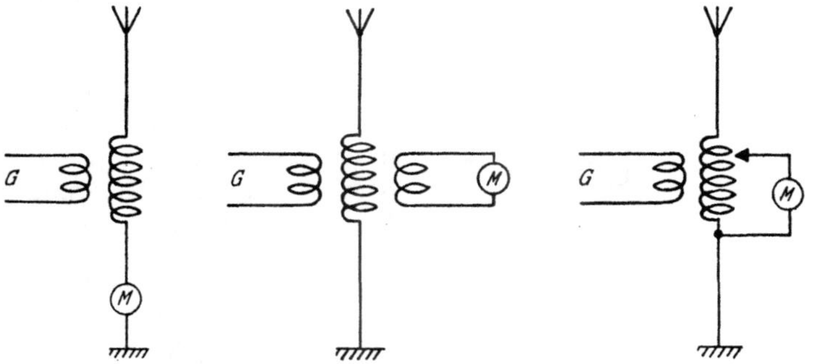

Abb. 123. Mikrophon im Antennenkreis.

kleinen Kohlenkörnermikrophone zu schaffen; und verschiedene Mikrophonarten wurden konstruiert, die überhaupt keine Kohlenkontakte verwenden[1]). Jedoch waren diese Bemühungen von so wenig Erfolg begleitet, daß man daran hätte zweifeln können, ob eine drahtlose Telephonie auf weite Entfernungen jemals praktisch durchführbar würde, solange man auf ein Starkstrommikrophon zur Steuerung großer Leistungen angewiesen war.

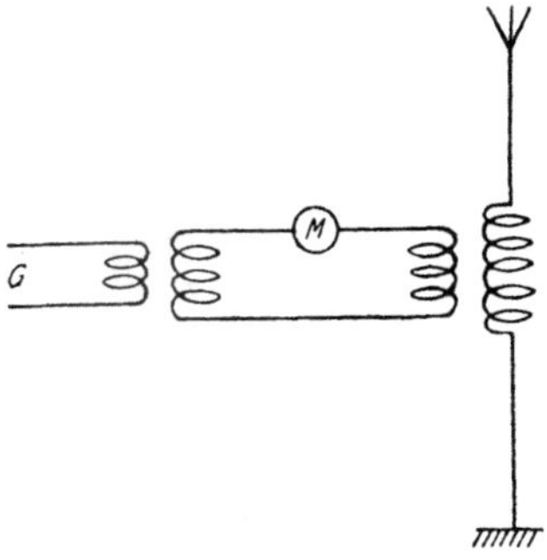

Abb. 124. Mikrophon im Zwischenkreis.

Nach der Erfindung der Hochfrequenzmaschine wurde wenigstens theoretisch eine Art Relaissteuerung möglich. Da die Leistungsabgabe der Maschine vollständig von der Größe des Erregerfeldes abhängig ist, so muß eine Steuerung des Erregerstroms durch das Mikrophon auch die Amplituden der Antennenschwingung steuern. Dieses Verfahren ist in Abb. 125 schematisch dargestellt, worin F die Feldmagnete der Hochfrequenzmaschine und M das Mikrophon darstellen. Unglückseligerweise kann bei einer kleinen Hochfre-

[1]) S. auch Anhang am Schlusse des folgenden Abschnitts.

quenzmaschine die zur Erregung des Feldes benötigte Energie nicht sehr viel kleiner gemacht werden als die von der Maschine abgegebene Hochfrequenzleistung. Infolgedessen erreicht man mit dem gewöhnlichen, kleinen Mikrophon keinen sehr großen Vorteil. Auf jeden Fall eignet sich die Hochfrequenzmaschine mehr für große Leistungen und sehr lange Wellen als umgekehrt.

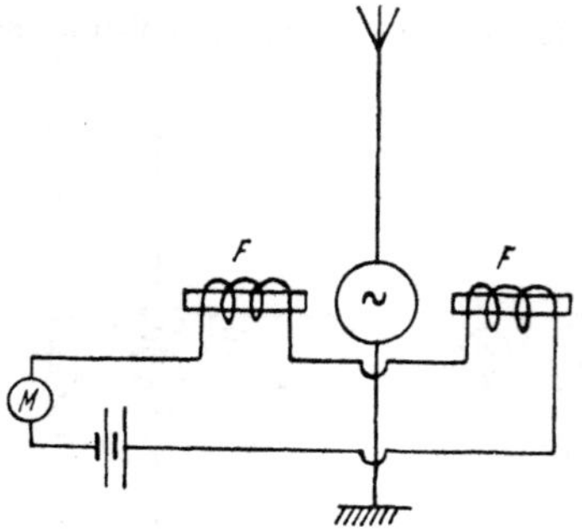

Abb. 125. Mikrophon im Erregerkreis der Hochfrequenzmaschine.

Ein ganz anderes und sehr interessantes Steuerungsverfahren beruht auf der Änderung der Permeabilität des Eisens mit der Stärke der magnetischen Induktion. Der Grundgedanke hierzu stammt von L. Kuhn[1]) (Telefunken), der den Magnetisierungsgleichstrom in einer Hilfswicklung dazu benutzte, den induktiven Widerstand zu verändern, den die in demselben magnetischen, eisenhaltigen Kreis befindliche Hauptwicklung dem Hochfrequenzstrom entgegensetzt. Eine Verbesserung des Verfahrens rührt von E. F. N. Alexanderson her, und ist bekannt unter dem Namen „Magnetischer Verstärker". Der Grundgedanke geht aus Abb. 126 hervor. Die Antenne wird durch irgendeinen Generator G erregt, der ungedämpfte Schwingungen liefert. $K_1 K_2 K_3 K_4$ sind die vier Eisenkerne einer besonderen, für Hochfrequenzströme geeigneten Drossel, und sind daher aus einer sehr fein lamellierten Eisenlegierung mit hohem spezifischen Widerstand hergestellt. Die Kerne K_2 und K_3 bilden den magnetischen Kreis der beiden Spulen, die, jede auf einem

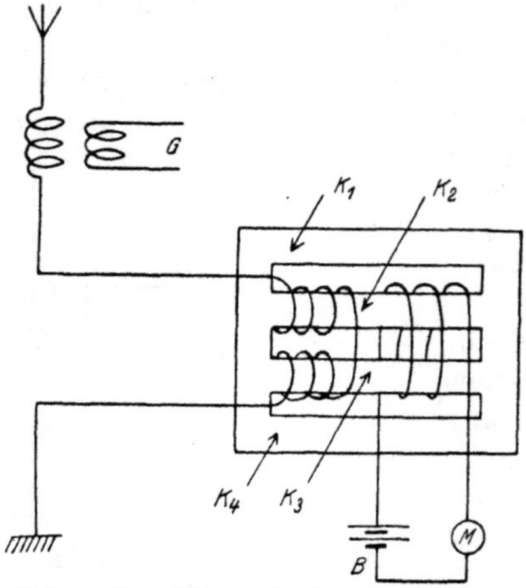

Abb. 126. „Magnetischer Verstärker" (Sprechdrossel).

[1]) ETZ. 1914; oder Jahrb. d. drahtlosen Telegraphie, Juni 1915.

Kern, in den Antennenkreis geschaltet sind. Der induktive Widerstand dieser Spulen ist daher der Permeabilität in K_2 und K_3 proportional. Ferner tragen K_2 und K_3 eine zweite Wicklung, die über beide Kerne zusammengewickelt ist und deren magnetischer Kreis entsprechend dem Verlauf der Kraftlinien sich aus $(K_2 + K_3)$ und $(K_1 + K_4)$ zusammensetzt. Durch diese Wicklung fließt ein Strom der Batterie B, der durch das Mikrophon M moduliert wird. Auf diese Weise wird durch M die magnetische Induktion und damit auch die Permeabilität in K_2 und K_3 gesteuert. Infolgedessen ist die Eigenfrequenz des Antennenkreises von dem Mikrophonstrom abhängig. Der Zweck der Anordnung von vier Eisenkernen ist die Vermeidung einer Hochfrequenz-EMK in dem Mikrophonkreis.

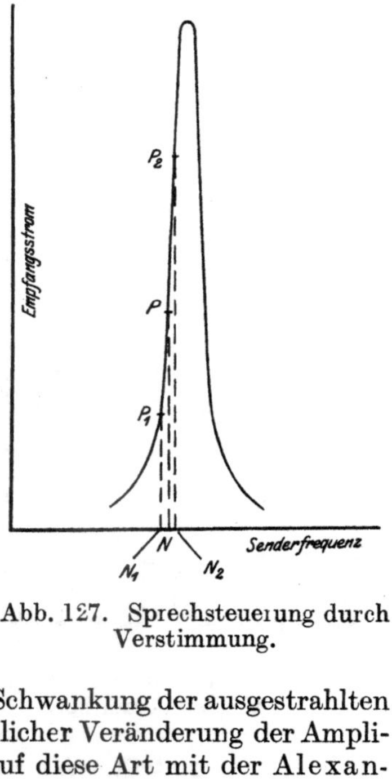

Abb. 127. Sprechsteuerung durch Verstimmung.

Bei der in Abb. 126 dargestellten Schaltung ist die Wirkungsweise des Mikrophons die, daß durch Verstimmung des Antennenkreises gegen den Generator G die Amplitude des Antennenstromes geändert wird. Es ist klar, daß der magnetische Verstärker in gleicher Weise dazu benutzt werden kann, den Generator selbst zu verstimmen, indem er unter dem Einfluß der Sprache im Mikrophon eine Schwankung der ausgestrahlten Wellenlänge — mit oder ohne erheblicher Veränderung der Amplitude — verursacht. Mit einem — auf diese Art mit der Alexanderson-Maschine zu New Brunswick verbundenen — magnetischen Verstärker war es möglich, die Sprache auf 3000 Meilen (4800 km) zu übertragen.

Wenn bei dem Sender die Sprachsteuerung eher durch Änderung der Wellenlänge als der Amplitude erfolgt, so werden in dem Empfänger die Schwankungen der Wellenlänge des Senders in solche der Amplitude umgesetzt, wie aus Abb. 127 hervorgeht. Dabei werden die Empfangskreise so eingestellt, daß sie mit einer Frequenz in Resonanz liegen, die ein klein wenig von der Frequenz N des nicht besprochenen Senders abweicht, wodurch der Arbeitspunkt in eine gewisse Stellung P auf einer der steilen

Seiten der Resonanzkurve gebracht wird. Sobald gesprochen wird, schwankt die Senderfrequenz zwischen N_1 und N_2, und die Amplitude des Stroms im Empfänger schwankt dementsprechend zwischen $N_1 P_1$ und $N_2 P_2$.

3. Die Unterstützung der Mikrophonsteuerung durch die Röhre.

Die Verwendung der Röhre in Einzel- oder Gruppenschaltung vergrößert außerordentlich stark die Möglichkeiten, große Antennenleistungen mittels eines schwachen Mikrophons zu steuern. Erstens kann schon allein die verstärkende Eigenschaft der Röhre zur Verstärkung der Mikrophonwirkung in den Schaltungen der Abb. 125 und 126 benutzt werden. Man kann z. B. das Mikrophon das Gitterpotential modulieren lassen, wobei der Leistungsverbrauch klein oder gleich Null ist, und kann den auf diese Art gesteuerten Anodenstrom durch die Erregerwicklung der Hochfrequenzmaschine (Abb. 125) oder durch die Steuerungswicklung des magnetischen Verstärkers (Abb. 126) fließen lassen. Die letztere Schaltungsmöglichkeit ist in ihrer einfachsten Art in Abb. 128 dargestellt. Wird das Gitter auf einem negativen Potential gehalten, so wird von der Sekundärseite des Mikrophontransformators ein Strom nur infolge von Streukapazitäten entnommen, so daß die durch die Anode der Röhre steuerbare Energie durch das Mikrophon keine Beschränkung erfährt. Es kann daher selbst eine sehr große Röhre oder eine Gruppe parallel geschalteter Röhren durch ein gewöhnliches, kleines Mikrophon — wie es bei der Drahttelephonie benutzt wird — gesteuert werden. Überdies kann man auch zur Kaskadenverstärkung greifen — man braucht nur irgendeinen Niederfrequenzverstärker[1]) zwischen das Mikrophon und die Röhre zu schalten.

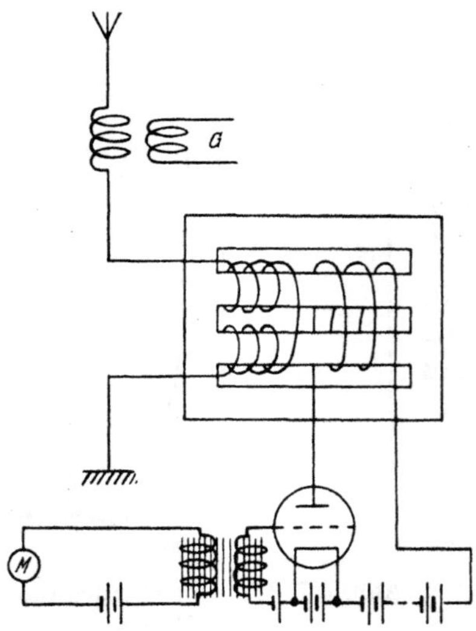

Abb. 128. Sprechdrossel oder magnetischer Verstärker.

[1]) Siehe VII. Kapitel, 3. Abschnitt.

Zweitens kann die dämpfende Wirkung einer Röhre ausgenützt werden, die mit Anode und Heizdraht der ganzen oder teilweisen Selbstinduktion eines Schwingungskreises parallel geschaltet ist. In Abb. 129 wird der Kreis LC durch die an ihn angeschlossene Röhre gedämpft; dabei wird das durch dieselbe eingeführte Dekrement um so größer werden, je mehr der Periodenanteil zunimmt, über den der Anodenstrom weder gleich Null noch gleich seinem Sättigungswert ist. Trifft man die Anordnung so, daß dieser Teil sich mit dem Gitterpotential ändert, so beeinflußt ein Mikrophon, welches das Gitterpotential steuert, auch die Amplitude der Hochfrequenzschwingung in LC.

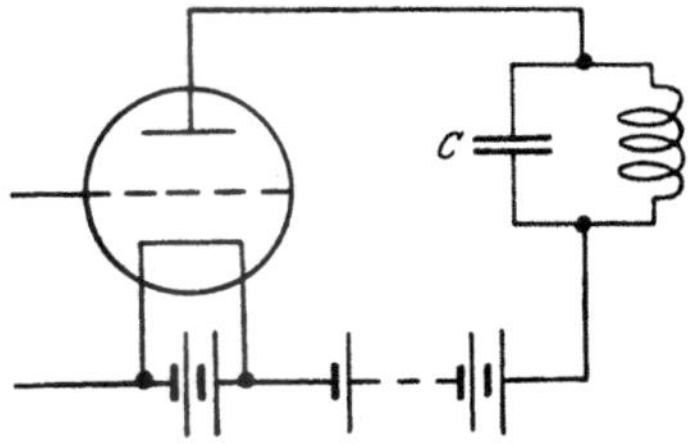

Abb. 129. Veränderliche Dämpfung des Schwingungskreises.

Eine Ausführungsart hierfür ist in Abb. 130 gegeben. In dem Kurvenbild (Abb. 131) sind zwei Kennlinien $i_a = f(v_a)$ aus einer Kurvenschar dargestellt, die für konstante Werte von v_g aufgenommen wurde. Bei der einen Kurve ist $v_g = V$; bei der anderen ist das Gitterpotential kleiner, $v_g = V'$. Wenn $v_g = V$ ist, soll $OM = ON$ die Amplitude der hochfrequenten EMK sein, die durch den Schwingungskreis an Anode und Heizdraht gelegt wird. Während der ON entsprechenden negativen Halbperiode nimmt die Röhre keine Energie aus dem Schwingungs-

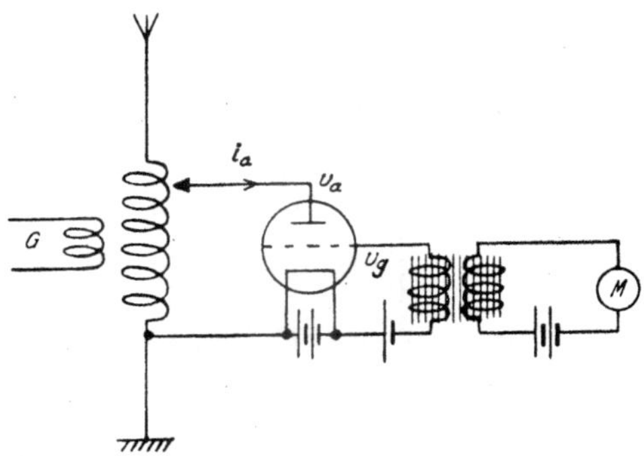

Abb. 130.

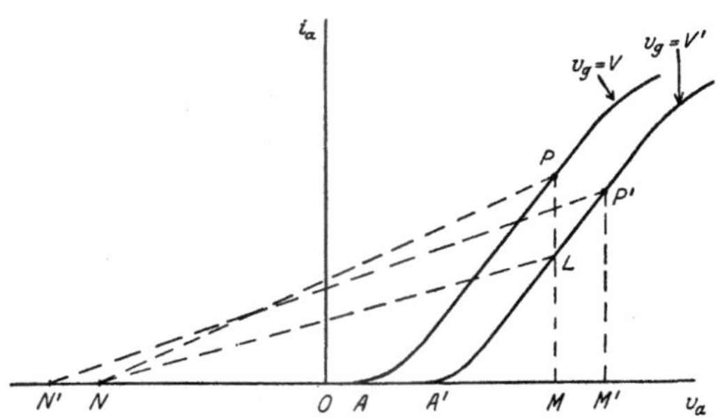

Abb. 131. Sprechsteuerung durch Veränderung der Dämpfung.

kreis auf. Jedoch entnimmt sie während eines großen Teils — der AM entspricht — der positiven Halbperiode Energie aus dem-

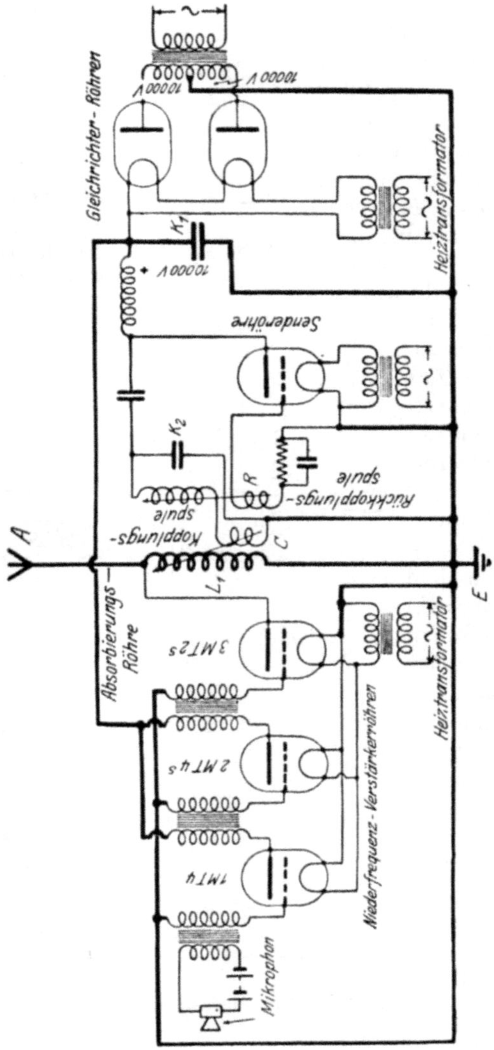

Abb. 132 Marconi-Telephonie-Sender. (Aus Wireless World, 1. Mai, 1920.)

selben. Die durchschnittliche Dämpfungswirkung der Röhre ist so groß wie die, die durch einen Widerstand hervorgerufen würde, dessen Leitvermögen annähernd gleich der durchschnittlichen Neigung $\frac{di_a}{dv_a}$ der Kurve ist — sagen wir annähernd gleich der Neigung der Geraden NP. Wir wollen nun annehmen, daß infolge Sprechens in das Mikrophon sich v_g mit Tonfrequenz ändert. Wenn die EMK auf der Sekundärseite des Mikrophontransformators so groß wird, daß $v_g = V'$ wird, so nimmt die Röhre jetzt während eines kleinen Teils der positiven Halbperiode — in dem dieser Teil $A'M$ statt AM entspricht — Energie aus dem Schwingungskreis auf. Infolgedessen wird das Dekrement des letzteren vermindert, und die Schwingung wächst so lange an, bis das Gleichgewicht bei einer gewissen Amplitude $OM' = ON'$ erreicht wird. Die Röhre verursacht jetzt eine solche Dämpfung wie ein Widerstand, dessen Leitvermögen annähernd gleich der Neigung der Geraden $N'P'$ ist. Es wird also ein Sprechstrom in dem Mikrophon eine mehr oder minder große entsprechende Änderung der Amplituden des Hochfrequenzstromes in der Antenne im Takte der Sprechfrequenz bewirken. Der Antennenstrom nimmt zu, wenn das Gitterpotential infolge Einwirkung des Mikrophons sinkt; er fällt, wenn das Gitterpotential steigt.

Ein Beispiel für diese Art der Steuerung ist in Abb. 132 gegeben, die die Schaltung des von der Marconi-Gesellschaft zu Chelmsford zu Telephonieversuchen mit Madrid benutzten Senders darstellt. Es sind hier zwei Niederfrequenzverstärkerstufen zwischen das Mikrophon und die Gruppe der Dämpfungsröhren[1]) geschaltet. Die Schaltung auf der rechten Antennenseite stellt den in Abb. 130 nur angedeuteten Schwingungserzeuger G dar und besteht in diesem Falle aus einer Anzahl Senderöhren, die über zwei Ventilröhren (Hochspannungs-Gleichrichterröhren) aus einem Wechselstromtransformator, wie in Kapitel IX beschrieben (Abb. 114), gespeist werden.

Anhang.

Es sei hier noch hingewiesen auf zwei neuartige Mikrophone, die gegenüber dem gewöhnlichen Kohlenkörner-Mikrophon den großen Vorteil reiner Sprachübertragung besitzen. Bei dem Kohlenkörner-Mikrophon tritt stets infolge der Trägheit der Membrane und der Kohlenkörner eine gewisse Verzerrung auf.

Das Prinzip des „Bändchenmikrophons" der Siemens & Halske A. G. geht aus Abb. 133 hervor. An die Stelle der gewöhnlichen

[1]) in Abb. 132 mit „Absorbierungsröhre" bezeichnet.

Membrane tritt ein ganz dünnes. wenige mg schweres, gewelltes Band A aus einer Aluminiumlegierung, die große Leitfähigkeit bei geringstem spezifischen Gewicht besitzt. Sobald Schallwellen auf das Band auftreffen, gerät dasselbe in entsprechende Schwingungen und bewegt sich dabei in dem magnetischen Felde eines kräftigen Dauermagneten N S, der auch durch einen Elektromagneten ersetzt werden kann. Hierbei werden in dem Bändchen den Schallwellen entsprechende Wechselströme induziert, die allerdings erst noch durch einen verzerrungsfrei arbeitenden Verstärker (Widerstandsverstärker) entsprechend verstärkt werden müssen. Die feine Fuerriffellung des Bändchens dient zur Herbeiführung größerer Festigkeit und Unterdrückung jeder Eigenfrequenz. Aus letzterem Grunde und infolge des geringen Gewichtes des Bändchens arbeitet dieses Mikrophon verzerrungsfrei. Abb. 134 zeigt

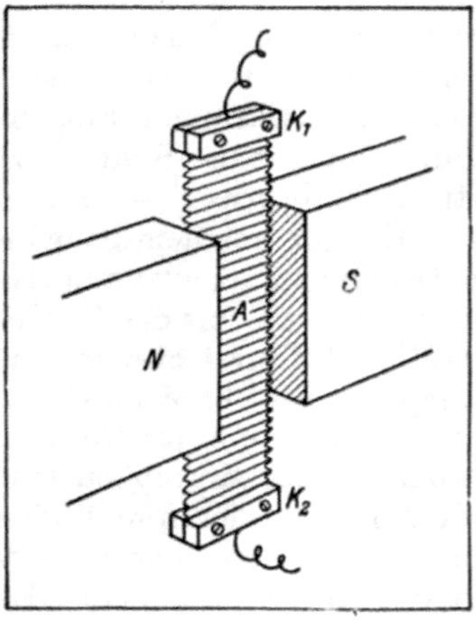

Abb. 133.

Abb. 134. Bändchenmikrophon der Siemens & Halske A.-G.

die Ansicht eines Bändchenmikrophons, dessen Elektromagnete aus der Heizbatterie des in dem Kasten unter dem Mikrophon befindlichen Verstärkers gespeist werden.

Bei dem „Kathodophon“ der Lorenz A.-G. Berlin tritt an die Stelle der Membrane eine Ionenstrecke. Abb. 135 gibt dieses Mikrophon im Prinzip wieder. Die durchlöcherte Düse *D* des Schalltrichters bildet die Anode und steht einer Glühkathode *S* gegenüber, die einen Ionenstrom gegen die Anode (Düse) ausschickt. Der hierbei auftretende Emissionsstrom beträgt ungefähr 0,2 MA. Der Ionenstrom wird nun durch den Trichter entgegengesetzt seiner Richtung besprochen. Die hierbei auftretenden Strömungsänderungen der Luftmasse verursachen Änderungen des Spannungsabfalls zwischen Anode und Kathode, die normalerweise etwa 0,05 Volt betragen. Diese

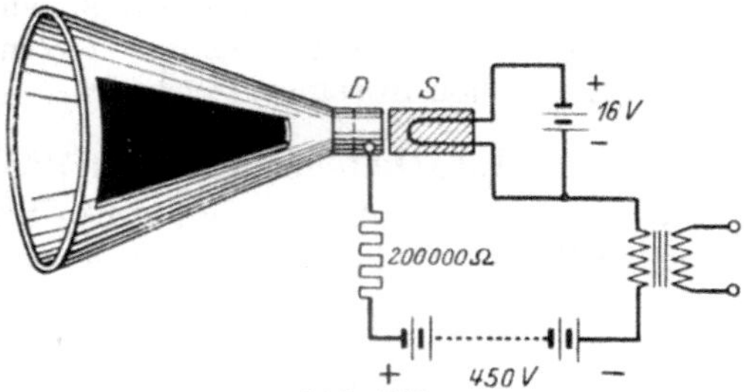

Abb. 135.

Abb. 136. Kathodophon der H. Lorenz A.-G. Berlin.

Spannungsschwankungen werden wiederum in einem verzerrungsfrei arbeitenden Widerstandsverstärker verstärkt. Interessant ist der Ausschnitt des Sprechtrichters, der dazu dient, stehende Luftschwingungen in dem Trichter zu vermeiden. Abb. 136 zeigt das Kathodophon in seinem Aufbau.

4. Sprachsteuerung beim Röhrensender.

Wenn es sich nicht um sehr große Sendeleistungen handelt, wird der Schwingungserzeuger wohl immer ein Röhrensender sein. Das „Besprechen" desselben kann auf verschiedene Weise vorgenommen werden, ohne daß aber diese Verfahren sich auch auf den Lichtbogensender oder die Hochfrequenzmaschine anwenden ließen. Es ist sogar möglich, das Kohlenkörnermikrophon und damit auch die Kontaktgeräusche desselben zu umgehen, nämlich dadurch, daß man es durch irgendeine Anordnung ersetzt, die unter dem Einfluß der Stimme ihre Kapazität oder Induktivität ändert. So stellt beispielsweise in Abb. 137 *MC* ein Kondensatormikrophon dar, bei dem die eine Platte als Membrane ausgebildet ist und die unter dem Einfluß der durch das Mundstück aufgefangenen Schallwellen ihre Lage infolge Vibration ändert. Infolgedessen steuert die Stimme die Kapazität des Kondensatormikrophons und gleichzeitig damit die Frequenz der durch die Röhre erzeugten Schwingung. Dementsprechend ändert sich die Wellenlänge — und die Amplitude — der ausgestrahlten Schwingungen.

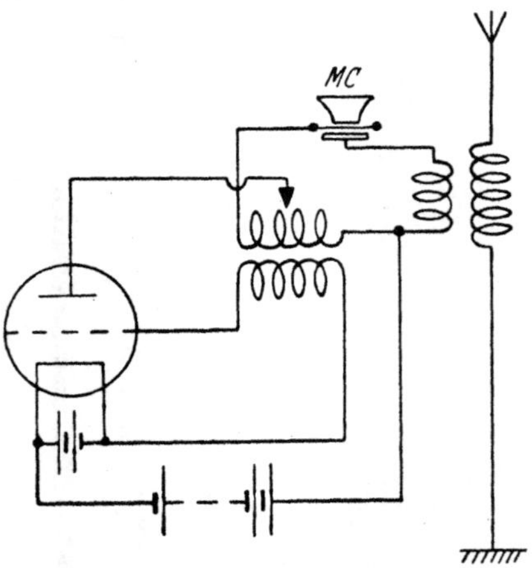

Abb. 137. Kondensator-Mikrophon.

Das Prinzip einer der häufigsten Besprechungsschaltungen, mit der bequem eine ausgezeichnete Sprachübertragung erreicht wird, geht aus der Abb. 138 hervor. Wir haben gesehen, daß bei einer Senderöhre die Stabilität der Schwingungsamplituden entweder durch Mangel an Anodenstrom oder Anodenpotential erreicht wird[1]). Der Röhrensender in Abb. 138 ist so eingestellt, daß eine Zunahme der Schwingungsamplitude infolge des letzteren

[1]) IX. Kapitel, 5. Abschnitt.

Hindernisses aufhört. Jedes Ansteigen oder Absinken der Spannung der Anodenbatterie B würde dann von einem nahezu proportionalen Ansteigen oder Abnehmen des Schwingungsstromes gefolgt sein. Nun wird der Anodenbatteriespannung die Sekundärspannung (S) des Mikrophontransformators überlagert. Infolgedessen ändert sich die Amplitude des Hochfrequenzstromes im Verhältnis mit den Stromschwankungen in dem Mikrophon, vorausgesetzt, daß die Sprech-EMK in S nie so groß wird, daß dadurch der Anodenstrom den Nullwert oder den Sättigungswert erreicht.

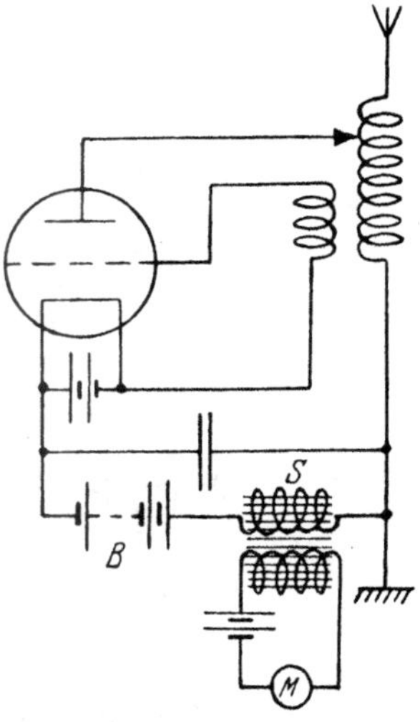

Abb. 138. Mikrophonsteuerung der mittleren Anodenspannung.

Natürlich ist die Schaltung in Abb. 138 in Bezug auf die durch ein schwaches Mikrophon steuerbare Leistung genau so begrenzt wie die in Abb. 123. Jedoch kann die durch dasselbe schwache Mikrophon gesteuerte Leistung ohne theoretische Begrenzung auf die eine oder andere Art vergrößert werden. Erstens kann man einen Hochfrequenzverstärker zwischen den schwach besprochenen Röhrensender und die Antenne schalten, wie es Abb. 139 zeigt. Zweitens kann ein Niederfrequenzverstärker genau wie in den Abb. 128 und 132 zwischen M und S geschaltet werden. Diese Schaltung ist in ihrer einfachsten Ausführungsart in Abb. 140 dargestellt. S wird jetzt an das Gitter der Steuerröhre R_1 angeschlossen, während an die Stelle der Sekundärwicklung des Transformators (vgl. Abb. 138) im Anodenspeisekreis der Senderöhre R_2 jetzt die Drossel L tritt, durch die der Anodenstrom beider Röhren fließt. Es ist ganz klar, daß, sobald beispielsweise das Gitterpotential von R_1 zunimmt, auch der durch L fließende Anodenstrom der Steuerröhre R_1 zunehmen muß, und daß infolgedessen die Anodenspannung der Senderöhre R_2 um den entsprechenden induktiven Spannungsabfall an L verringert wird.

Diese Schaltungsart von drahtlosen Telephoniesendern besitzt große praktische Bedeutung[1]). Das Verfahren der Sprachsteue-

[1]) Anwendung beim drahtlosen Telephonieverkehr zwischen Luftfahrzeugen und Landstationen. Siehe C. E. Prince „Wireless Telephony on Aeroplanes“, Journal. Inst. of Elect. Engineers, Mai 1920.

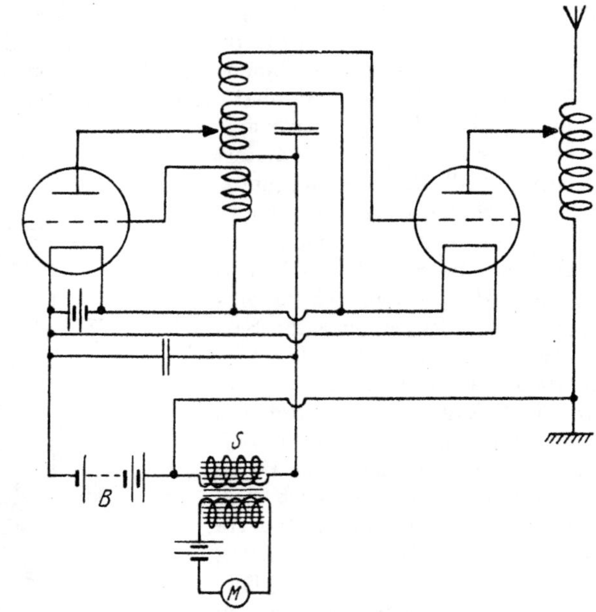

Abb. 139. Zwischenschaltung einer Hochfrequenzverstärkerstufe.

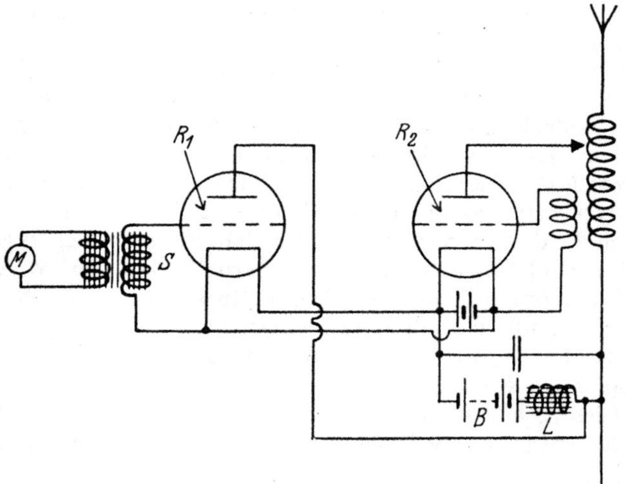

Abb. 140. Zwischenschaltung eines Niederfrequenzverstärkers.

rung ist hierbei bekannt unter dem Namen „Telephonie mit der Anodendrossel“. Der nächste Abschnitt bringt eine oberflächliche Untersuchung der das Verhalten derartiger Kreise beherrschenden Bedingungen[1]).

5. Untersuchung der Anodendrosselsteuerung.

Der Sender selbst (R_2 und die Antenne in Abb. 140) ist bereits in Kapitel IX untersucht worden. Hier fragen wir uns, wie groß die Abmessungen der Anodendrossel L und der Besprechungsröhre R_1 sein müssen, und welche Beziehung zwischen der Leistungsaufnahme der Senderöhre und der der Besprechungsröhre besteht.

Eine sinusförmige EMK, dargestellt durch den Vektor $\bar{E}$, soll mit Tonfrequenz in der Sekundärwicklung S auftreten. Ferner sollen die daraus ebenfalls mit Tonfrequenz folgenden Schwankungen der Anodenströme von R_1 und R_2 entsprechend durch die Vektoren $\bar{J}_1$ bzw. $\bar{J}_2$ dargestellt werden. Es ist daher der Strom in der Drossel L durch den Vektor $(\bar{J}_1 + \bar{J}_2)$ gegeben. Der tonfrequente Schwingungsanteil der Anodenbatteriespannung ist dann für die Senderöhre — und beiläufig ebensogut für die Besprechungsröhre — durch den Vektor

$$-j\omega L\,(\bar{J}_1 + \bar{J}_2)$$

gegeben, worin $j = \sqrt{-1}$ ist. Diese Spannungsschwankung der Anodenbatterie ruft eine entsprechende Schwankung des Hochfrequenzstromes hervor. Um aber eine empfindliche Steureung zu bekommen, sucht man das Verhältnis zwischen Hochfrequenzstrom und Mikrophon-EMK $\bar{E}$ möglichst groß zu machen.

Wenn a_2 die scheinbare Anodenleitfähigkeit der Senderöhre R_2 ist, so muß sein

$$\bar{J}_2 = -j\omega L\,(\bar{J}_1 + \bar{J}_2)\cdot a_2,$$

daraus folgt

$$\bar{J}_1 = -\left(\frac{1 + j\cdot a_2\cdot\omega L}{j\cdot a_2\cdot\omega L}\right)\bar{J}_2 = \left(\frac{a_2\cdot\omega L - j}{a_2\cdot\omega L}\right)\bar{J}_2.$$

Für die Besprechungsröhre ist

$$\bar{J}_1 = a_1\,[-j\omega L\,(\bar{J}_1 + \bar{J}_2)] + g_1\cdot\bar{E},$$

daraus folgt

$$\bar{J}_1 + \bar{J}_2 = -j\cdot\omega L\,(\bar{J}_1 + \bar{J}_2)\,(a_1 + a_2) + g_1\cdot\bar{E}$$

[1]) Außer diesen Schaltungsarten gibt es auch noch solche, bei denen direkt das Gitter der betr. Senderöhre durch das Mikrophon beeinflußt wird. Jedoch arbeiten die Schaltungen mit besonderer Modulationsröhre besser und reiner. Anm. d. Übersetzers.

oder

$$\frac{j\cdot\omega L(\bar{J}_1+\bar{J}_2)}{\bar{E}}=\frac{j\cdot\omega L\cdot g_1}{1+j\cdot\omega L(a_1+a_2)}=\frac{\omega L g_1\,[\omega L(a_1+a_2)+j]}{1+\omega^2 L^2(a_1+a_2)^2}$$

Die Größe des Verhältnisses, mit dem wir die Steuerungsempfindlichkeit bezeichnen wollen, ist

$$\frac{\omega L\cdot g_1}{\sqrt{1+\omega^2 L^2(a_1+a_2)^2}}$$

Bei wählbarem L ist die Steuerungsempfindlichkeit am größten, wenn der induktive Widerstand ωL unendlich groß gegen $\frac{1}{a_1+a_2}$ gemacht wird; dann ist

$$\frac{g_1}{a_1+a_2}=\frac{\mathfrak{v}_1}{1+\frac{a_2}{a_1}},$$

worin $\mathfrak{v}_1$ den Verstärkungsfaktor $\frac{g_1}{a_1}$ der Besprechungs- oder Steuerungsröhre darstellt.

Bei einem gegebenen $\mathfrak{v}_1$[1]) sollte daher, um große Steuerungsempfindlichkeit zu erhalten, a_1 groß sein gegen a_2. Im besten Fall, wenn $a_1 \gg a_2$, ist die Spannungsschwankung der Anodenstromquelle der Senderöhre nahezu $\mathfrak{v}_1$mal so groß wie die Potentialschwankungen am Gitter der Besprechungsröhre infolge des Mikrophoneinflusses. Was die von der Besprechungsröhre aufgenommene Leistung anbetrifft, so haben wir gesehen, daß

$$\bar{J}_1=\left(\frac{a_2\,\omega L-j}{a_2\,\omega L}\right)\bar{J}_2$$

war. Daraus folgt, daß $\bar{J}_1$ ungefähr ebensogroß wird wie $\bar{J}_2$, und daß diese Ströme annähernd um 180^0 phasenverschoben sind, wenn $\omega L \gg \frac{1}{a_2}$. Ein Sprechen in das Mikrophon verursacht in diesem Falle keine Änderung des von der Batterie B abgegebenen Stromes; und R_1 arbeitet so, daß L abwechselnd Energie aus dem Schwingungskreis aufnimmt und wieder an ihn zurückgibt. Das schließt jedoch nicht in sich, daß in R_1 kein Leistungsverbrauch vorhanden wäre. Wenn die Schwingung in R_2 gänzlich durch die Sprache moduliert wird, so muß die Größe der Schwankung $\bar{J}_2$ gleich dem mittleren Anodenstrom der Senderöhre R_2

[1]) In der Praxis begrenzt durch die verfügbare Hochspannungsquelle (vgl. Kap. VII, 2. Abschnitt).

sein — d. h. der mittlere Anodenstrom in R_2 muß während des Sprechens zwischen Null und dem doppelten Wert schwanken, den er besitzt, wenn der Sender nicht besprochen wird. Da $\bar{J}_1$ ebenso groß ist wie $\bar{J}_2$, so folgt daraus, daß die Besprechungs- und Senderöhre den gleich großen Anodenstrom verlangen.

Die vorausgegangene mathematische Untersuchung setzt uns in Stand, die Abmessungen des Besprechungskreises für jeden gegebenen Röhrensender zu berechnen. Sie sollte beiläufig das Mißverständnis[1]) beseitigen, daß die von der Steuerungsröhre aufgenommene Leistung vernachlässigbar klein sei gegenüber der von der Senderöhre aufgenommenen Leistung. Bei voller Sprechmodulierung kann die Hochspannungsbatterie B nicht mehr als die Hälfte der ganzen von ihr abgegebenen Leistung an die Senderöhre liefern; denn mindestens die Hälfte der Gesamtleistung muß durch die Besprechungsröhre verbraucht werden.

6. Drahtlose Duplextelephonie (Gegensprechen).

Will man bei der drahtlosen Übertragung von Morsezeichen den Duplexbetrieb[2]) einführen, so kann man hier nur die Arbeitsgeschwindigkeit der zwei Stationen steigern. Bei der drahtlosen Telephonie dagegen besteht ein viel dringenderes Bedürfnis nach einem Duplexverkehr, wie jedermann, der schon drahtlos gesprochen hat, zugeben wird. Die Notwendigkeit, daß die zwei Gesprächsteilnehmer erst noch überein kommen sollen, die Rollen des Sprechers und Hörers zu tauschen, macht eine bequeme Unterhaltung unmöglich.

Unter gewöhnlichen Bedingungen wird ein drahtloser Empfänger vollständig durch jedes Senden auf der gleichen oder einer nahen Antenne außer Betrieb gesetzt, selbst wenn man mit verschiedenen Wellenlängen beim Senden und Empfangen arbeitet. Auf diese Schwierigkeit stieß man bei der Schaffung des Duplexbetriebes in der drahtlosen Telegraphie, wobei Sende- und Empfangsstation viele Kilometer voneinander entfernt aufgestellt wurden und gerichtete Antennen sowie Ausgleichschaltungen zur Verwendung gelangten, um so die Sendezeichen in dem Empfangsapparat derselben Station zu beseitigen. Zu denselben Hilfsmitteln kann man natürlich auch bei der drahtlosen Telephonie greifen.

---

[1]) Vgl. Abhandlung von C. E. Prince, Fußnote Seite 185.

[2]) Bei dem Simplexbetrieb erfolgt die Nachrichtenübermittlung nur in einer Richtung, bei dem Duplexbetrieb hingegen gleichzeitig in entgegengesetzter Richtung. Die gewöhnliche Telephonie auf Drähten sieht den Duplexbetrieb vor.

Jedoch ist dies hier weniger zweckmäßig, da ein und dieselbe Person senden und empfangen muß. Überdies würde eine derartige Anordnung noch die weitere Schwierigkeit mit sich bringen, daß drahtlose Telephonie mit der Leitungstelephonie verbunden werden muß. Es besteht daher das Bedürfnis nach irgendwelchen Mitteln, mit denen das Senden und Empfangen in einer einzigen Station durch ein und dieselbe ungeschulte Person durchgeführt werden kann.

Dieses Problem zieht die Aufmerksamkeit der Erfinder auf sich, und zahllose Lösungen sind schon ausgedacht worden. Dieselben kann man in zwei große Klassen teilen:

a) Zu der ersten gehören alle Anordnungen, bei denen der Schutz des Empfängers vor dem eigenen Sender durch äußerstes — und an sich notwendiges — Aussieben bewirkt wird.

b) Zu der zweiten Klasse gehören die Anordnungen, bei denen der Sender nur dann ausstrahlt, wenn tatsächlich gesprochen wird.

Die Anordnungen der ersten Klasse beruhen auf verschiedenen Verfahren, bei denen eine Richtwirkung oder Richtungsunterschiede durch Abschirmen, Ausgleichschaltungen und Siebschaltungen erreicht werden. Diese Anordnungen sollen hier nicht weiter erörtert werden[1]). Diejenigen der zweiten Klasse stellen nicht ganz genau den Duplexbetrieb her, da ein gleichzeitiges Sprechen und Hören praktisch nicht möglich ist. Der Zuhörende kann nicht zu derselben Zeit auf den Sprechenden „einreden", aber der letztere braucht keine Umschaltungen vorzunehmen, er braucht auch nicht den Zuhörer darauf aufmerksam zu machen, daß sie nun ihre Rollen zu tauschen haben. Daher umgehen die Anordnungen der zweiten Klasse recht gut manche Schwierigkeiten.

Wird in Abb. 138 die Batterie B weggelassen oder ihre Spannung so zurückgesetzt, daß sie nicht mehr ausreicht, die Senderöhre in Tätigkeit zu setzen, so werden Schwingungen nur dann auftreten, wenn in S eine EMK mit passender Richtung und genügender Größe vorhanden ist. Es wird also die Antenne nur schwingen, solange das Mikrophon durch die Stimme betätigt wird. Je heftiger die Schwankungen der Mikrophonmembrane erfolgen, desto stärker wird auch die Schwingung in der Antenne sein. Es wird allerdings nur die eine Halbperiode der Tonschwingungen ausgenützt, jedoch lassen sich dagegen keine ernsten Bedenken erheben. Außerdem wäre es auf jeden Fall möglich, durch Verwendung zweier Senderöhren beide Halbperioden nutzbar zu

[1]) Siehe jedoch Kapitel XII, Abschnitt 4b.

machen. Zu demselben Ergebnis gelangt man, wenn man in der Schaltung von Abb. 140 L und B vertauscht, so daß R_1 aus der Batterie und R_2 hauptsächlich oder ganz aus der Drossel gespeist wird, wie in Abb. 141.

Will man in der Praxis die letzte Schaltung verwirklichen, so treten da ernstliche Schwierigkeiten auf. Man kann leicht, ohne daß die Sprechübertragung darunter leidet, die Schwingung

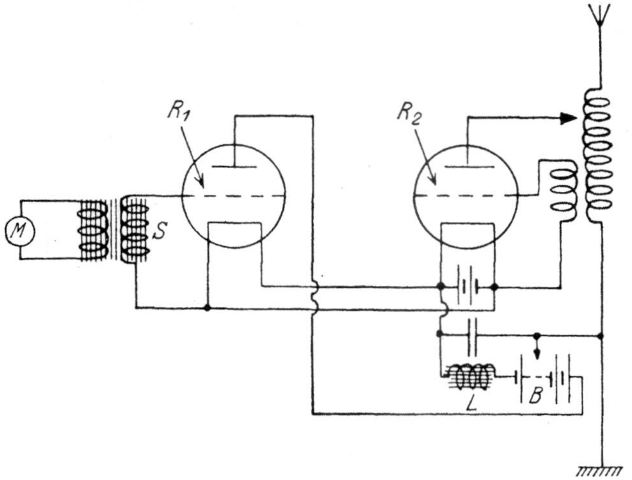

Abb. 141. Sender, der nur beim Sprechen schwingt.

sehr schwach machen, wenn nicht gesprochen wird; ist aber absolut keine Schwingung vorhanden, so stößt man auf sehr große Schwierigkeiten, sobald man eine gute Wiedergabe der Sprache erhalten will. Irgendeine wahrnehmbare Reizschwelle scheint hier verhängnisvoll zu sein. Es ist möglich, daß diese Schwierigkeiten überwunden werden; aber selbst, wenn dies unmöglich sein sollte, so kann doch dieses Verfahren als ein Hilfsmittel dienen, das wesentlich die weitere Abschirmung des Empfängers in den verschiedenen Anordnungen der ersten Klasse erleichtert.

Zwölftes Kapitel.

Verschiedenes.

1. Sendeantennen.

In den Kapiteln II und III wurde — wie wir gesehen haben — ein Schwingungskreis mit besonders ausgeprägten Strahlungseigenschaften als Antenne bezeichnet. In ihrer frühesten Ausführungsart, dem Hertzschen Oszillator, bestand die Antenne aus einem ausgestreckten geradlinigen Draht, mit oder ohne Platten oder Kugeln an den Enden, wobei sie in der Mitte durch eine Funkenstrecke unterbrochen wurde. Infolgedessen traten in der Mitte ein Strombauch und an den Enden Stromknoten auf; dagegen erreichte die Spannung an dem einen Ende ihren größten positiven Wert, wie in Abb. 142*A*. Für den Fall des einfachen Drahtes war die Wellenlänge der ausgestrahlten Wellen ungefähr viermal so groß als die Länge *l* des halben Oszillators[1]). Zu den frühen wissen-

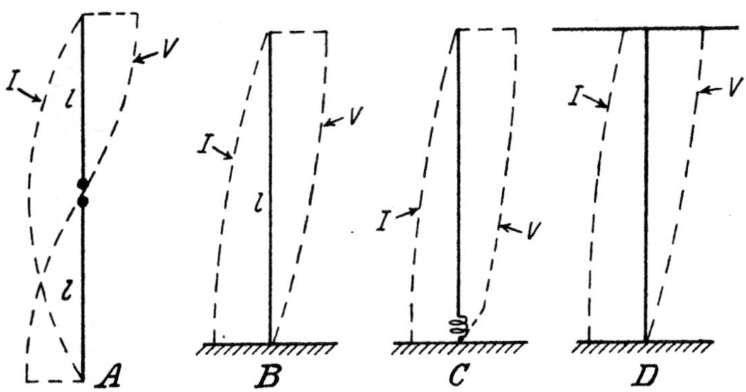

Abb. 142. Verlauf von Strom und Spannung längs einer Antenne.

schaftlichen Arbeiten von H. R. Hertz und O. J. Lodge leistete G. Marconi vom technischen Standpunkt aus einen wesentlichen Beitrag, indem er den kurzen Hertzschen Oszillator zu einem ausgedehnten Gebilde vergrößerte, das hoch über dem Erdboden an Masten befestigt wurde. Er ließ auch die untere Hälfte des Oszillators weg, wobei der Strombauch an der Erdungsstelle entstand und erhielt so die einfache, senkrechte Antenne in Abb. 142*B* mit einer Eigenwellenlänge, die etwa 4,2mal so groß ist wie die Länge *l*. Die Amplituden des Stromes nehmen annähernd sinusförmig von einem Maximum am Fuß (Erdungsstelle) der Antenne bis auf Null an der Spitze ab. Schaltet man am Fußende eine Spule ein, so wird dadurch die Wellenlänge vergrößert und die Verteilung der Amplituden wird eine andere, wie es Abb. 142*C* zeigt.

Bei irgendeiner gegebenen Frequenz ist der auf jede Stelle des Drahtes entfallende Anteil der gesamten, ausgestrahlten Lei-

[1]) Der genaue Wert war der Gegenstand vieler mathematischer Untersuchungen. Er scheint um 4,2 zu liegen.

stung dem Quadrat der Stromamplitude an dieser Stelle proportional. Wenn man daher den gesamten Strom — wie er am Fuße der Antenne vorhanden ist — durch die ganze Antenne bis hinauf zur Spitze fließen lassen könnte, so würde bei ein und demselben (Grund-)Strom die ausgestrahlte Leistung zunehmen. Die Antenne würde einen größeren Strahlungswiderstand[1]) besitzen; je höher die Antenne ist, desto größer wäre dann auch ihr Strahlungswiderstand. Das sucht man vor allem dadurch zu erreichen, daß man an der Spitze des senkrechten Drahtes noch ein mehr oder minder wagerechtes Gebilde mit großer Kapazität gegen Erde anbringt. Die Verteilung der Strom- und Spannungsamplituden in dem senkrechten Draht erfolgt dann so wie in Abb. 142 *D*. Wenn die Kapazität an der Spitze im Vergleich zu der effektiven Kapazität der Steigleitung so groß gemacht worden ist, daß der Strom in der letzteren praktisch gleichförmig fließt, so ist die Länge dieser Strombahn praktisch gleich der vollen Höhe der Steigleitung oder gleich der größten, verfügbaren Höhe bei gegebenen Masten. Bei Sendern mit geringer Leistung bringt eine weitere Steigerung der Kapazität daher keinen Vorteil.

Bei unveränderter Antenne und Wellenlänge hat eine Zunahme der Strahlungsleistung einen größeren Strom in der Steigleitung zur Folge und damit auch eine größere Elektrizitätsmenge $C \cdot V$ an der Spitze, wobei C die Kapazität an der Spitze und V die zugehörige Spannungsamplitude ist. Wenn eine derartige Steigerung von V irgendwo nahe an die Durchschlagspannung — sagen wir 50000 $\div$ 100000 V — reicht, muß C noch größer gemacht werden. Bei gegebener Antennenhöhe verlangt daher eine große Leistung eine mehr oder minder horizontale Ausbreitung der Spitze, die von mehreren Masten getragen wird[2]). Da der Scheitel-

[1]) Siehe III. Kapitel, 6. Abschnitt. Der Strahlungswiderstand r_s ist der Teil des Gesamtwiderstandes, der für die Strahlung in Frage kommt. Ist J der Effektivwert des Stromes an der Erdverbindung, so ist $J^2 r_s$ die ausgestrahlte Energie. Bei einer Antenne mit einer großen flachen Spitze in der Höhe von $h_{(m)}$ beträgt $r_s = 1600 \frac{h^2}{\lambda^2}\,\Omega$. Bei einer senkrechten Rahmenantenne mit dem Flächeninhalt F und der Windungszahl s beträgt $r_s = \frac{63000 \cdot F^2 \cdot s^2}{\lambda^4}\,\Omega$ (M. Abraham, Jahrb. d. drahtl. Telegraphie, August 1919).

[2]) In Carnarvon sind 10 Maste aufgestellt, die etwa 120 m hoch sind und eine ungefähr 1000 m lange und 150 m breite Antenne tragen. Die Kapazität beträgt ungefähr 0,04 MF = 36000 cm. Die Station Eilvese (Hannover) hat einen Hauptmast von 250 m Höhe und 6 Masten von je 120 m Höhe, die eine Schirmantenne tragen. In Nauen wird die Antenne von zwei 260 m hohen Masten getragen und bedeckt eine Grundfläche von 16 ha = $\sim$ 164000 m².

wert der Antennenspannung nicht den Durchschlagswert erreichen darf, so tritt das Bedürfnis nach einer großen Antennenkapazität viel mehr bei Funkensendern als bei ungedämpften Sendern hervor.

Wir haben die Wellenlänge als gegeben betrachtet, ohne die Höhe und Kapazität der Antenne zu berücksichtigen. Obwohl natürlich die geringste (Eigen-)Wellenlänge von Höhe und Kapazität der Antenne abhängt, so verlangen doch der Umstand, daß es eine beste Wellenlänge für eine wirksame Fortpflanzung (II. Kapitel, 3. Abschnitt) gibt, und andere Erwägungen gewöhnlich Wellen, die länger sind als dieses Minimum. Daraus folgt kurz, daß die Kapazität der Sendeantenne — und daher auch die Zahl der Masten — groß gemacht wird, um erstens die Effektivhöhe annähernd gleich der Mastenhöhe zu machen, und zweitens um die erreichte Spitzenspannung einzuschränken; die Höhe der Masten aber wird groß gemacht, um eine Antenne mit großem Strahlungswiderstand zu erhalten.

Welche Bedeutung hat nun aber der Strahlungswiderstand einer Sendeantenne? Die ausgestrahlte Leistung ist $J^2 r_s$, worin J der Effektivwert des Stromes und r_s der Strahlungswiderstand der Antenne ist. Nun verliert aber auch der Antennenkreis, wie jeder andere praktisch verwirklichbare Kreis, Energie infolge Umwandlung derselben in Wärme. Daraus folgt, daß in der Antenne ein Energieverlust $J^2 \cdot r_w$ auftritt, worin r_w als Wärmewiderstand der Antenne bezeichnet werden kann. Der gesamte (totale) Widerstand ist dann

$$r_t = r_s + r_w.$$

Von der Hochfrequenzenergie, die der Antenne durch den Generator zugeführt wird, strahlt die Antenne $J^2 \cdot r_s$ (W) aus und verbraucht $J^2 \cdot r_w$ (W). Ihr Wirkungsgrad ist daher gleich $\frac{r_s}{r_t}$; dieses Verhältnis muß also möglichst groß gemacht werden. Hierfür gibt es keine theoretische Grenze kurz vor eins.

Obwohl ein einfacher, senkrechter Draht einen Strahlungswiderstand bis etwa zu 36 Ω — beim Schwingen mit der Grundfrequenz — haben kann, so stellen doch so hohe Masten so kostspielige Bauwerke dar[1]), daß, außer bei sehr kurzen Wellen, es ganz ausgeschlossen ist, Antennen mit so hohem Strahlungswiderstand zu bauen. Ein kleiner Bruchteil eines Ohm ist der gewöhnliche Wert dafür. Dazu kommt, daß auch noch große Verluste infolge Joulescher Wärme in dem schlecht leitenden Erdreich

[1]) Bei einer Großkraftstation mögen die Masten nahezu so viel kosten wie die ganze übrige Station.

an den Erdungsstellen der Antenne und in der Erde unter Antenne auftreten, wenn auch der metallische Widerstand der Antennendrähte und Induktionsspulen klein gehalten werden kann.

Bei großen Stationen werden diese Verluste durch Verwendung eines ausgedehnten Erdleitersystems, das einige Zentimeter tief in den Erdboden vergraben ist, auf ein Mindestmaß herabgedrückt; aber auch dann findet man im allgemeinen, daß es unmöglich ist, r_w unter mehrere Ohm zu bringen[1]). Der Wirkungsgrad der Antenne ist hier sehr niedrig. So stellte z. B. E. F. W. Alexanderson[2]) bei der großen Sendestation zu New Brunswick, N. J., fest, daß bei $\lambda = 13600$ m der Strahlungswiderstand 0,07 Ω und der Gesamtwiderstand 3,8 Ω betrug, was einen Antennenwirkungsgrad von weniger als 2% ergab.

Wenn auch der Wirkungsgrad niedrig ist, so bestehen in technischer Hinsicht doch große Hoffnungen auf eine Besserung desselben. Durch Schaffung einer neuen Antennenform mit vielfachen Erdverbindungen — was in der Wirkung auf eine Anzahl einzelner und parallel geschalteter Antennen hinauskommt — hat Alexanderson, ohne den Strahlungswiderstand zu ändern, in New Brunswick den Gesamtwiderstand erfolgreich von 3,8 Ω auf 0,5 Ω verringert, und hat so den Wirkungsgrad auf etwa 12% gesteigert. Bei einer kürzeren Welle ($\lambda = 8000$ m) betrug der Strahlungswiderstand in dieser Anordnung 0,2 Ω und der Gesamtwiderstand 0,6 Ω, was den bemerkenswerten Antennenwirkungsgrad von 25% ergab. Umwälzende Verbesserungen sind bei Großsendestationen von einer Weiterentwicklung nach dieser Richtung zu erwarten[3]).

2. Empfangsantennen.

Beim Entwurf einer Empfangsantenne sind sehr verschiedene Gesichtspunkte maßgebend. Um den größtmöglichen Antennenwirkungsgrad[4]) zu erhalten, muß man auch hier möglichst hohe Antennen verwenden. Durch Steigerung der Antennenhöhe wird

---

1) Sogar bei Schiffsstationen, wo doch das Seewasser an Stelle des Erdbodens tritt, kann r_w nicht kleiner als etwa 2 Ω gemacht werden.

2) „Trans-oceanic radio communication", Proc. American Institute Elect. Engineers, Oktober 1919.

3) Man lese darüber zwei bedeutende Abhandlungen von G. W. O. Howe „The efficiency of aerials" (Der Wirkungsgrad von Luftleitern) und „The power required for long distance transmission" (Die zur Übertragung auf weite Entfernungen notwendige Leistung) Radio Review, August und September 1920.

4) Sog. „innerer Wirkungsgrad"; siehe Fußnote auf Seite 197 unten.

die durch das ankommende Zeichen in der Antenne hervorgerufene EMK vergrößert, ohne dabei den Wärmewiderstand derselben zu vermehren. Auf diese Art wird der Bruchteil der Sendeleistung gesteigert, der für den Detektor in Frage kommt. Jedoch gibt es zwei unterschiedliche Gründe dafür, warum eine derartige Steigerung der EMK oft keinen praktischen Nutzen bringt. Erstens schlägt der Empfang oft weniger infolge Schwäche des ankommenden Zeichens fehl als infolge des Vorhandenseins verhältnismäßig starker Luftstörungen. Es ist das ganz ähnlich wie bei den Störgeräuschen in Niederfrequenzverstärkern (VII. Kapitel, 4. Abschnitt), wo auch nichts gewonnen wird, da Zeichen und Störungen zusammen vergrößert werden. Die meist unbegrenzte Empfindlichkeit der modernen Röhrenverstärker trägt zu großer Verstärkung dieser atmosphärischen Störungen bei, und man kann annehmen, daß heutigen Tages der Empfang eher durch Störungen der einen oder anderen Art mißlingt, als infolge der innerlichen Schwäche des ankommenden Zeichens. Es besteht daher mehr ein Bedürfnis nach weiterer Trennung von Störungen und Zeichen als nach einer Steigerung der Empfangsempfindlichkeit, die durch Erhöhung der Antenne gegeben wäre.

Zweitens ist es durch Verwendung von Röhrenschaltungen mit Rückkopplung möglich, den Widerstand eines jeden Schwingungskreises auf irgendeinen Betrag zu verringern (X. Kapitel, 1. Abschnitt); und gerade hierdurch ergeben sich wesentlich andere Gesichtspunkte für den Bau von Empfangsantennen. Die Formel für den Antennenstrom auf Seite 18 zeigt, daß der Strom in ihr der Höhe und daher der Quadratwurzel aus dem Strahlungswiderstand (sieheFußnote auf Seite 193) und dem reziproken Gesamtwiderstand der Antenne proportional ist. Daraus folgt

$$J = k \cdot \frac{\sqrt{r_s}}{r_t},$$

worin k eine Konstante ist, wenn die Sendebedingungen dieselben bleiben. Der Gesamtwiderstand r_t der Empfangsantenne setzt sich aus der Summe von Strahlungswiderstand r_s, dem Wärmewiderstand r_w und — sagen wir — dem Detektorwiderstand r_d zusammen, wobei der Detektorwiderstand r_d für den Leistungsverbrauch maßgebend sein soll, der in Wirklichkeit durch die verschiedenen Detektorkreise aus der mit ihnen gekoppelten Antenne entnommen wird. Die Nutzleistung oder der auf die Detektorkreise verwendete Arbeitsbetrag ist daher gleich

$$J^2 \cdot r_d = \frac{k^2 \cdot r_s \cdot r_d}{r_t^2}.$$

Er wird bei beliebig wählbarem r_d — was ganz in unserem Ermessen steht — ein Maximum für $r_d = \frac{1}{2} r_t$, und ist dann gleich

$$\frac{k^2 \cdot r_s}{2 r_t}.$$

Bei Rückkopplungsschaltungen kann r_t beliebig klein gemacht werden. Wir wollen annehmen, daß r_t auf $\frac{1}{m}$ des Strahlungswiderstandes verringert worden ist. Die vom Detektor aufgenommene Leistung ist dann $m \cdot \frac{k^2}{2}$ und ist unabhängig von der Antennenhöhe. Das gleiche Ergebnis — Unabhängigkeit der Detektorleistung von der Höhe — findet man auch für die Rahmenantenne. Daraus folgt, daß beide Antennenarten auch bei beliebiger Größe die gleiche Leistung an den Detektorkreis abliefern, sofern für beide Arten das Verhältnis $\frac{r_s}{r_t}$ dasselbe ist[1]).

Diese bemerkenswerte Tatsache hat es nicht nur ermöglicht, sehr hohe Empfangsantennen mit ihren kostspieligen Masten zu vermeiden, sondern sie hat auch die Verwendung von verhältnismäßig sehr kleinen geschlossenen Rahmen mit außerordentlich niedrigem Strahlungswiderstand mit sich gebracht, und dies auch noch wegen anderer Vorteile, wie Richtwirkung und anderer Eigenschaften. Ein großer Teil des drahtlosen Nachrichtenverkehrs wird bereits mit Rahmenantenne in Form von einer Spule mit einigen Drahtwindungen empfangen, die von einem Rahmen oder kleinen Masten getragen werden. Die Form ist meist rechteckförmig; die Abmessungen liegen gewöhnlich zwischen beispielsweise 3 m quadratischer Seitenlänge und einer Länge von 30 m

---

[1]) Da die Detektorleistung ein Maximum für $r_d = \frac{1}{2} r_t$ wird, so kann das Verhältnis

$$\frac{\text{dem Detektorkreis zugeführte Sendeleistung}}{\text{von der Empfangsantenne aufgenommene Sendeleistung}},$$

das wir als „inneren Wirkungsgrad“ bezeichnen wollen, 50% nicht übersteigen. Bei Rückkopplungsschaltungen dagegen wird die Leistung zwar von einer lokalen Batterie (Anodenbatterie) geliefert aber von dem Zeichen gesteuert und so dem Detektor zugeführt. Das Verhältnis

$$\frac{\text{Gesamte dem Detektorkreis zugeführte Leistung}}{\text{von der Empfangsantenne aufgenommene Sendeleistung}},$$

das man als Gesamtwirkungsgrad der Empfangsantenne bezeichnen mag, kann dann Werte bis zu Unendlich annehmen.

bei einer Höhe von 10 m. Als besonderes Beispiel für die Empfangsfähigkeit kleinster Antennen bei Verwendung von Elektronenröhren möge erwähnt werden, daß die Zeichen von Annapolis, U. S. A., in Paris mit einer Antenne aufgenommen wurden, die aus einer Drahtspule mit 25 cm Durchmesser bestand.

Wir stoßen aber in praktischer Hinsicht auf zwei Grenzen, die uns daran hindern, dieses Prinzip unendlich weit zu treiben. Die eine ist die Schwierigkeit, die überaus empfindliche, feste Rückkopplungseinstellung aufrecht zu erhalten, die notwendig ist, um den gesamten Antennenwiderstand fast auf Null aber nicht auf negative Werte zu bringen. Die andere Schwierigkeit liegt darin, daß die zur Erreichung irgendeines nützlichen Teils der schließlichen und stetigen Schwingungsamplitude — die assymptotisch erreicht wird — notwendige Zeit mit abnehmendem Widerstand zunimmt und so groß werden kann, daß sie die Telegraphiergeschwindigkeit einschränkt. Auf diese beiden Schwierigkeiten war bereits im 1. Abschnitt des X. Kapitels hingewiesen worden.

3. Drahtlose Richtungsbestimmung.

Es ist klar, das jede Antenne, die symmetrisch um eine Achse angeordnet ist, wie z. B. ein einfacher, vertikaler Draht oder eine Schirmantenne, gleichmäßig nach allen horizontalen Richtungen strahlen (und empfangen) muß. Selbst unsymmetrische, offene Antennen, wie z. B. ein einfacher, geneigter Draht, ein umgekehrtes L (L-Antenne) oder eine T-Antenne zeigen sehr schwache Richtwirkungen. Ein besonderer Fall der L-Antenne, bei der der horizontale Teil wesentlich länger ist als die vertikale Steigleitung weist jedoch ganz ausgesprochene Richtfähigkeiten auf, und strahlt am meisten in der Richtung Ende → Steigleitung[1]). Diese Antennenart ist vielfach von der Marconi-Gesellschaft als Hilfsmittel verwendet worden, um einen Duplexbetrieb mit getrennten Sende- und Empfangsstationen durchzuführen. Als Beispiel möge die Antenne zu Carnarvon angeführt werden (siehe Fußnote auf Seite 193), bei der die Länge des horizontalen Teils neunmal so groß ist wie die Höhe.

[1]) Die Theorie der Richtwirkung der L-Antenne bildet eine Streitfrage und scheint von der unvollkommenen Leitfähigkeit des Erdbodens unter der Antenne abzuhängen. Es spricht hierfür auch der Umstand, daß die in der Nähe einer Sendeantenne recht gut beobachtete, unsymmetrische Verteilung in großen Entfernungen nicht mehr auftritt; eine Erscheinung, die wohl allen gerichteten Antennen gemein ist.

Berechenbare und sehr deutliche Richtwirkungen ergeben sich bei der Verbindung zweier oder mehrerer Antennen, die so angeordnet sind, daß sie zwar mit derselben Frequenz (gleichzeitig, isochron) aber mit einer bestimmten Phasenverschiebung schwingen. Ein besonders einfacher und interessanter Fall ist aus Abb. 143 zu ersehen. AA' und BB' sind zwei vertikale Drähte, die in A' und B' an Isolatoren aufgehängt sind; ihre Entfernung sei gleich d; sie führen Schwingungen mit derselben Amplitude und einem Phasenunterschied von 180^0. P ist ein in horizontaler Richtung um x m von der Antenne entfernter Punkt, dessen Entfernungsrichtung mit der Ebene der Antennen den $< \Theta$ einschließt. In jedem Augenblick setzt sich das magnetische oder elektrische Feld in P aus der Summe der Felder zusammen, die von den beiden Strahlungsleitern in A und B ausgehen. Da die Schwingungen in A und B um 180^0 phasenverschoben sind, so ist der Phasenunterschied der Komponenten in P gleich

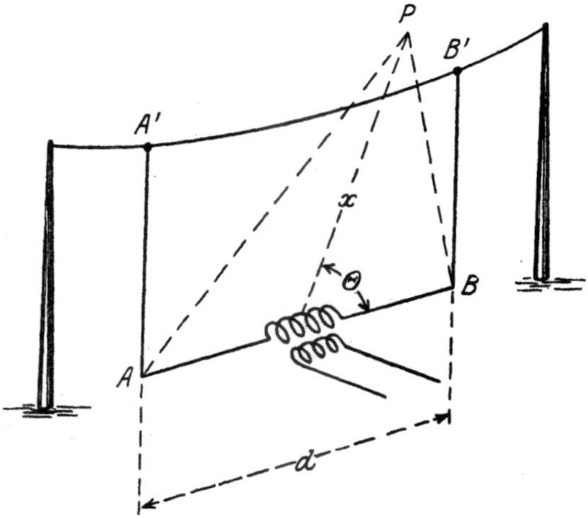

Abb. 143. Gerichtete Antenne.

$$\pi - \frac{PA - PB}{\lambda}\cdot 2\pi = \pi\left(1 - \frac{d}{{}^1/_2\lambda}\cos\Theta\right), \quad \text{da } x \gg d.$$

Wenn a die Amplitude jeder Komponente darstellt, so ist die resultierende Amplitude in P gleich

$$2a\cos\frac{\pi}{2}\left(1 - \frac{d}{{}^1/_2\lambda}\cos\Theta\right) = 2a\sin\left(\frac{\pi}{2}\cdot\frac{d}{{}^1/_2\lambda}\cdot\cos\Theta\right),$$

Unter der Annahme, daß $d \not> \frac{1}{2}\lambda$, ist diese Amplitude für $\Theta = 90^0$ gleich Null und wird ein Maximum, nämlich gleich $2a\sin\left(\frac{\pi}{2}\cdot\frac{d}{{}^1/_2\lambda}\right)$, wenn $\Theta = 0^0$ ist. Dieses wird gleich $2a$, wenn $d = {}^1/_2\lambda$ ist, oder wenn die Antennen um die halbe Wellenlänge voneinander entfernt sind. Die Gestalt der Polarkurve, die die Amplitude in Abhängigkeit von Θ darstellt, hängt von dem Verhältnis $\frac{d}{{}^1/_2\,\lambda}$ ab. Wenn dieses kleiner ist, so nähert sich erstere einem Paar gleichgroßer, sich berührender Kreise mit dem Durchmesser $2a\frac{\pi d}{\lambda}$. Abb. 144 gibt die Kurven für zwei Annahmen, $\frac{d}{{}^1/_2\,\lambda} = {}^1/_{10}$ bzw. ${}^1/_2$, wieder, wobei für $\frac{d}{{}^1/_2\,\lambda} = {}^1/_{10}$ die Kurvenform von einem Kreispaar nicht mehr zu unterscheiden ist.

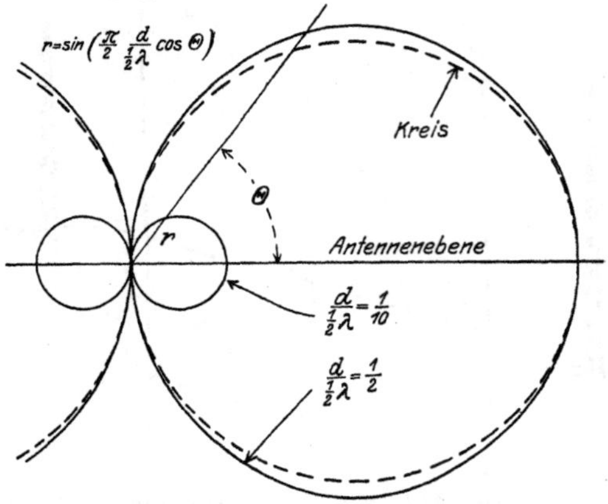

Abb. 144. Intensitätsverteilung um eine gerichtete Antenne.

In dem entgegengesetzten Fall, nämlich Empfangsantennen statt Sendeantenne, gibt dieselbe Abhängigkeit von Θ die Amplituden der EMK wieder, die in dem Antennenkreis durch die unter dem Winkel Θ mit der Antennenebene einfallende Strahlung hervorgerufen wird.

Eine senkrechte Rahmenantenne besitzt dieselbe Richteigenschaft, da die senkrechten Teile des Rahmens — oder wenn derselbe nicht rechteckig ist — die senkrechten Komponenten der beiden Rahmenhälften — sich wie das soeben untersuchte Antennenpaar verhalten. Eine um eine senkrechte Achse drehbare Rahmenantenne kann demgemäß zur Bestimmung der Einfallsrichtung der Strahlung benutzt werden, da die Zeichen am stärksten werden, wenn die Rahmenebene in der Strahlrichtung liegt und verschwinden, wenn die Ebene senkrecht zu den Strahlen steht[1]). Aus Abb. 144 geht klar hervor, daß, wenn Θ klein ist, auch $\frac{dr}{d\Theta}$ klein ist, so daß die Stellung für größte Lautstärke nicht genau bestimmt werden kann; aber in der Nähe der Stellung,

[1]) Oder die magnetischen Kraftlinien müssen stets auf der Rahmenebene senkrecht stehen, um größte Lautstärke zu ergeben. Anm. d. Übers.

wo die Lautstärke gleich Null wird, ist $\frac{dr}{d\Theta}$ sehr groß, so daß hier die Nullstellung viel genauer bestimmt werden kann. Wir haben bereits gesehen, daß bei den modernen Röhrenverstärkern der Rahmen als praktische Empfangsantenne benutzt wird; ein drehbarer Rahmen wird demgemäß vielfach zur Richtungsbestimmung gebraucht werden. Werden zwei Stellungen mit nahezu gleicher Lautstärke auf beiden Seiten der Nullstellung oder derjenigen geringster Lautstärke beobachtet, so kann man hieraus wohl die Lage der Strahlrichtung, aber nicht die Richtung selbst mit bemerkenswerter Genauigkeit bestimmen.

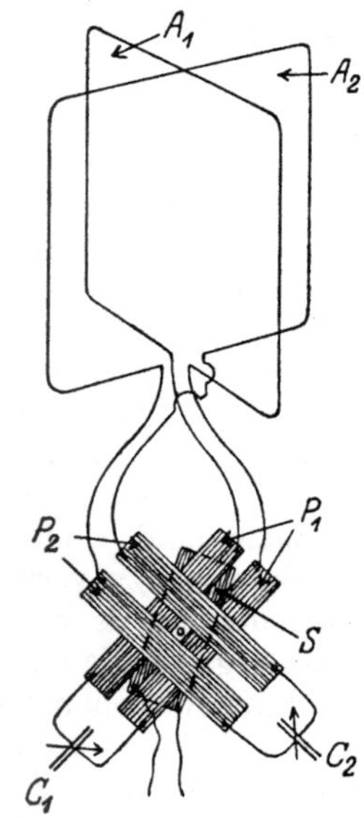

Abb. 145. Anordnung von Bellini-Tosi.

Aus mechanischen Gründen verwendet man praktischerweise keine großen, drehbaren Rahmen, besonders wenn die Richtungsbestimmung schnell erfolgen soll. Eine Entwicklung dieses Prinzips, nämlich mit einem drehbaren Rahmen Richtungsbestimmungen vorzunehmen, rührt von E. Bellini und A. Tosi her[1]) und wurde von der Marconi-Gesellschaft verbessert. In Abb. 145 stellen A_1, A_2 zwei gleich große Rahmenantennen dar, die rechtwinklig zueinander befestigt sind. Es sind dies große, fest aufgestellte Rahmenantennen mit einer einzigen Windung, statt der kleinen, drehbaren Rahmenantennen mit vielen Windungen. Jede von ihnen ist an eine der zwei zueinander senkrecht und zentrisch gelegenen Primärwicklungen P_1 und P_2 eines „Radiogoniometers" angeschlossen. Innerhalb dieser Primärspulen ist eine Sekundärspule S zentrisch und drehbar angeordnet. Die beiden Kreise $A_1 P_1 C_1$ und $A_2 P_2 C_2$ sind genau gleichartig ausgeführt und stehen senkrecht aufeinander, so daß sie sich nicht gegenseitig induzieren. Wenn jeder dieser Kreise mittels der Kondensatoren C_1 und C_2 genau auf das ankommende Zeichen abgestimmt wird — oder wenn beide gleich verstimmt werden —, so sind die in ihnen hervorgerufenen Schwingungen in Phase; ist ferner die Rahmenbreite klein im Vergleich zu der Wellenlänge λ, so sind die Amplituden $\cos\Theta$ und $\cos\left(\frac{\pi}{2}-\Theta\right)$ proportional, wobei Θ den Neigungswinkel

[1]) Es geht historisch sogar dem eigentlichen Rahmen voran.

der Einfallstrahlen mit der Ebene einer der Rahmenantennen, z. B. A_1, darstellt. Die beiden in der Sekundärspule S durch P_1 und P_2 induzierten EMKe halten sich in zwei Stellungen von S das Gleichgewicht, die durch die Gleichung

$$\cos\Theta\cos\Phi + \cos\left(\frac{\pi}{2} - \Theta\right)\cos\left(\frac{\pi}{2} - \Phi\right) = 0$$

gegeben sind, worin Φ der Neigungswinkel zwischen S und P_1 ist. Es ist dann

$$\operatorname{tg}\Theta = -\operatorname{cotg}\Phi$$

oder

$$\Theta = \Phi \pm \frac{\pi}{2}.$$

Liest man also auf einer Skala die Stellung Φ ab, bei der die Zeichen verschwinden, so hat man auf diese Art die Richtungslage der einfallenden Strahlung — aber wiederum nicht die Richtung selbst — gefunden.

Bei jedem dieser Verfahren sind Messungen noch bis innerhalb 1^0 praktisch durchführbar. In beiden Fällen sind verschiedene Vorsichtsmaßnahmen notwendig, wenn man eine gute, d. h. nahezu verschwindende Schärfe des Minimums erhalten will. Diese Vorsichtsmaßnahmen laufen in der Hauptsache darauf hinaus, Erscheinungen zu vermeiden, wie sie von einem Arbeiten der Rahmenantenne als teilweise offener Antenne vermöge ihrer Kapazität gegen Erde herrühren. Bei dem Bellini-Tosi-System tritt bei Funkenzeichen noch eine praktische Schwierigkeit auf, nämlich die, die beiden Rahmenantennen so genau gleich abzustimmen, daß die beiden Schwingungen praktisch nicht nur gleiche Amplituden haben, sondern auch praktisch genau synchron verlaufen; denn ohne Synchronismus entsteht in dem Goniometer ein Drehfeld, und in keiner Stellung von S ergibt sich dann eine Gleichgewichtslage der EMKe. Da es unmöglich ist, die Synchronisiereinstellung schnell auszuführen, werden im allgemeinen beide Rahmenantennen genau auf eine Wellenlänge, die nahe an der der aufzunehmenden Zeichen liegt, abgestimmt und bleiben so eingestellt. Ändert sich nun die Wellenlänge des ankommenden Zeichens, so ändert sich damit zwar die Stärke des letzteren, das Minimum aber wird hierdurch nicht gestört. Es werden sogar die Rahmenantennen manchmal aperiodisch gemacht, dadurch, daß die Kondensatoren C_1 und C_2 kurzgeschlossen werden. Die Anordnung wird hierdurch viel weniger empfindlich, aber die Einstellung auf Synchronismus wird auf diese Art umgangen.

Selbst wenn die Richtung einer einzigen Station gefunden werden soll, ist die Zweideutigkeit von 180^0 bei der Bestimmung selten sehr unbequem, da die Richtung der betreffenden Sendestation im allgemeinen innerhalb 90° bekannt ist. Zur Richtungsbestimmung werden jedoch gewöhnlich Landstationen paarweise an den Enden einer passenden Grundlinie errichtet, so daß aus dem Schnitt der zwei beobachteten Richtungen sich die Lage des betreffenden Senders, z. B. ein Schiffes oder Flugzeuges, ergibt.

Da auf der Empfangsstation die Richtungslage der Strahlen bestimmt wird, so kann auf die Richtung der Sendestation nur unter der Annahme geschlossen werden, daß die Strahlen geradlinig — oder genauer gesagt — in senkrechten Ebenen verlaufen. Dies ist sicher nicht immer der Fall. Große Abweichungen, die öfters zwischen 10° und 20° schwanken, sind häufig des Nachts beobachtet worden. Es ist auch manchmal überhaupt unmöglich, nachts eine Gleichgewichtsstellung zu erhalten, woraus hervorgeht, daß zwei oder mehr Strahlen die Empfangsstation auf ungleich langen Bahnen erreicht haben. Während des Tages treten Abweichungen viel weniger hervor, sowohl in bezug auf ihre Größe als auch auf die Häufigkeit des Auftretens.

4. Luftstörungen.

Atmosphärische Störungen sind ein Gift für die drahtlose Telegraphie. Sie machen sich in dem Empfangstelephon als scharfes Knacken, Krachen oder mahlendes Geräusch bemerkbar und treten oft so heftig auf, daß sie Zeichen, die ohne Luftstörung als sehr stark bezeichnet würden, unverständlich machen. Man vermutet, daß die Luftstörungen ihren Ursprung in elektrischen Entladungen in der Atmosphäre über der Erde haben — also in Blitzschlägen, die oft in großer Entfernung der Station auftreten. Auch können noch Störungsquellen außerhalb der Erde vorhanden sein. Zu manchen Zeiten sind diese Störungen viel stärker als wieder zu anderen, der Sommer ist im allgemeinen schlimmer als der Winter und die Nacht ärger als der Tag. Sie sind außerordentlich verschieden groß an den verschiedenen Stellen der Erde. Besonders stark treten sie in den Tropen, z. B. in Indien, auf. Eine Verbesserung unserer Mittel zur Überwindung von Luftstörungen ist für die heutige drahtlose Nachrichtentechnik stärkstes Bedürfnis. Bei Hörempfang kann das Ohr einen guten Teil unterscheiden, wenn die Luftstörungen nicht zu stark sind; aber bei Schnelltelegraphen, wo ein Hörempfang nicht länger möglich ist, wird eine Ausscheidung der Luftstörungen besonders nötig.

Die Lösung des Problems fordert offenbar irgendwelche Mittel, mit deren Hilfe beim Empfang eine Unterscheidung der

Luftstörungen und der gewünschten Zeichen möglich ist. Man kann natürlich den ausgesandten Zeichen einen besonderen Charakter geben, der zur Unterscheidung[1]) beiträgt; aber die Bemühungen haben sich bis jetzt hauptsächlich auf die Unterscheidungen von atmosphärischen Störungen und den gewöhnlichen Zeichen gedämpfter oder ungedämpfter Sender gerichtet. Viele Vorschläge sind gemacht worden, die in einigen Fällen zu sehr beträchtlichen Verbesserungen geführt haben. Die durchführbaren Verfahren zur Beseitigung der Luftstörungen können grob folgendermaßen eingeteilt werden:

Beseitigung der Luftstörungen:

a) Durch Unterschied der Frequenz und, oder der Dämpfung;
b) durch Unterschied der Einfallsrichtung;
c) durch Unterschied der Stärke (Amplitude);
d) durch Ausgleich- (oder Gegen-) Schaltungen;
e) durch Begrenzung der Amplitude.

a) Die gewöhnlichen Abstimmvorrichtungen, bei denen ein Zeichen von einem gleichzeitigen Zeichen anderer Wellenlänge unterschieden wird, dienen dazu, das gewünschte Zeichen auf Kosten der Luftstörungen zu begünstigen. Kommt das Zeichen von einem ungedämpften Sender und haben die Empfangskreise eine sehr niedrige Dämpfung, so verwendet man tunlich sehr lose Kopplung und siebt so die Luftstörungen zu einem großen Teil heraus. Z. B. würde die in Abb. 65*C* dargestellte Anordnung weniger durch Luftstörungen beeinflußt werden als diejenigen in *A* oder *B*. Jedoch rufen die Luftstörungen in der Antenne eine EMK hervor, die, wenn sie auch sehr stark gedämpft oder gar aperiodisch auftritt, eine Amplitude besitzen kann, die hundertja tausendmal so groß ist wie die der Zeichen. Die Antenne und die anderen Empfangskreise selbst werden daher durch die Luftstörungen zu Schwingungen mit ihrer Eigenfrequenz angestoßen. Infolgedessen wird ein bloßes Loserkoppeln und Feinabstimmen nur den Störungen den Vortritt geben, die die Obergewalt erreichen müssen, wenn sie stark genug sind.

---

[1]) So wurde z. B. vorgeschlagen, mit ungedämpften Wellen der Frequenz N zu senden. Dieselben sollten in ihrer Amplitude mit einer außer Hörbereich liegenden Frequenz n moduliert werden. Das auf der Empfangsseite gleichgerichtete Zeichen sollte durch Überlagerung mit einer Schwingung der Frequenz n' hörbar gemacht werden, wobei sich — statt des sonst üblichen Schwebungstones bei Überlagerung der hohen Frequenz N — ein Schwebungston mit der Schwebungsfrequenz $(n - n')$ ergeben hätte.

b) Wenn störende Zeichen von einer besonderen Störungsquelle kommen, so kann man unter der Voraussetzung, daß die gewünschten Zeichen nicht in der Nähe dieser Störungsquelle ausgesandt werden, eine Rahmenantenne verwenden, die mit ihrer Breitseite nach dem Ursprungsort der Störungen gerichtet ist. Bei einer einzigen Störungsquelle, wie z. B. einer kräftigen, nicht sehr entfernten Sendestation, kann dieses Mittel helfen und wird auch benützt, um die störenden Zeichen auszuscheiden. Beobachtungen mit Richtempfängern zeigen oft, daß die schlimmsten Luftstörungen von einer mehr oder minder genau festliegenden

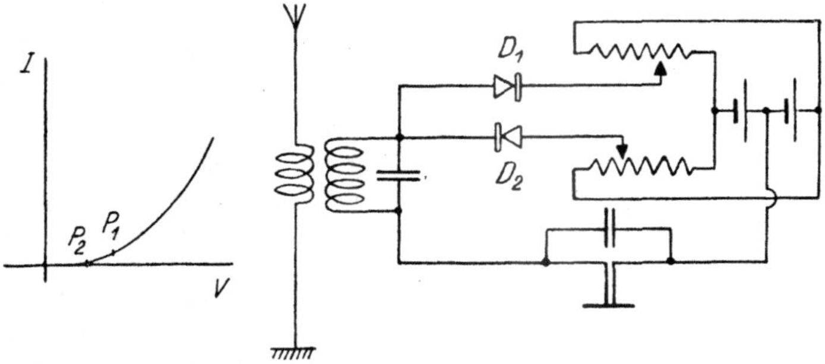

Abb. 146. Detektoren in Gegenschaltung.

Stelle ausgehen, so daß hieraus ein ähnliches Vorgehen sich ergibt. Wie aber aus Abb. 144 hervorgeht, ist es gerade die Eigenschaft eines scharfen Minimums, die zwar bei dem Richtungsfinder eine genaue Messung ermöglicht, aber bei der Ausscheidung von Zeichen uns von geringem Nutzen ist, wenn diese Zeichen von verstreuten Quellen ausgesandt werden. Die Luftstörungsquellen sind aber immer mehr oder minder verstreut. Der Richtempfang ist daher von wenig Nutzen bei der Ausscheidung von atmosphärischen Störungen.

c) Vorausgesetzt, die kürzeste Luftstörung hätte eine sehr kurze Dauer im Vergleich zu dem kürzesten Zeichen, dem Morsepunkt, so würden ihre schlimmen Auswirkungen bei weitem überwunden werden, wenn sie den Empfänger gänzlich außer Tätigkeit setzen würde. Auf jeden Fall ist es besser, daß die Luftstörungen den Empfänger zeitweilig unfähig machen, als daß sie ihn mit großer Heftigkeit betätigen; denn ein heftiges Geräusch in den Telephonen übt auf das Ohr einen betäubenden Einfluß aus, der noch lange nach seinem Aufhören nachwirkt.

Das ist der Grundgedanke, auf dem die Gleichrichter-(Detektor)-Gegenschaltung von H. J. Round und der Marconi-Gesellschaft sich aufbaut, und die sich als sehr nützlich erwiesen hat. In Abb. 146 stellen D_1 und D_2 zwei Kristalldetektoren oder (besser) zwei Röhrendetektoren dar, die mit vertauschten Polen parallel geschaltet sind, so daß der Zeichenstrom in dem Telephon sich als Differenz der beiden gleichgerichteten Ströme ergibt. Getrennte Spannungsteiler gestatten die unabhängige Einstellung der Vorspannung an den Detektoren. Nehmen wir der Einfachheit halber an, daß die Detektoren dieselbe Kennlinie $[J = f(V)]$ haben und daß $P_1 P_2$ die entsprechenden Arbeitspunkte auf derselben seien. Wenn, wie in der Abbildung, P_1 für gute und P_2 für schlechte Gleichrichtung bei schwachen Zeichen gewählt wird, so wird R_2 den gesamten gleichgerichteten Strom (den Differenzstrom in dem Telephon) nur wenig bei schwachen Zeichen verkleinert haben. Bei kräftigen dagegen arbeiten D_1 und D_2 meist als gleich starke Gleichrichter, so daß der von einer Luftstörung herrührende Strom in dem Telephon durch D_2 sehr stark verringert wird.

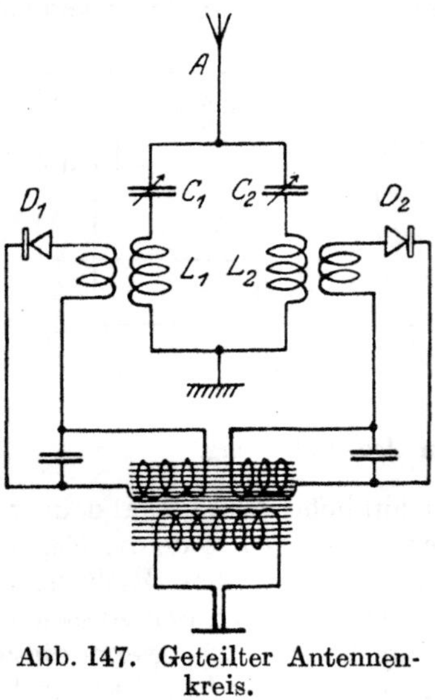

Abb. 147. Geteilter Antennenkreis.

d) Eine andere Schaltungsart zur Vermeidung von Luftstörungen geht im Prinzip aus Abb. 147 hervor. AC_1L_1 und AC_2L_2 bilden zwei Antennenkreise, von denen der eine auf die zu empfangenden Zeichen abgestimmt ist, während der andere leicht verstimmt ist. Von den Luftstörungen können wir annehmen, daß sie in beiden Kreisen Schwingungen mit gleicher Amplitude hervorrufen. Die daraus sich ergebenden, gleichgerichteten Ströme in D_1 und D_2 sind gleich und rufen in dem Telephon keinen Ton hervor. Andererseits wird das Zeichen mehr auf den abgestimmten als den verstimmten Antennenkreis einwirken, und die gleichgerichteten Ströme werden sich daher nicht mehr das Gleichgewicht halten.

Bei der letzten Anordnung wird die Ausgleichwirkung (Differenzialwirkung) nach der Gleichrichtung durchgeführt. Die Einwirkungen der Luftstörungen mögen wechselweise schon an früherer Stelle nämlich vor der Gleichrichtung ausgeglichen werden. Man hat beobachtet, daß verschiedene Antennenarten verschiedene Werte des Verhältnisses

$$\frac{\text{Empfindlichkeit gegen schwach gedämpfte Zeichen}}{\text{Empfindlichkeit gegen Luftstörungen}}$$

aufweisen. Es ist daher theoretisch möglich, die Schwingungen zweier derartiger Antennen in einem solchen Verhältnis zu vereinigen, daß atmosphärische Einflüsse sich aufheben, nicht aber die Zeichen. A. H. Taylor hat viele Versuche nach diesem Grundgedanken ausgeführt. Bei langwelligen, transatlantischen Zeichen hatte er beträchtliche Erfolge, indem er als die eine Antenne einen Rahmen mit 24 Windungen von 9,15 m auf 23,5 m und einen 488 m langen isolierten Draht, der wenig in Seewasser versenkt wurde, als die andere Antenne verwendete[1]). Derartige Verfahren umfassen die Ausgleichung von zwei hochfrequenten Schwingungen und sind notwendigerweise schwer zu verwirklichen, da die auszugleichenden EMKe nicht nur gleiche Amplitude haben müssen, sondern auch eine genaue Phasenverschiebung von 180°. Sie sind durch die theoretische Möglichkeit gekennzeichnet, daß der Empfänger gerade während des Auftretens von Luftstörungen gegen die gewünschten Zeichen empfindlich bleibt. Eine große Anzahl Arbeiten in dieser Richtung scheinen im Fortschreiten begriffen zu sein.

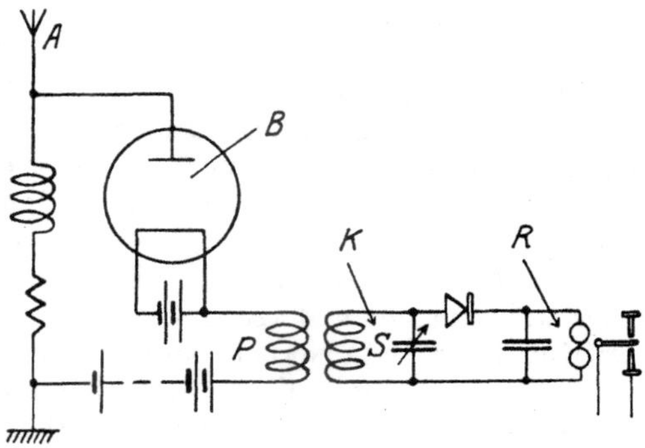

Abb. 148.

e) In der Theorie wenigstens ergibt sich eine einfache Lösung des Problems in der Aussonderung mittels des mehr gebräuchlichen Abstimmungsverfahrens, aber erst **nach** Anwendung einer Begrenzungsvorrichtung. Der „Begrenzer“ soll die Luftstörungen, so heftig sie auch sein mögen, daran hindern, über ein gewisses Maximum in den Abstimmkreisen hinauszugehen. Bei dem Wettkampf zwischen Zeichen und Luftstörung ist dann die letztere unfähig das durch Stärke zu ersetzen, was ihr an geringer Dämpfung fehlt. Der allgemeine Grundgedanke dieses Verfahrens geht aus Abb. 148 hervor. *A* ist die Antenne, die irgendeine Form

[1]) Proc. Inst. Radio Engineers, Dezember 1919.

haben kann, aber so stark gedämpft sein muß, daß sie nicht in längere Schwingungen durch den Anstoß von Luftstörungen geraten kann. *B* ist die Begrenzungsvorrichtung (Begrenzer), die die Erzeugung eines hochfrequenten Stromes, der über ein gewisses Maß hinausgeht, in der Primärspule *P* hindert, wie groß auch die hochfrequente Spannung an derselben sein mag. Die Sekundärspule *S* ist leicht mit *P* gekoppelt und bildet einen Teil des abstimmbaren, schwach gedämpften Kreises *K*. *R* ist ein Relais oder sonst ein Klinkwerk, das nur betätigt wird, wenn die Schwingung in *K* eine gewisse Schwelle in ihrer Amplitude überschreitet. Verstärker können zwischen *A* und *B* sowie zwischen *K* und *R* geschaltet werden.

Da Luftstörungen gewiß nicht die Form langer, leicht gedämpfter Schwingungszüge annehmen, so ist es auf diese Art theoretisch möglich, eine noch so heftige Luftstörung daran zu hindern, das Relais zu betätigen. Solange jedoch *B* seine begrenzende Tätigkeit ausübt, werden sowohl die gewünschten Zeichen als auch die Luftstörungen von *R* abgehalten. Wenn aber während eines Morsepunktes der von den atmosphärischen EMKen in *A* in Anspruch genommene Zeitanteil gering ist — was wohl stets der Fall ist —, so kann *R* so eingestellt werden, daß es auch während des kurzen Aufhörens der Zeichen infolge der Luftstörungen die Schreibstellung beibehält und unverstümmelte Morsezeichen mit dem Wheatstone-Schreiber oder einem anderen (Strich-Punkt-)Schreiber aufzeichnet.

Dieses Verfahren scheint noch nicht gänzlich durchgeprüft worden zu sein. Es sind hier natürlich praktische Schwierigkeiten zu überwinden; die eine liegt in der Herstellung eines geeigneten Begrenzers *B*, der in dem Schaltbild als Zweielektrodenröhre zu erkennen ist. Die gewöhnliche, einfache Zwei- oder Dreielektrodenröhre ist ein vollkommener Strombegrenzer, aber nur bei sehr starken Zeichen[1]). Überdies muß man durch passendes Abschirmen verhindern, daß die Schwingung in *A* irgendwie anders als über *B*, z. B. durch Streukapazitäten, *S* beeinflußt. Nichtsdestoweniger scheinen diese praktischen Schwierigkeiten nicht unüberwindlich zu sein, und es ist wahrscheinlich, daß irgendeine selektive Be-

[1]) Das „Kallirotron" von L. B. Turner ist ein möglichst empfindlicher Begrenzer; siehe „The Kallirotron: an aperiodic negative-resistance triode combination", Radio Review, April 1920, Das „Schwingröhren-Relais" („Oscillatory Valve Relay") von L. B. Turner (Journ. Inst. Elect. Engineers, April 1920) ist auch ein empfindliches Relais, das recht gut an Stelle von *K* und dem unempfindlichen Gleichrichter mit dem elektromechanischen Relais in Abb. 148 treten kann.

grenzeranordnung dieser Art wenigstens zum großen Teil Luftstörungen verhindern wird.

5. Der Hochfrequenz-Widerstand von Leitern.

Der bei Wechselstrom führenden Leitern wohlbekannte „Skineffekt“ tritt besonders stark in der drahtlosen Telegraphie auf, da hier mit sehr großen Frequenzen gearbeitet wird. Der Strom ändert sich in Amplitude und Phase in den verschiedenen Tiefen unter der Oberfläche des Leiters. Fließt z. B. ein Wechselstrom mit der Frequenz $\frac{10^7}{2\pi}$ Per/sec ($\lambda = 189$ m) in einem unendlich ausgedehnten Leiterstück mit einer ebenen Begrenzungsfläche — z. B. im Wasser nahe der Meeresoberfläche oder in einer weiten, dicken Kupferplatte —, so kann gezeigt werden, daß 95% des ganzen Stromes innerhalb einer Meerestiefe von 1,4 m oder einer Kupfertiefe von 1,4 mm enthalten sind. Demgemäß dringen die hochfrequenten Ströme, die bei dem Hinstreifen der sich bewegenden Enden der elektrischen Kraftlinien über die Erdoberfläche entstehen (siehe Abb. 9, 10 und 11), nicht tief in die Erde oder das Meer ein. Ein praktisches Beispiel für diese Tatsache ist die außerordentlich starke Abnahme der Lautstärke drahtloser Zeichen, die von einem immer tiefer untertauchenden Unterseeboot aufgenommen werden.

Derselbe Skineffekt tritt auch in Leitern auf, die nach zwei Dimensionen begrenzt sind, wie z. B. Drähte mit rundem oder anderem Querschnitt. Der Strom ist dabei nicht gleichförmig über den Querschnitt verteilt; bei einem kräftigen Leiter mit niedrigem spezifischen Widerstand wird der größte Teil des Inneren nur einen vernachlässigbaren Strom führen. Der Widerstand des Leiters gegen Hochfrequenzströme geht hier weit über den Ohmschen Widerstand oder den bei niederfrequenten Strömen hinaus. Von Rayleigh, Kelvin und anderen sind mathematische Untersuchungen über den Wechselstromwiderstand geradliniger Drähte mit rundem Querschnitt angestellt, und es sind Näherungsformeln abgeleitet worden, die sich zur rechnerischen Nachprüfung gewisser praktischer Fälle, wie sie in der drahtlosen Telegraphie vorkommen, eignen.

Es soll sein

μ = Permeabilität des Drahtmaterials;
ϱ = spezifischer Widerstand desselben;
r = Radius des Drahtquerschnittes;

R_0 = Widerstand bei Nullfrequenz;
R_ν = Widerstand bei der Frequenz ν;

$$m = \sqrt{\frac{\pi^2 \cdot \mu}{\varrho}} \cdot r \cdot \sqrt{\nu}.$$

Dann ist in größter Annäherung

I) $R_\nu = R_0 \cdot m \left(1 + \frac{1}{4m}\right)$, wenn $m > 2$, d. h. wenn $\frac{R_\nu}{R_0} > 2{,}25$ ist.

II) $R_\nu = R_0 \cdot \left(1 + \frac{m^4}{3}\right)$, wenn $m < 0{,}8$, d. h. wenn $\frac{R_\nu}{R_0} < 1{,}14$ ist.

Die erste Formel eignet sich für dicke Kupferdrähte (für die $\frac{\pi^2 \mu}{\varrho} = 0{,}076$ *C. G. S*) und ist anwendbar bei Drahtstärken, die nicht kleiner sind als

0,56 mm bei 10^6 Per/sec
und 1,63 mm bei 10^5 Per/sec.

Die zweite Formel eignet sich für dünne Kupferdrähte und besonders für Drahtlegierungen mit hohem Widerstand wie Nickelin oder Konstantan $\left(\text{wo} \sqrt{\frac{\pi^2 \cdot \mu}{\varrho}} = 0{,}014\ C.\ G.\ S.\ \text{ist}\right)$. Sie läßt sich bei Kupfer anwenden, dessen Drahtstärke nicht größer ist als

0,21 mm bei 10^6 Per/sec
und 0,61 mm bei 10^5 Per/sec

und für Nickelin oder Konstantandrahtstärken, die nicht größer sind als

1,02 mm bei 10^6 Per/sec
und 3,66 mm bei 10^5 Per/sec.

Feine Nickelin- oder Kostantandrähte finden oft im Laboratorium Verwendung zur Herstellung von Hochfrequenzwiderständen von bekannter Größe. Aus der Formel II kann berechnet werden, daß der Hochfrequenzwiderstand von dem Gleichstromwiderstand nicht um mehr als $2^0/_0$ abweicht, wenn der Durchmesser des Drahtes den Wert von

$2r = 0{,}7$ mm bei 10^6 Per/sec
und $2r = 2{,}24$ mm bei 10^5 Per/sec

nicht überschreitet.

Daß starke, solide Kupferdrähte bei der Leitung hochfrequenter Ströme unökonomisch sind, geht aus Abb. 149[1]) hervor, worin die Leitfähigkeit in $\frac{\text{m}}{\Omega}$ in Abhängigkeit von dem Quer-

[1]) Berechnet aus Tabellen im „Lehrbuch der drahtlosen Telegraphie" von J. Zenneck.

schnitt in mm² für Gleichstrom und die beiden Frequenzen von 10^6 und 10^5 Per/sec ($\lambda = 300$ m bzw. 3000 m) dargestellt ist.

Bei einem geradlinigen Draht mit rundem Querschnitt rührt die Widerstandserhöhung bei hohen Wechselzahlen von der ungleichförmigen Stromverteilung längs eines Radius des Querschnittes her. Jedoch ist bei dem geradlinig ausgespannten Draht die Stromverteilung für alle Radien gleich. Wird aber der Draht — zwecks Bildung einer Induktionsspule — zu einer engen Flachspirale aufgewickelt, so bleibt diese Symmetrie nicht länger bestehen, sondern nach der Innenseite der Spirale zu verlaufen die

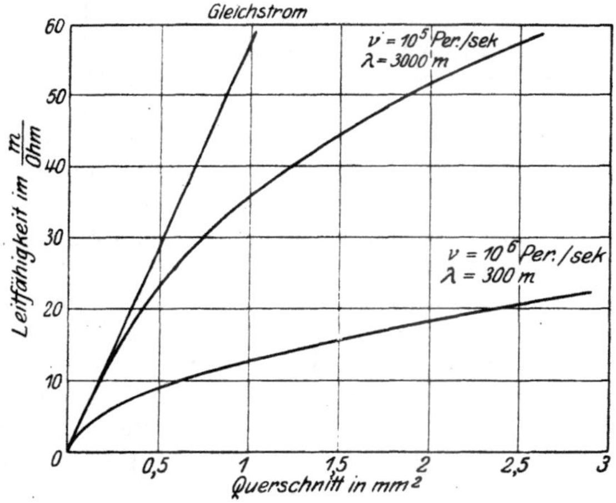

Abb. 149. Der Skineffekt in Kupferdrähten.

Stromfäden dichter nebeneinander. Es wird also der Widerstand noch mehr vergrößert. In der Praxis mag dieser Widerstandswert einigemal größer sein als der, welcher sich ergeben würde, wenn die Spirale wieder geradlinig ausgestreckt worden wäre.

Um den Strom zu einer gleichmäßigen Verteilung zu zwingen, und um einen niedrigen Widerstand trotz hoher Frequenz zu erhalten, stellt man im allgemeinen in der Praxis starke Leiter aus einer Anzahl feiner Litzendrähte her, die einzeln isoliert sind und so miteinander verdrillt werden, daß jeder Litzendraht aus dem Inneren des Kabels an die Oberfläche heraustritt und wieder hinein. Derartige Leiter bezeichnet man als Hochfrequenzlitze; solche Spulen verlangen vorzügliches Material und Arbeit. Ableitungen oder dielektrische Verluste in der Isolierhülle (Email) der Litzen, oder unvollkommene Verdrillung der einzelnen Litzen können leicht zu einer kostspieligen Litzendrahtspule führen, die einen höheren Widerstand hat als eine billigere Spule derselben Größe, welche einfach mit Volldraht gewickelt ist. Auf jeden Fall ist bei einer einzigen Litze innerhalb des zu einer Spule gewickelten Litzendrahtes das Verhältnis $\frac{R_v}{R_0}$ größer als ihr Gleichstromwiderstand[1]).

6. Die gegenwärtige Entwicklungsrichtung.

Die drahtlose Telegraphie und noch mehr die drahtlose Telephonie machen z. Zt. eine außerordentlich schnelle Entwicklung durch, besonders infolge der Einführung der Elektronenröhre. Die ungeheure Empfindlichkeitssteigerung der Empfangsapparatur hat einen Nachrichtenverkehr auf sehr weite Entfernungen ermöglicht, oder eine erhebliche Herabsetzung der Sendeleistung, oder eine starke Verkleinerung der Empfangsantennengröße, oder eine Kombination aus diesen Änderungen. Dazu kommt noch die gesteigerte Selektivität und automatischer Empfang mit zunehmender Telegraphiergeschwindigkeit. Obwohl nun diese Verbessernugen der Empfangsseite es ermöglicht haben, bemerkenswert kleine und tragbare Stationen mit kurzem Sendebereich — z. B. für militärische Zwecke — zu bauen, so war doch bei solchen für großen Entfernungsverkehr keine Absicht vorhanden, die Sendeleistung herabzusetzen. Der folgende Auszug aus dem Paragraphen 14 des Berichtes des „Imperial Wireless Telegraphy Committee, 1919—1920“ stellt klar die historische Stellungnahme in dieser Hinsicht fest.

„. . . Zu unseren Schlüssen wurden wir in weitem Maße durch die Entwicklung der drahtlosen Nachrichtenübertragung auf weite Entfernungen geführt. Dieselbe beginnt im Jahre 1901, wo Marconi mittels neu entdeckter Verfahren versuchte, einen Nachrichtenverkehr über den Atlantischen Ozean, also über eine Entfernung von mehr als 2000 Meilen, mittels einer Funkenstation von etwa 25 kW herzustellen. An Hand von Erfahrungen, die man bei kurzen Entfernungen gemacht hatte, vermutete man, daß diese Leistung ausreichend sein würde. Aber Umstände, die sich nur bei großen Entfernungen bemerkbar machten, brachten unerwartete Schwierigkeiten mit sich, und so wurde die Leistung der Sendestation Schritt für Schritt bei den aufeinanderfolgenden

[1]) Als Abhandlung über den Hochfrequenzwiderstand von Spulen mit Voll- oder Litzendraht siehe G. W. O. Howe, „High-frequency resistance of wires and coils“, Journ. Inst. Elect. Engineers, Februar 1920.

Versuchen gesteigert, bis Marconi 1906 eine Leistung von etwa 75 kW verwendete. Trotz des Vertrauens der Pioniere der drahtlosen Telegraphie war doch der drahtlose Nachrichtendienst — wie man ihn damals erhielt — mit zahlreichen Unterbrechungen infolge natürlicher Ursachen verbunden, und es wurden Stationen mit noch größerer Leistung projektiert. Das war nötig, obwohl die Empfindlichkeit der Verfahren zum Empfang von Zeichen außerordentlich gesteigert worden war, seitdem zum erstenmal mit schätzungsweise 25 kW gesendet worden war. Im Jahre 1906 wurde der Poulsen-Lichtbogen in den praktischen drahtlosen Telegraphiebetrieb eingeführt, und vollständig neue Verfahren wurden durch seine Förderer befürwortet. An Hand ihrer Erfahrungen, die die Poulsen-Gruppe bei ihren Sendeversuchen über die Nordsee zwischen Dänemark und England gewonnen hatte, sah sie einen vollständigen Erfolg bei der Überbrückung des Atlantischen Ozeans mit ungefähr 15 kW voraus. Aber diese Schätzung erwies sich wiederum als zu niedrig. Mittlerweile trieben die früheren Pioniere und andere Erfinder in den verschiedenen Ländern die Leistung der Funkensender immer höher und höher, bis im Jahre 1912 Funkenstationen mit mehr als 200 kW vorhanden waren, die Entfernungen von etwa 2300 Meilen (3680 km) überbrückten. Sogar jetzt noch treten häufige Unterbrechungen auf. Wertvolle Beobachtungen sowohl über Lichtbogen- als auch Funkensender wurden in dieser Zeit durch Ingenieure, die im Dienste der amerikanischen und anderer Regierungen standen, gemacht, und es schien, daß mit den besten Apparaten ein Telegrammverkehr über diese Entfernungen oder sogar über kürzere Strecken in den Tropen nicht dauernd aufrecht erhalten werden konnte.

Während der Jahre 1913—19 wurden, wie schon erwähnt, die Empfangsverfahren weitgehend in ihrer Empfindlichkeit gesteigert. Man dachte daher, daß nun die kurz vor und nach dem Kriege in Amerika und anderen Ländern errichteten, mit ungedämpften Wellen arbeitenden Großstationen sicher imstande sein würden, einen ununterbrochenen Telegrammverkehr über Entfernungen von etwa 3500 Meilen aufrechtzuerhalten. Unsere Nachforschungen haben uns überzeugt, daß Lichtbogensender, die mit 250 kW arbeiten, nicht ausreichen, um einen ununterbrochenen, vierundzwanzigstündigen Betrieb über solche Entfernungen während des ganzen Jahres, sogar in den gemäßigten Zonen, sicherzustellen, trotzdem viele ausgezeichnete Verfahren zur Beseitigung natürlicher Störungen entwickelt und angewandt worden waren. Die Sendestationen verlangen eine noch größere Leistung. Zur Zeit ist die größte Sendestation, die den Überseeverkehr durchführt, die deutsche Station zu Nauen, die mit 400 kW arbeitet und eine Nachrichtenübermittlung auf 4000 Meilen (6400 km) bezweckt. Es ist jedoch zu beachten, daß die deutschen Ingenieure kürzlich eine große Steigerung der Sendeleistung dieser Station beschlossen haben. — — —

Wir sind überzeugt, daß die Erwägung zu Handelszwecken dienender Linien, wie solcher von England nach Indien, von hier nach Australien und von da nach Kanada, eine weitgehende Prüfung verlangt, die außerhalb aller gemachten Erfahrungen liegt. Es ist auch bemerkenswert, daß einerseits die mathematische Theorie die Notwendigkeit einer großen Vorsicht bei solchen Überlegungen nachzuweisen sucht, und daß andererseits in der Praxis, als führende amerikanische Sachverständige — wie vorher festgestellt worden war — 1918 wünschten, eine absolute Regelmäßigkeit des Dienstes zwischen Frankreich und den Vereinigten Staaten sicherzustellen, daß man damit anfing, einen Lichtbogengenerator von nicht weniger als 1000 kW zu bauen[1]), und dies für eine Entfernung, die nicht annähernd gleich der zwischen England und Indien und viel weniger atmosphärischen Störungen unterworfen ist wie Indien."

Die Erklärung dafür, daß immer größere Sendeleistungen verlangt werden, ist hauptsächlich in den Luftstörungen zu finden, die im 4. Abschnitt dieses Kapitels erörtert wurden. Wenn überhaupt keine Luftstörungen vorhanden wären, würde der Empfänger nur den Störungen durch die Zeichen anderer Stationen, mit denen er nicht gerade verkehrt, unterworfen sein. Technisch, wenn nicht politisch, würde es dann möglich, die Leistungen aller Sendestationen in gleichem Schritt mit der Steigerung der Empfindlichkeit der Empfangsstationen zu vermindern, ohne daß dadurch die Wirksamkeit des Nachrichtendienstes geändert würde. Beim Vorhandensein atmosphärischer Störungen hingegen muß, wenn ein voller Nutzen erlangt werden soll, die Zunahme der Empfindlichkeit der Empfangsapparatur von einer entsprechenden Vervollkommnung der Schutzvorrichtungen gegen die Luftstörungen geleitet sein. In den letzten Entwicklungsstufen sind unsere Abstimmittel weit hinter dem Fortschritt der Wellenanzeiger zurückgeblieben.

Bei dem Empfänger wird also die Entwicklung wohl darauf hinausgehen, die Bekämpfungsmittel für Luftstörungen zu verbessern. Einen Erfolg dürfte man hier dadurch erzielen, daß man allgemein automatischen Empfang mit hoher Telegraphier-

[1]) Zu Croix d'Hins, bei Bordeaux; jetzt durch die franz. Regierung fertiggestellt.

geschwindigkeit verwendet. So weit sich voraussehen läßt, werden auch weiter Kreise mit niedriger Dämpfung notwendig sein, um Selektivität hinsichtlich der Sendestationen zu gewähren. Die erreichbare Telegraphiergeschwindigkeit wird daher wahrscheinlich mit der Annäherung der Zeitdauer an den Parameter $\frac{1}{\nu\delta}$ des Schwingungskreises entferntest begrenzt sein[1]).

Beim Sender wird eine immer größere Leistung[2]) gefordert werden, bis der Kampf gegen die Luftstörungen gewonnen ist. Wenn es dem Ingenieur gelingt, die Störungen eher zu umgehen als sie zu „übertönen", dann wird der Senderleistung eine Grenze gezogen werden können; und das πfache des Halbmessers einer wohlgeordneten Erdenkugel würde die maximale Reichweite der größten Stationen auf ihr darstellen.

---

[1]) Siehe Kapitel III und besonders die Fußnote auf Seite 23.

[2]) Es sei hier noch hingewiesen auf die von der Telefunken-Gesellschaft in letzter Zeit angestellten Kurzwellenversuche mit geringer Sendeleistung, die darüber, wie folgt, berichtet:

Am zweiten Juli 1924 ist zum ersten mal der drahtlose Handelsverkehr von Nauen nach Argentinien auf einer Wellenlänge von 90 m durchgeführt worden. Es zeigte sich jedoch sehr bald, daß die 90-m-Welle während der argentinischen Sommerzeit nicht störungsfrei genug war und daß für einen brauchbaren Verkehr mit Argentinien nur Wellen unter 30 m in Frage kommen. Am 10. Januar 1925 ging man daher auf die 26-m-Welle über, bei der die Antennenleistung etwa 2—$2^1/_2$ kW beträgt. Als Antenne wird ein vertikal gespannter Draht von etwa 130 m Länge benutzt.

Der Kurzwellenverkehr mit Argentinien wird zurzeit von 8 Uhr abends bis 7 Uhr morgens MEZ. abgewickelt, wobei normalerweise mit einer Telegraphier-Geschwindigkeit von 18—25 Worten in der Minute gesendet wird. Der Sender hat das Rufzeichen POX.

Am 25. April 1925 wurde versuchsweise ein zweiter Sender in Nauen aufgestellt, der — mit dem Rufzeichen POW — mit einer Antennenleistung von 6—7 kW auf der Wellenlänge 42 m arbeitet. Vom 20. April 1925, 12 Uhr mittags, bis 23. April 1925, 12 Uhr MEZ. ist mit den beiden Sendern POX und POW ein ununterbrochenes Probesenden veranstaltet worden, wobei jede erste Viertelstunde der POX-Sender auf Welle 26 m und jede zweite Viertelstunde der POW-Sender auf Welle 42 m sandte.

Diese Versuche wurden in Europa, in den Vereinigten Staaten, in Argentinien, in Java und Japan mit Erfolg beobachtet. Aus Java lief folgendes Telegramm ein:

„Gratulieren zu glänzenden Kurzwellen-Resultaten. POX-Wellenresultate außerordentlich gut. POX vom 21. April ab 3 Uhr nachmittags MEZ. bis 22. April 2 Uhr morgens ununterbrochen gehört, POW am 21. April 4,20 Uhr nachmittags MEZ. bis 22. April 1,20 Uhr MEZ. Am 21. April konnten wir den von POX (auf der 26-m-Welle) gesandten Pressetext um 4 Uhr nachmittags schon bei einfachem Senden glatt nehmen."

Aus Buenos Aires lief folgendes Telegramm ein:

„Augenblicklich können wir POX bis 7 Uhr MEZ. nehmen. Wir haben schon gefragt, ob sie uns Telegramme auf dieser Welle schicken können."

Anmerkung des Übers.

Sach- und Namenverzeichnis.

Ableitung des Gitters 117, 130, 156
Abraham, M. 8, 193
Abstimmschärfe 25, 88, 163
Abzweigung der Anode 153
Alexanderson 55, 176, 195
Ampèresches Gesetz 11
Annapolis, Station zu 20
Anodenabzweigung 153
Anodendrossel, Sprachsteuerung mit der — 185, 187
Anodenerhitzung 154
Anodenleitfähigkeit 111
Anodentrommelfeuer 109
Antennen 8, 34, 191
Antenne, Durchschlagsspannung bei der — 194
Antennen, Gleichwertigkeit verschiedener — 197
Antennenkapazität 194
Antennenlänge u. Wellenlänge 192
Antennenverbindung mit der Senderöhre 158
Antennenwirkungsgrad 195, 197
Arco, Graf von 58
Atomtheorie der Elektrizität 92
Audion 106, 131
Aufladung des Gitters 129
Ausgleichschaltung von Detektoren 205, 206
Austin, L. W. 17, 140
Autoheterodyne 166

Bändchenmikrophon 182
Batterien bei Röhrenschaltungen 116
Barkhausen, H. 62
Begrenzerschaltung 207
Bellini-Tosi-System 201
Blaues Leuchten in Röhren 100
Bordeaux, Station zu 214

Cambridge and Paul Instrument Co. 76
Carborund-Detektor 83
Carnarvan, Station zu 53, 193, 198
Coursey, P. R. 171

Dämpfung 23, 132
de Forest, L. 101, 106
Dekrement 23, 132
Dekrement, logarithmisches, 23
Dellinger, J. H. 17
Detektorspannung, niedrigste hörbare, 140
Detektor u. Gleichrichter 77
Detektorvergleich 138
Drahtlitze für Hochfrequenz 211
Drahtlose Telephonie 171
Drehkondensator 91
Duddell, V. 62
Duddell-Lichtbogenschwingung 65
Duplex-Betrieb 189
Durchschlagsspannung bei der Antenne 194

Eccles, W. H. 85, 92, 101, 104
Edison, A. 96
Edison-Effekt 96
Eigenkapazität von Transformatoren 119
Eilvese 58, 193
Einfluidumtheorie 92
Einstellung auf maximale Leistungsabgabe 153
Elektronen 92
Elektronen-Emission 93
Elektronengeschwindigkeit 113
Elektron, Masse des, 93
Elektronenröhre 91, 101, 106
Elster, J. 96
Elwell, C. F. 73
Elwell-Poulsen-Lichtbogen 72
Emission des Heizdrahtes 94
Emissionsgeschwindigkeit 104, 106, 112

Empfänger, Empfindlichkeit des — 167, 198
— Strom im — 18, 19
Endenwirkung der Elektronen 106
Erhitzung der Anode 154
Erdverbindung, vielfache, 195
Erdverluste 195

Faradaysches Gesetz 7, 11
Federal Telegraph Co. 74
Ferrié, G. 108
Fessenden, R. A. 86, 134
Fleming, J. A. 30, 100, 128
Fleming-Röhre 100
Flugzeugtelephonie 171, 185
Fortescue, C. L. 126, 169
Franklins Einfluidumtheorie 92
Frequenz der Schwingung 22, 144
Frequenz und Wellenlänge 26
Frequenzwandler 58
Funkensender 50
Funkenspannung 39
Funkenstrecke 38, 40, 42, 47
Funkenstrecke, rotierende — 44, 45, 46
Funkentelegraphie 40
Fuller, L. F. 20

Galvanische Kopplung 33
Gas, Leitung im — 93
Gasreste 100
Gedämpfte und ungedämpfte Wellentelegraphie, Vergleich der — 53, 86, 135
Gegenseitige Induktion, Veränderliche — 33
Gehörnte Röhre 124
Geitel, H. 96
General Electric Co. of America 107
Geradlinigkeit der Kennlinien 110
Gerichtete Leitfähigkeit 95
Gerichteter Sender 199
Gesellschaft für drahtlose Telegraphie 40, 47, 58, 176
Gitterableitung 117, 130, 156
Gitteraufladung 129
Gitter, feinmaschiges — 115
Gitterkondensator 130
Gitterleistungsverbrauch 104, 105, 147
Gitter- oder Steuerelektrode 101
Gitterpotential 117, 125, 130, 156
Gitterstrom 112, 141
Gleichgerichteter Strom 77, 129, 133, 138
Gleichrichter für hochgespannten Wechselstrom 159
Gleichrichter und Detektor 77
Gleichrichter, Vergleich von — (Detektoren) 138
Gleichrichter Wirkungsgrad 88, 133
Gleichrichtung mit Schwingungsüberlagerung 134
Gleichrichter, Zwei- u. Dreielektrodenröhre als — 128
Gleichstromtrennung vom Zeichenstrom 117, 121
Gleichstrom, hochgespannter 96, 159
Goldsmith, A. N. 171
Goldschmidt-Maschine 60, 61
Goldschmidt, R. 55, 58

Harmonische oder Oberschwingungen bei Röhrensendern 157
Heaviside-Schicht 17
Heizdraht oder Kathode 101
Heizdraht, ungleichmäßiges Potential des — 95
Heizleistung 154
Hertz, H. R. 14, 192
Hertzscher Oszillator 14, 192
Heterodyne 86, 134
Heulen von Verstärkern 168
Hochfrequenzlitze 211
Hochfrequenzmaschinen 54
Hochfrequenzmaschine von Alexanderson 56, 176
— von Goldschmidt 60 [174
—, Steuerung durch das Mikrophon
Hochfrequenzverstärker 122
Hochfrequenzwiderstand 209
Hochspannung in Verstärkern 115
Hochspannungsquellen 159
Hochvakuum 92, 95
Hochvakuum, Erzeugung des — 108
Hochvakuumröhre 95, 101, 106
Howe, G. W. O. 14, 20, 195, 212
Howe's Modell 15

Imperial Wireless Telegraphy Committee 75, 212
Induktion, gegenseitige, veränderliche — 33
Induktionsspulen 89
Induktivität, verteilte 34
Induktortyp 56
Internationale Abmachung 41
Isochron, abgestimmt, in Resonanz 28

Joly, Frequenzwandler von 58
Jonen (Ionen) 92
Jonisation der Funkenstrecken 39
Jonisation durch Zusammenstoß 101

Kallirotron 169, 208
Kapazität, innere Röhren- 123
Kapazität, Streu- 4, 119, 122
Kapazitäts- und Widerstandsschaltung von Verstärkern 117
Kapazität von Antennen 193, 194
Kapazität, verteilte von Antennen 35, 193
Kaskadenschaltung von Röhren 115
Kathode oder Heizdraht 101
Kelvin, Lord 209
Kennlinie der Dreielektrodenröhre 109, 112
— der Zweielektrodenröhre 98
— des Kristalldetektors 78, 84
— des Lichtbogens, dynamische 65
— des Lichtbogens, statische 63, 66
Kohärer 76
Kondensatormikrophon 184
Kopplungsfaktor 31
Kopplung, feste — 30, 124
—, lose — 29
Kopplungswellen 31, 41
Kopplung von Kreisen 26, 32, 40
Kraftlinien 14, 15, 16, 102
Kristalldetektor 77, 83
Kuhn, L. 176

Langmuir, J. 94, 96, 98, 108
Latour, M. 56
Leistungsabgabe, größte der Senderöhre 154
Leistungsverbrauch am Gitter 104, 105
Leistung von Sendern 212
Leitfähigkeiten der Röhre 111
Leitungstelephonie, verbunden mit drahtloser Telephonie 171, 189
Lepel, E. von 47
Lichtbogenbildung bei Funkenstrecken 42
Lichtbogen, Duddellscher 65
Lichtbogenkennlinie, statisch 63, 66
—, dynamisch 65
Lichtbogenschwingungen 65, 68
Lichtschwingungen 2
Lichtbogen von Poulsen 66, 71
Lodge, O. J. 192
Löschgeschwindigkeit 52
Löschfunkenstrecke 48
Luft, flüssige 108

Magnetdetektor 76
Magnetisches Feld beim Lichtbogen 70
Magnetischer Verstärker 176
Marconidetektor s. Magnetdetektor 76
Marconi, G. 192
Marconi-Gesellschaft 46, 53, 100, 115, 127, 172, 180, 205
Masse des Elektrons 93
Maste, Kosten davon 194
Maxwell, Clerk 11
Mikrophon für größere Leistung 176
—, Kondensator- 184
Mikrophonsteuerung von Hochfrequenzmaschinen 176
Modell, mechanisches, für gekoppelte Kreise 37
Morsepunkt, Zeitdauer des — 165
Mullard, S. R. 123

Nauen, Station zu — 58, 193
Negativer Widerstand des Lichtbogens 38, 63
— — bei Röhren 163, 169
New Brunswick, Station zu — 58, 177
Niederfrequenzverstärker 121

Ohmsches Gesetz 7
Optimum der Rückkopplung 150, 153
— derWellenlänge 20
Örtliche Schwingung, Einfluß auf die Gleichrichtung 134, 173
Owen, D. 85
Oxydkathode 106

Pedersen, P. O. 62, 70, 86
Pendel-Modell 37
Permeabilität des Transformatoreisens 120
Plattenkondensator 12
Poulsen-Lichtbogen 66, 71
—-Schwingung 68
Poulsen, V. 62
Prince, C. E. 185, 189

Quarzröhren 155

Radiogoniometer 201
Rayleigh, Lord 209
Rahmenantenne 10, 16, 17, 197, 200
Raumladung 97
Reaktanz und Resistanz 20
Reichweite ungedämpfter Wellen 137
Resonanzeinstellung 28
Resonanzkurve 24, 31, 164
Retroaktive s. Rückkopplung 141, 143, 162
Richardson, O. W. 94
Richtungsbestimmung 198
Röhre, gehörnten 124
— mit großer Leistung 155
—, Nomenklatur der — 91, 101
—, weiche 106
Röhrenvakuum 108
Röhrenzahl in Kaskadenschaltung 126
Rotierende Funkenstrecke 44, 46
Round, H. J. 101, 126, 205
Rückkopplung, beste 150, 153
Rückkopplungsprinzip 141, 143, 162

Sayville, Station zu — 58
Sättigungsstrom 98
Schnelltelegraphie 203, 215
—, Geschwindigkeitsgrenze der — 215
Schwebungsempfang 87, 134
Schwingröhrenrelais 76, 208
Schwingungen, Bedingung für Aufrechterhaltung der — 145
—, erzwungene 23
—, freie oder Eigen- 22, 23
Schwingungsamplitude, Bedingung f. die Größe der — 144
Seewasser als „Erde" 195
Seibt-Wicklung 124
Sendekonsator 43
Sendeleistung 213
Sender, gerichteter 199
Senderöhre, größte Leistungsabgabe der — 151
Senderschaltungen von Röhren 158
Signal-School 145, 161
Skineffekt 209
Sommerfeld, A. 17
Sperrkreis 124
Sprechsteuerung durch Dämpfung 179
— durch Verstimmung 177
Spulenkapazität 133
Spulenwiderstand bei Hochfrequenz 212
Stavanger, Station zu — 53
Steilheit 110
Steuerelektrode oder Gitter 101
Stoßerregung 50
Strahlungsgeschwindigkeit 13
Strahlungswiderstand 8, 193, 194
Streukapazität 4, 124

Taylor, A. H. 207
Tasten des Senders 40, 47, 62, 71, 161
Telephonhörer 80, 85, 173
Telephontransformator oder Transmitter 85, 121
Telephonie auf Flugzeugen 171, 185
Telephonie, drahtlose 171 u. f.
—, —, verbunden mit Leitungstelephonie 171, 189
Telefunkengesellschaft 40, 47, 58, 176
Télégraphie Militaire 108
Temperatur und Elektronenemission 94
Thermokreuz 77
Thomson, J. J. 96
Tikker 86
Tonfrequenzresonanz im Empfänger 81
Transformator, Hochspannungs- 40, 159
—, Telephon- 85, 121
—, Verstärker- 118, 120
Trennung von Gleich- u. Zeichenstrom 117, 121
Tuckerton, Station zu — 58
Turner, L. B. 44, 169, 208

Überlagerungsempfang 87, 134
Ungedämpfte und gedämpfte Wellen, Vergleich der — 53, 88, 137
Ungedämpfte Wellentelegraphie 52

Vakuum, Erzeugung des — 108
—, hohes — 92, 96
— in Röhren 108
Valve s. Ventilröhre 92, 96
Ventilröhre 92, 96
Verstärker, aperiodischer — 113, 116, 117
— für Hochfrequenz 116, 126
— für Niederfrequenz 119, 121
—-Geräusch 125
—, Hauptanwendung der — 125

Verstärker, Zahl der Röhren im — 118, 121, 126, 137
Verstärkung, erreichbare 112, 114
Verstärkungsfaktor der Röhre 105, 111
Verstärkungsmessung mit Elektrometer 113
Verteilte Kapazität und Induktivität 34, 35

Wellenbewegung 8
Wellenlänge, beste 20
— und Frequenz (Periodenzahl) 25
Wellenmesser 24
Wellen, ungedämpfte und gedämpfte 53, 88, 137
Wesenszüge der drahtlosen Nachrichtentechnik 1
Wicklung nach Seibt 124
Wicklung von Transformatoren 120, 124
Widerstand bei Hochfrequenz 209
—, hoher 123
—, negativer bei Röhren 163, 169
—, negativer des Lichtbogens 38, 63
Wien, M. 47
Wirkungsgrad der Antenne 195, 197
— des Poulsen-Lichtbogens 72
— des Röhrensenders 154
Wolfram-Heizdraht 94

Zeichenstrom, Trennung von Gleichstrom 117, 121
Zenneck, J. 211
Zwischentransformator 120

GPSR Compliance

The European Union's (EU) General Product Safety Regulation (GPSR) is a set of rules that requires consumer products to be safe and our obligations to ensure this.

If you have any concerns about our products, you can contact us on ProductSafety@springernature.com

In case Publisher is established outside the EU, the EU authorized representative is:

Springer Nature Customer Service Center GmbH
Europaplatz 3
69115 Heidelberg, Germany

Batch number: 10682439

Printed by Printforce, the Netherlands